U0342421

# 中国高纬寒地牧草

韩贵清　主编

中国农业出版社

**图书在版编目（CIP）数据**

中国高纬寒地牧草/韩贵清主编.—北京：中国
农业出版社，2013.2
ISBN 978- 7-109-17641-6

Ⅰ. ①中… Ⅱ. ①韩… Ⅲ. ①高纬度-寒带-牧草-
研究-中国 Ⅳ.①S54

中国版本图书馆 CIP 数据核字（2013）第 025077 号


中国农业出版社出版
（北京市朝阳区农展馆北路 2 号）
（邮政编码 100125）
责任编辑 闫保荣
————————————
中国农业出版社印刷厂印刷 新华书店北京发行所发行
2013 年 3 月第 1 版 2013 年 3 月北京第 1 次印刷
————————————
开本：787mm×1092mm 1/16 印张：16.5
字数：310 千字
定价：58.00 元
（凡本版图书出现印刷、装订错误，请向出版社发行部调换）

# 编辑委员会

# 序

　　黑龙江省农业科学院院长韩贵清研究员主编的《中国高纬寒地牧草》的问世，是我国草业学界的一件大事。我国牧草学的教学与研究开展已近百年，期间不乏重要著作。但作为高纬寒地的系统、完整的草类和草原管理专著，这是第一部。

　　本书不仅系统介绍了中国高纬寒地牧草的收集、保存、鉴定、育繁的研究和实验的众多成果，还论述了高寒地区草原的分布和科学管理，更进一步涉及了草业的产业化。

　　草业的发展过去多以中纬度地带为中心，向南北两方面扩张。大量科学文献也以这些地区为主。而寒温带，如黑龙江所在的位置，研究得不太充分。我们都知道，在中国农业系统建设中，黑龙江地区具有后发优势。该地粮食生产显得越来越重要的同时，其天然草原和栽培草地，自然引起生态和生产诸方面的关注。黑龙江过去 7 年来粮食增产幅度 65%，而牛奶产量增产 81%，可见草原、牧草的生产潜力远大于耕地。黑龙江正是推行农业结构调整，发展农牧业并举的草地农业的好地方。全国正在步入生产转型的大好时机，《中国高纬寒地牧草》的出版恰逢其时。

　　草业科学家韩贵清研究员，几十年来，从未离开草业工作。他从最基层的牧草试验站起步，直到担任黑龙江省的农业科学院院长。他一步步深入草业科学研究实验、推广和产业化领域。在这条道路上他没有停顿地行走了 40 年，这是一个漫长的草业之旅，可以称得上是草业马拉松。这使他见证了寒温带地区我国草业发展的全过程，也给予他可观的科学积累和丰富的工作经验。这本《中国高纬寒地牧草》专著，就是他和他同事们的辛勤劳动成果。

　　在这本专著即将出版的时候，我们预祝草原牧草在黑龙江的农业结构调整中发挥越来越重要的作用。感谢以韩贵清研究员为首的作者群对我国草业所作出的独特贡献。

任继周序于 2013 年元旦

# 前　言

　　牧草（Forage）是植物里的一个类群，是通过人工培育、利用茎叶为牲畜提供优质饲草的植物的统称。高纬寒地牧草是我国优质饲草的重要组成部分。我国饲草的育种、栽培等相关技术研究和普及相对落后于发达国家，特别是与畜牧业发展密切相关的高纬寒地多年生牧草育种及系列研究更亟待加强。

　　随着我国综合国力的不断提升，畜牧业的快速发展，牧草研究受到前所未有的重视。为此，我们根据国内外牧草产业发展趋势和应对社会的迫切需求，在原来分散研究的基础上，有效整合全省牧草学科资源，组建了以黑龙江省农业科学院草业研究所为核心的高纬寒地牧草研究创新优势团队，在高纬寒地牧草资源收集、鉴定、保存、分发、育种、栽培、示范及产业化、退化草原改良等领域作了全面系统研究，取得了一些阶段性的科研成果。采集、引进、筛选和创新出一大批牧草资源，现已入库保存2 203份（37科153属543种），育成了18个高纬寒地饲草新品种（其中苜蓿品种4个、羊草品种2个、小黑麦品种2个、鹅观草品种1个、稗草品种2个、无芒雀麦品种2个、偃麦草品种1个、苦荬菜品种1个、籽粒苋品种1个、白三叶品种1个、细绿萍品种1个），获得发明专利2项，获各级成果奖励10余项，其中果草间作项目获得省政府科技进步一等奖。在研究过程中，建立了多个高纬寒地牧草示范推广基地，培育硕士和博士研究生17名，进出站博士后7名，为高纬寒地牧草研发、应用及其产业化提供了有力的技术支撑，为其今后的高速发展奠定了坚实基础。

　　随着我国牧草产业的快速崛起，对高纬寒地牧草产品的需求会日益加大，必将助推高纬寒地牧草研究向更深入、更广泛的领域发展，希望本书的编写能够为从事牧草研究和应用领域的专家和学者提供借鉴。

　　本书的编写过程中，得到了许多专家和同仁的帮助与指导，参考并引用了一些相关材料，在此表示衷心感谢。由于水平有限和时间较紧，错误和疏忽之处在所难免，敬请有关专家和广大读者批评指正，多提宝贵意见，以利在今后的实践中进一步研究和完善。

黑龙江省草业学科带头人
黑龙江省农业科学院院长

# 目　录

# 第一章　中国高纬寒地牧草资源

牧草种质资源（Forage germplasm resources）是指所有牧草物种及其可遗传物质的总和，包括地方品种、改良品种、引进品种、各种突变体、人工创造的植物类型等。在牧草遗传学和育种工作中，实质上是选择利用种质资源中决定遗传性状的基因，所以又将牧草种质资源称为基因资源（Gene resources）。

## 第一节　中国高纬寒地牧草种质资源的重要性

### 一、牧草种质资源是生物多样性的重要组成部分

黑龙江省拥有我国位置最北、纬度最高的生态环境。南起北纬43°22′，北至北纬53°24′，西至东经121°13′，东至东经135°。东西跨14个经度，3个湿润区，南北跨10个纬度，2个热量带。黑龙江省的地形复杂多样，有"五山、一水、一草、三分田"之称，由大兴安岭、小兴安岭、东南部山地和松嫩平原、三江兴凯平原构成全省最基本的地形轮廓，黑龙江省有寒温带针叶林、温带针阔混交林和温带草原三个植被区，在这些复杂的地域中分布着大约2 100余种的植物，是我国乃至世界生物多样性的重要组成部分。

### 二、牧草种质资源是改良和培育优良牧草品种不可缺少的遗传基础

牧草资源也是人类引种驯化和培养优良品种的天然基因库。黑龙江省农科院自2000年进行牧草研究以来，通过收集黑龙江省当地的地方品种和推广使用的牧草品种、野外调查收集野生牧草资源以及从国内各地和世界各国交流引进牧草资源合计2 200余份。这些牧草种质资源不仅是筛选优良草种、改良和培育优良品种不可缺少的遗传基础，同时也是某些物种提高抗性的重要的潜在资源。2001年，黑龙江农科院草业研究所在铁力市透龙山区采集野生垂穗鹅观草种子，在哈尔滨省农科院草业所试验田经过多年田间株高、鲜草产量、营养品质、抗逆性、抗病性等指标鉴定，系统选育出优良垂穗鹅观草新品系。2008年通过黑龙江省杂粮作物登记委员会认定，推广名称为农菁3号。另外

省农科院草业研究所在安达草原采集的野生羊草种子，经过多年的驯化，系统选育而形成了羊草新品种农菁4号羊草，该品种适应性强、抗寒、抗旱、耐盐碱、品质优、产量高，适宜在黑龙江盐碱化草地改良中推广应用。

### 三、牧草种质资源是发展草地畜牧业的重要物质基础

长期以来，人类通过利用肉、奶、蛋等产品，来改变人类的食物结构和营养状况，增强人们的体质。黑龙江省是畜牧大省，截止到2007年6月末，全省猪存栏1 384.91万头，牛存栏722.70万头，其中奶牛存栏177.70万头，家禽存栏17 699.01万只。黑龙江省奶业发展始终保持国内领先地位，"十二五"时期更是黑龙江省畜牧业加快实现转型升级，在现代产业建设中由大变强的关键时期。许多牧草种质资源是重要的饲草，优良草种的培育和推广应用，可为畜牧业提供优质饲料，提高畜牧业的生产力。

### 四、牧草种质资源是保护生态环境的绿色卫士

牧草种质资源是重要的生态资源，它在保持水土、防风固沙、盐碱地治理、美化环境和气候调节中发挥着重要作用。在华南地区常以香根草作为水土保持用草，在坡地上种植香根草篱后，可减少90%左右的泥沙侵蚀和60%～70%的地表径流。草地植被可以降低地表风速，从而减少风蚀作用的强度。小叶锦鸡儿、桔梗、沙打旺、沙蒿、无芒雀麦等都是很好的防风固沙、保持水土的植物。黑龙江省松嫩草原，盐碱化草地有26万 hm²，该草原上的星星草、野大麦、碱蓬等都具有较强的耐盐碱性，是治理草原盐碱化、改善草原生态环境和提高草原生产力的重要材料。草坪草和一些野生花卉在城市美化及文明化的发展进程中也发挥了极为重要的作用，例如草地早熟禾、羊茅、石竹、月见草、菊花等都给人们带来一道赏心悦目的风景。由于草丛的遮光、降低风速和减少地面蒸发量的作用，可使空气湿度增加并维持一定时间，因此，草地植被繁茂对改善气候环境大有好处。

### 五、牧草种质资源是发展多种经济的原材料资源

许多牧草种质资源还是优良的经济植物，可作药用、纤维植物、轻工业原料和绿色能源等。许多草资源中的有机化合物，如各种生物碱、苷、萜、挥发油等，都有很好的药用作用。如麻黄、防风、苍耳、菊花、蒲公英等有清热解表的作用；大蓟、地榆、三七、益母草、牛膝、玄参、茜草等有理血的作用；党参、黄芪等有补益的作用。一些禾草是工业造纸的原料，如芦苇、大叶章、小叶章、芨芨草等，这些原料不仅能降低造纸成本，还可节约大量木材。此外，灯心草通常用于编制草席，过去民间常用于点油灯。一些萃取自植物的

花、叶、根、籽、皮、果、茎等部位的精油，也是制作化妆品的重要原料。而从植物各部位提取的色素染料，如茜草、红花可提取红色染料，紫草、紫苏可提取紫色染料等，不含任何化学物质，无毒无害，不会对人体健康造成任何伤害，迎合了现代人回归大自然的消费心理。近些年由于能源短缺，开发新能源已成为世界的热点，绿色能源的研究已被作为重要的项目加以研究和开发，像柳枝稷、高粱、藨草、菊苣、刺果甘草等有望成为新的绿色生物能源。

### 六、牧草种质资源是新食物资源开发的基础资源

随着人们生活水平的提高，绿色食品迅速兴起，野菜成为重要的开发对象，除蕨菜、黄花菜、桔梗等早已开发利用以外，野韭、牛蒡、苋菜、百合等也具有较高的开发潜力。

## 第二节　中国高纬寒地牧草资源的搜集

搜集是为研究提供基础材料的过程，目的在于能够更好地对牧草资源加以有效保护和充分利用，是最基础性的工作。搜集主要包括采集野生牧草资源、引进国内各地和国外现有栽培和育种价值的优良种质，不断丰富黑龙江省牧草种质资源，为育种单位（者）提供育种原始材料。

### 一、野生牧草资源的采集

在黑龙江省农科院开展牧草研究开始，省农科院工作者就非常重视黑龙江省的野生牧草资源，先后多次进行了黑龙江省野生牧草资源的考察，这些工作为进一步开发利用黑龙江丰富的野生牧草种质资源提供了一定的科学依据和一批珍贵的研究材料。经过多次的野外考察和采集，截止到 2010 年，黑龙江农科院草业研究所共收集野生资源 25 科 89 属 158 种 446 份。其中禾本科 186 份，豆科 137 份，其他科 123 份。

图 1-1　野外草原采集种质资源　　　　图 1-2　内蒙古东部地区采集种质资源

图 1-3 扎龙湿地采集的披碱草

图 1-4 阿尔山采集的扁穗冰草

图 1-5 根河采集的野豌豆

图 1-6 牙克石采集的西伯利亚野大麦

## 二、国内地方品种与育成品种的搜集

2000 年至今,黑龙江省农科院草业研究所先后从中国农业科学院草原研究所、中国农业科学院北京畜牧兽医研究所及国内其他地方引进收集牧草资源1 106 份,包括 10 科 37 属 282 种牧草种质资源。

## 三、国外牧草种质资源的引进

多年来,黑龙江省在我国的优良牧草种质资源得到有效保护的基础上,积极获取和引进国外优良牧草种质资源,不断丰富我国的牧草基因库。截止到 2010 年,黑龙江省农科院草业研究所先后从保加利亚、俄罗斯、美国、日本等国家引进优良牧草资源 624 份,包括 20 科 83 属 166 种(表 1-1)。

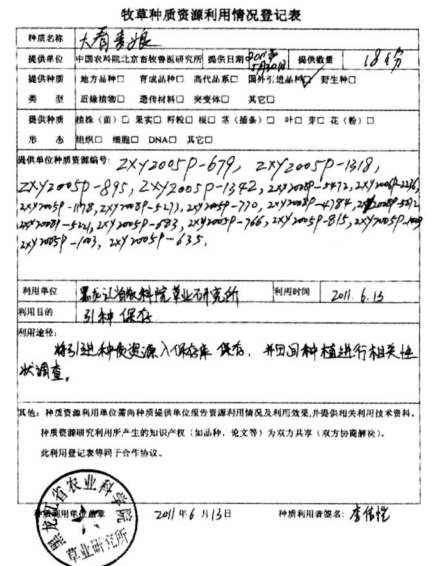
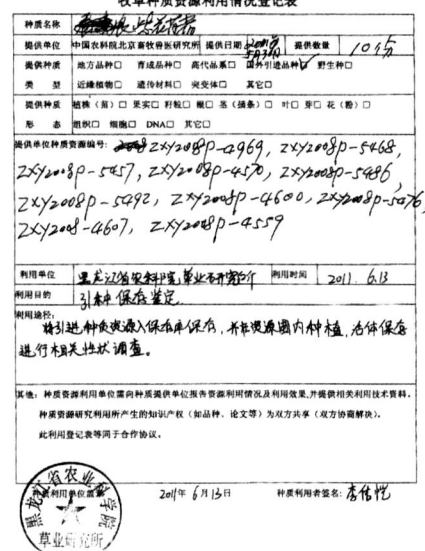

图 1-7　国内种质资源征集证明

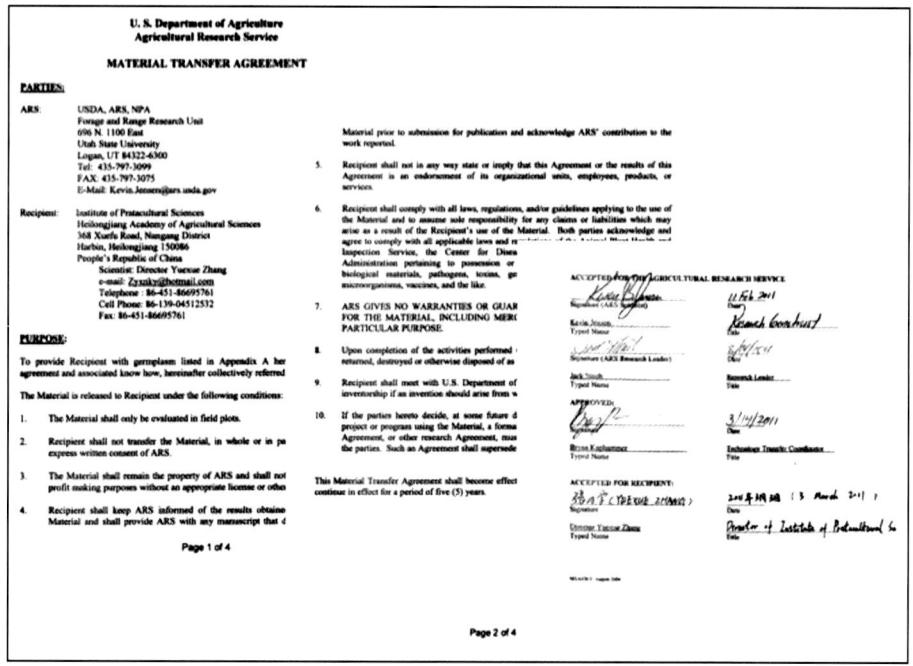

图 1-8　国外牧草种质资源引进协议

表 1-1　牧草资源搜集情况

| 类别 | 科别 | 属 | 种 | 收集份数 | 占总份数百分比（%） |
|------|------|------|------|------|------|
| 野生资源 | 豆科 | 13 | 41 | 137 | 6.22 |
| | 禾本科 | 25 | 53 | 186 | 8.44 |
| | 其他科 | 51 | 64 | 123 | 5.58 |
| | 合计 | 89 | 158 | 446 | 20.24 |

（续）

| 类别 | 科别 | 属 | 种 | 收集份数 | 占总份数百分比（%） |
|------|------|------|------|----------|--------------------|
| 国内引进资源 | 豆科 | 7 | 115 | 336 | 15.25 |
| | 禾本科 | 20 | 151 | 769 | 34.91 |
| | 其他科 | 10 | 16 | 28 | 1.27 |
| | 合计 | 37 | 282 | 1 133 | 51.43 |
| 国外引进资源 | 豆科 | 16 | 46 | 339 | 15.39 |
| | 禾本科 | 19 | 69 | 198 | 8.99 |
| | 其他科 | 48 | 51 | 87 | 3.95 |
| | 合计 | 83 | 166 | 624 | 28.33 |
| 总计 | | — | — | 2 203 | 100 |

# 第三节　中国高纬寒地牧草资源的保存

牧草种质资源保存是牧草资源研究工作的重要环节之一，是研究和利用的基础。20世纪以来，随着新品种的推广、人口增长、环境变化、滥伐森林和耕地沙漠化，以及经济建设等方面的原因，导致我国天然草地退化、沙化和盐碱化十分严重，草地植被覆盖率显著下降，植被稀疏或成为裸地，一些优良和珍稀牧草物种的生存条件也受到严重威胁，处于渐危或濒危状态，部分牧草物种和种内的基因型面临灭绝的危险。同时，曾经使用过的地方品种、育成品种等，因保存不善也有丧失的危险。因此，有效保护牧草资源的多样性，不仅对当前育种有重要意义，而且从长远发展来看，对保持和增强黑龙江牧草资源乃至中国牧草资源在国际上的竞争地位也有重要意义。中国高纬寒地牧草种质资源的保存，主要通过低温种质库、活体资源圃和超低温库三种方式进行保存。

## 一、资源圃保存

为了保持种质资源的种子或无性繁殖器官的生活力，并不断补充其数量，可利用资源圃来种植保存多年生牧草种质资源。中国高纬寒地牧草活体资源圃分别位于黑龙江省绥化市兰西县远大乡和哈尔滨市道外区民主乡。黑龙江省绥化市兰西县远大乡牧草资源圃，地理位置北纬：46°15′，东经：126°16′。占地5 000多亩*，设置有寒地冷季型草坪草示范基地、能源植物圃、药用及药食

---

\* 15亩=1公顷。

两用植物圃、牧草资源圃、环境友好型植物圃、野生珍稀濒危植物圃、野生大豆资源圃；截至 2011 年年底兰西远大乡牧草资源圃内共保存牧草 820 份，隶属于 6 科 24 属 43 种，其中豆科 10 属 13 种，禾本科 14 属 25 种。黑龙江省哈尔滨市道外区民主乡牧草资源圃位于黑龙江省农科院试验园区内地理位置北纬：45°41′，东经：126°37′，设置有活体资源圃、资源繁殖圃、资源鉴定圃、国际资源鉴定圃；截至 2011 年底黑龙江省哈尔滨市道外区民主乡牧草资源圃内共保存牧草 410 份，隶属于 9 科 34 属 59 种，其中豆科 10 属 22 种，禾本科 17 属 28 种。

| 苜蓿 | 白三叶 | 红三叶 | 黄芪 | 东方山羊豆 |
| 野豌豆 | 桔梗 | 射干鸢尾 | 扁蓿豆 | 胡枝子 |

图 1-9　资源圃内保存的活体材料

## 二、低温种质库保存

黑龙江省农科院于 1982 年由黑龙江省投资建立了农作物品种资源库，收集保存农家品种资源 1.12 万份。2007 年经省发改委投资新建了黑龙江寒带植物基因资源研究中心（基因库），2008 年投入使用。中心内设寒带植物基因资源保存中心（库）、研究与评价中心（实验室）、黑龙江寒地活体野生资源圃、功能基因库等。其主要职责任务是：①引进、收集、采集、保存植物的野生、地方品种、选育的种质资源和遗传材料；②管理种质考察、引种、交换、监测、繁种、更新、分发、鉴定、评价和利用、指纹图谱和 DNA 序列数据等；③为决策部门提供作物资源保护和研究的信息，为科学研究和农业生产提供优良种质和信息，向社会公众提供保护生物多样性的科普信息。中心内建有现代化种质基因库一座，总建筑面积为 539.53m²。该库共包括低温种质库 8 个，其中长期库 1 个（－18～－10℃）、中期库 2 个（－4～6℃）、临时库 5 个（5～15℃）。截至 2011 年底种质基因库内已保存植物种质资源 2.59 万份，其中保存牧草种质基因资源 2 203 份，隶属于 37 科 153 属 543 种。详细保存分类请见表 1-2。

表 1-2　牧草资源库牧草种质资源保存现状

| 科别 | 属数 | 占总属数百分比（%） | 种数 | 占总种数百分比（%） | 份数 | 占总份数百分比（%） |
|---|---|---|---|---|---|---|
| 豆科 | 22 | 14.38 | 179 | 32.97 | 812 | 36.86 |
| 禾本科 | 37 | 24.18 | 248 | 45.67 | 1 153 | 52.34 |
| 其他科 | 94 | 61.44 | 116 | 21.36 | 238 | 10.80 |
| 总计 | 153 | 100 | 543 | 100 | 2 203 | 100 |

图 1-10　低温种质库

低温种质库的日常工作包括如下几个方面：

**1. 入库保存**

入库保存是牧草种质资源研究和利用的关键环节，包括种质的接纳登记、清选、生活力检测、库编号编码、种子干燥、包装称重、入库保存。

（1）接纳登记是种质库获得入库保存种子时，对其进行质量和数量的初步检查和基本信息的登记过程。

（2）种子清选主要剔除破碎种子、空粒、瘪粒、霉粒、受病虫侵害粒及其他混杂种子，以及灰尘等其他物质。

（3）种子的生活力检测即为种子初始发芽力的检测，按国家标准 GB/T3543.4 执行，若该标准无规定则按"国际种子检验规程"执行，上述两个标准都没有规定的种子，则需研究获得适宜的发芽方法后进行。

（4）库编号编码是对符合入库标准的种质进行编号，根据保存作物种类和种质特点给每份种质一个永久的库编号。

图 1-11　种子登记、清选

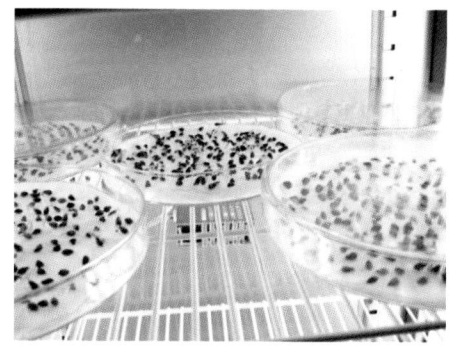

图 1-12　生活力检测

　（5）种子干燥主要作用是降低种子水分，提高种子的耐贮性，以便能较长时间保持种子活力。当种子的初始含水量超过 17% 时需在低温低湿的干燥间进行预干燥，然后按照各种作物种子的干燥条件再加热干燥，使种子含水量达到 5%～9%。

　（6）种子包装称重是当种子干燥至适于贮藏的含水量时进行包装称重。包装容器应依据种质数量确定，并贴好标签；包装操作应在低湿包装间内进行，速度要快，以防干燥的种子吸收空气中的水分。包装好的种子以克为单位用电子秤称重，一批种子称重完成后，要统一检查核对一遍，以防漏称或记录错误。

图 1-13　低温干燥箱

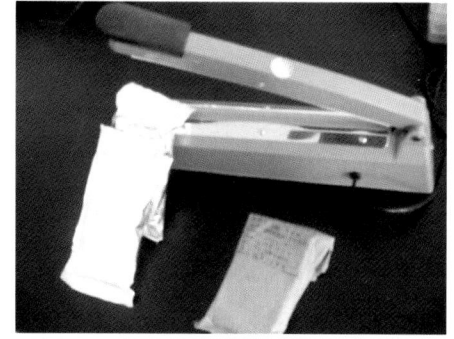

图 1-14　种子包装

图 1-15　种子称重

图 1-16　种子入库保存

（7）入库保存是在种子包装称重之后，根据入库定位图将种子存放到种质库内预先指定的位置上，并把库位号输入管理数据库。

**2. 监测与更新**

监测与更新是牧草种质资源保存中不可忽视的一环，主要对种子生活力进行定期测定，并对种子生活力和数量达到更新范围的，进行田间繁殖更新。

图 1-17　田间繁殖更新

图 1-18　种子收获

**3. 提取和发放**

提取和发放是牧草种质资源库的重要目的，主要是向育种者、种质资源鉴定评价专家提供少量的种质材料。

（1）种质分发原则

对国内外单位和个人提供分发种质时，应严格执行"农作物种质资源管理办法"等国家相关法律法规的有关规定。从牧草种质库获取种质资源的单位和个人应遵守以下承诺条款，否则提供单位有权不再向该单位继续提供种质资源：

①保证不将所获取的种质直接用于获取商业利益和申请知识产权。

②保证不将所获取的种质直接提供给第三者。

③同意向供种单位提供种质利用信息或协助供种单位进行资源利用情况调查。

④种质资源研究利用所产生的知识产权（如品种、论文）为双方共享（双方协商解决）等。

（2）分发程序

利用者可通过网站或电话查询种质资源信息目录，然后填写"种质资源利用申请书"向种质资源库提出申请。种质库在收到申请书以后，应及时向利用者提供种质，对无法提供的种质及时做出答复。

图 1-19 超低温冰箱

### 三、超低温库（基因库）保存

除了上述两种资源保存方法以外，随着科学技术的发展，超低温库（基因库）保存也是一种好的保存方法。在超低温下，细胞代谢处于停滞状态，可以防止或大大延缓细胞老化；由于不经过多次继代培养，可以抑制细胞分裂和DNA 的合成，因而保证了种质材料的遗传稳定性。超低温培养对于寿命短的植物、组织培养的体细胞无性系、遗传工程的基因无性系、抗病的植物材料以及濒临灭绝的野生种质，都是很好的保存方法。中国高纬寒地牧草超低温库（基因库）与种子库同步建设，现有－80℃超低温冰箱两台，储存大量基因、载体及菌种资源。黑龙江省农科院草业研究所计划将配套液氮罐 1 套，使基因资源的保存能力可以达到 2 万份。

## 第四节 中国高纬寒地牧草资源鉴定

种质资源的筛选和鉴定对育种工作起着十分关键的作用。我国牧草资源研究者经"六五"至"九五"4 个五年计划，对我国温带、亚热带、热带、寒温带和青藏高原 15 个重点省（自治区）牧草资源进行了详细布点采样调查和全国性的征集，初步查清了国产的野生牧草资源有 127 科 879 属和 4 215 种。

　　黑龙江是我国最东和最北的省份，南北跨温带和寒温带，东西跨湿润区、半湿润区、半干旱区，境内河流、平原、丘陵、山地呈复合土壤镶嵌分布。与之相邻的俄罗斯具有极地气候特点，日本、韩国、朝鲜则具有海洋性气候特点。黑龙江独特的自然生态条件为多种植物提供了适宜的生存、扩展种群的环境，蕴含丰富的牧草种质资源，也适合引进牧草生长，是天然的牧草"基因库"，但许多优良野生牧草未充分开发利用，对牧草种质资源的评价鉴定可以掌握各种牧草的基本性状，发现其中的优异种质资源，使其在草地建设、饲草饲料开发、新品种选育及治理生态环境方面发挥更大的作用。

## 一、牧草种质资源圃的建立

### (一) 选择适宜的试验地

#### 1. 试验地选择的标准

　　牧草种质资源的评价与筛选是利用和创新的基础和依据。加快筛选和利用步伐立足于本国资源，有目的地搜集国外优良栽培草种（品种）。在不同生态区选择具有典型当地气候土壤特征的实验区，大批量地开展种质性状鉴定和评价，从中评选出高产、优质、抗逆性强、抗病虫性强等优良性状突出的种质。从当地生产需要出发，进一步开展品种比较和区域性试验，筛选和繁育可直接用于生产的优良草种和品种。

#### 2. 牧草资源试验地

（1）黑龙江省农科院草业研究所的兰西试验地

　　试验地位于黑龙江省兰西县远大乡胖利村，南距县城 67km，地理坐标东经 $126°16'$，北纬 $46°15'$。该地区属大陆性季风气候，年降雨量 469.70mm，年均气温 2.9℃；年积温≥10℃的活动积温 2 760℃；年均日照时数 2 713h；年均初霜期为 9 月 23 日，年均终霜期为 5 月 15 日，无霜期为 130d。土壤为盐碱化草甸土，其土壤全盐量变化范围为 0.16％～0.32％，土壤 pH 在 8.12～10.08。

（2）黑龙江省农科院草业研究所的民主试验地

　　黑龙江省农科院草业研究所的民主试验地位于黑龙江省哈尔滨市道外区民主乡，东经 $126°37'$，北纬 $45°41'$，地处中国东北北部地区，黑龙江省南部，海拔在 132～140m 之间，地面平坦，气候属中温带大陆性季风气候，冬长夏短，全年平均降水量 569.10mm，降水主要集中在 6—9 月，夏季占全年降水量的 60％，年平均日照时数 2 670h，年总辐射量 111.55kcal/cm²，≥10℃的积温平均为 2 421.6℃，年无霜期119～146d。该地区交通便利且不缺水源，气候和土壤等均适合多年生牧草的生长发育。

## （二）材料来源

牧草资源圃种植的牧草种质资源材料均通过草业研究所黑龙江寒带植物基因资源研究中心 2006 年以来野外采集、国内外引进征集方式获得，主要保存了 820 份资源，6 个科，24 属 43 种，其中豆科 10 个属，13 个种；禾本科 14 属 25 个种。通过牧草资源圃的保存，使优异牧草种质资源能够得到更有效地利用，并为今后牧草种质资源的深入研究、育种和生产提供依据。

## 二、牧草种质资源的鉴定与评价

主要是采用在自然条件下的田间鉴定评价，根据植物田间生物学特征和农艺学性状及相关调查数据（照片）对牧草资源进行初步比较。

### 1. 紫花苜蓿种质资源农艺性状评价

资源圃中种植有 87 个品种的紫花苜蓿共计 229 份，其中农艺性状表现较好的有 12 个品种，花朵颜色较深，植株相对较高，这 12 个品种中的 7 个品种现蕾期能提前 1～3d。详见表 1-3 和表 1-4。

表 1-3 紫花苜蓿牧草材料编号及来源

| 材料编号 | 学　名 | 材料名称 | 来　源 |
|---|---|---|---|
| 1 | *Medicago sativa* Linn. | 紫花苜蓿（Debarska） | 保加利亚 |
| 2 | *Medicago sativa* Linn. | 紫花苜蓿（Du Puits） | 保加利亚 |
| 3 | *Medicago sativa* Linn. | 紫花苜蓿（Mnogolistna） | 保加利亚 |
| 4 | *Medicago sativa* Linn. | 紫花苜蓿 Pleven-6 | 保加利亚 |
| 5 | *Medicago sativa* Linn. | 紫花苜蓿（德宝） | 甘农大 |
| 6 | *Medicago sativa* Linn. | 紫花苜蓿（德宝） | 百绿 |
| 7 | *Medicago sativa* Linn. | 紫花苜蓿（WL323） | 中种 |
| 8 | *Medicago sativa* Linn. | 紫花苜蓿（WL323hq） | 中种 |
| 9 | *Medicago sativa* Linn. | 紫花苜蓿（敖汉） | 中种 |
| 10 | *Medicago sativa* Linn. | 紫花苜蓿（北极星） | 库存 |
| 11 | *Medicago sativa* Linn. | 紫花苜蓿（大富豪） | 库存 |
| 12 | *Medicago sativa* Linn. | 紫花苜蓿（大西洋） | 库存 |

表 1-4 紫花苜蓿品种间部分农艺性状比较

| 材料编号 | 1 | 2 | 3 | 4 | 5 | 6 | 7 | 8 | 9 | 10 | 11 | 12 |
|---|---|---|---|---|---|---|---|---|---|---|---|---|
| 现蕾期 | 6.05 | 6.05 | 6.05 | 6.05 | 6.08 | 6.08 | 6.08 | 6.08 | 6.08 | 6.05 | 6.06 | 6.05 |
| 开花期 | 6.20 | 6.20 | 6.20 | 6.20 | 6.22 | 6.22 | 6.22 | 6.22 | 6.22 | 6.21 | 6.21 | 6.20 |

（续）

| 材料编号 | 1 | 2 | 3 | 4 | 5 | 6 | 7 | 8 | 9 | 10 | 11 | 12 |
|---|---|---|---|---|---|---|---|---|---|---|---|---|
| 花色 | 紫 | 紫 | 深紫 | 紫 | 紫 | 紫 | 紫 | 浅紫 | 浅紫 | 紫 | 紫 | 深紫 |
| 花期株高（cm） | 94.30 | 98.10 | 96.50 | 87.30 | 102.60 | 106.50 | 103.50 | 99.60 | 90.61 | 96.50 | 102.31 | 97.60 |

自表 1-4 中可看出，引自保加利亚的 4 个紫花苜蓿品种 Debarska、Du Puits、Mnogolistna 和 Pleven-6 和原库存的紫花苜蓿品种北极星、大富豪和大西洋现蕾期和开花期可比国内引进的品种早 1～3d，且品种为 Mnogolistna、大西洋的花色较深。虽然引自保加利亚的紫花苜蓿现蕾期和开花期均比国内品种早，但对平均株高进行比较，其株高均较国内品种矮，Pleven-6 株高最矮为 87.30cm，与之相比，引自国内苜蓿品种除敖汉苜蓿株高为 90.61cm，其余的 5 个品种株高均达到 99.00cm 以上，平均株高最高的是引自百绿集团的德宝苜蓿为 106.50cm。

资源圃种植的苜蓿中个别品种长出特异花序，有的在紫色花中出现 1～2 株蓝色花或白花或黄花，有的花序顶端和基部花色不同（表 1-5、图 1-20）。

表 1-5　有特异花序的苜蓿品种一览表

| 名　称 | 来　源 | 花　色 | 特　征 |
|---|---|---|---|
| 德宝 | 百绿 | 紫花 | 一株黄花顶端紫色 |
| 春天苜蓿 | 库存 | 紫 | 1 株浅蓝 |
| Pleven 6 | 牧草室培育 | 紫 | 3～5 株黄花 |
| 苜蓿王 | 甘农大 | 紫 | 1 株白花，1 株黄化 |
| 三得利 | 百绿集团 | 紫 | 1 株蓝花、3 株深紫 |
| 皇后 2000 | 库存 | 紫 | 1 株白花、1 株蓝紫、2 株深紫 |
| 金皇后 | 库存 | 紫 | 6 株白花 |
| 哥萨克 | 甘农大 | 紫 | 2 株浅蓝白 |
| 牧歌 | 甘农大 | 紫 | 3 株蓝紫花 |
| 中兰 1 号 | 甘农大 | 紫 | 1 株黄花顶端紫色 |

## 2. 驴食草种质资源农艺性状评价

驴食草（*Onobrychis viciifolia* Scop.）作为优良的牧草饲料，多在我国西北地区种植，东北尤其是盐碱化土壤地区对其试验研究还较少。本所对引自保加利亚的两个品种的驴食草进行试验研究。

图 1-20　部分特异花序图片

**表 1-6　驴食草田间调查结果**（月·日）

| 品种名称 | 来源 | 返青期 | 现蕾期 | 开花期 | 开花期平均株高（cm） | 结实期 | 结实期平均株高（cm） |
|---|---|---|---|---|---|---|---|
| 驴食草（9HE002） | 保加利亚 | 4.30 | 6.11 | 6.25 | 72.10 | 7.08 | 87.50 |
| 驴食草（Jubilcina） | 保加利亚 | 4.25 | 5.31 | 6.15 | 85.61 | 6.28 | 98.30 |

　　自表 1-6 对驴食草（9HE002）和驴食草（Jubilcina）进行农艺性状比较，驴食草（Jubilcina）较驴食草（9HE002）返青早，可初步判断其对北方寒温带地区气候适应性较强，且现蕾期、花期、结实期均比驴食草（9HE002）早 10～13d，花期和结实期植株茂盛，株高较驴食草（9HE002）高，种植第三年驴食草（9HE002）整个植株枯萎死亡，可看出驴食草（Jubilcina）较驴食草（9HE002）对盐碱化土壤适应性较强。其他农艺性状将在以后的试验中进行。图 1-21、图 1-22 为驴食草（9HE002）和驴食草（Jubilcina）开花期与结实期的对照图。

图 1-21　驴食草（9HE002）和（Jubilcina）开花期图片

图1-22 驴食草（9HE002）和（Jubilcina）结实期图片

### 3. 冰草种质资源的农艺性状评价

资源圃于2009年种植9份资源（表1-7），当年有4份（14号、15号、18号和20号）冰草未出苗（表1-8中可看出），而且在种植的3份引自保加利亚的冰草中有2份未出苗，可初步判断未经驯化的国外种子对本地环境不适应，也就是说当年可将不适宜盐碱化土壤生长条件的冰草品种剔除。其余5份冰草材料只有营养生长过程，均未能进入孕穗期。

表1-7 冰草材料编号及来源

| 材料编号 | 材料名称 | 学 名 | 来 源 |
|---|---|---|---|
| 14 | 蓖穗冰草99E0256 | *Agropyron pectinatum* | 保加利亚引进 |
| 15 | 冰草 | *Agropyron cristatum*（Linn.） | 内蒙古采集 |
| 16 | 冰草 | *Agropyron cristatum*（Linn.） | 鄂温克采集 |
| 17 | 冰草 | *Agropyron cristatum*（Linn.） | 保加利亚引进 |
| 18 | 扁穗冰草 | *Agropyron cristatum*（L.）Gaertn | 牙克石采集 |
| 19 | 蓝茎冰草 | *Pascopyrum smithii* | 黑龙江省草原站 |
| 20 | 沙生冰草（92E81） | *Agropyron desertorum*（Fisch.）Schult. | 保加利亚引进 |
| 21 | 光穗冰草 | *Agropyron cristatum var. pectiniforme* | 内蒙古草原所 |
| 22 | 蒙古冰草 | *Agropyron mongolicum* Keng | 甘肃引进 |

表1-8 2009年冰草田间调查结果（月．日）

| 材料编号 | 播种期 | 出苗期 | 分蘖期 | 拔节期 | 抽穗期 | 开花期 | 乳熟期 | 蜡熟期 | 完熟期 |
|---|---|---|---|---|---|---|---|---|---|
| 14 | 6.07 | — | — | — | — | — | — | — | — |
| 15 | 6.07 | — | — | — | — | — | — | — | — |
| 16 | 6.07 | 6.14 | 6.28 | 7.12 | — | — | — | — | — |

（续）

| 材料编号 | 播种期 | 出苗期 | 分蘖期 | 拔节期 | 抽穗期 | 开花期 | 乳熟期 | 蜡熟期 | 完熟期 |
|---|---|---|---|---|---|---|---|---|
| 17 | 6.07 | 6.14 | 6.28 | 7.13 | — | — | — | — | — |
| 18 | 6.07 | — | — | — | — | — | — | — | — |
| 19 | 6.07 | 6.14 | 6.28 | 7.12 | — | — | — | — | — |
| 20 | 6.07 | — | — | — | — | — | — | — | — |
| 21 | 6.07 | 6.13 | 6.27 | 7.12 | — | — | — | — | — |
| 22 | 6.07 | 6.14 | 6.28 | 7.12 | — | — | — | — | — |

　　由表 1-9 可见，在 2009 年能够进行营养生长的 5 份冰草于 2010 年全部返青，并且 16 号、19 号、21 号和 22 号冰草材料能完成整个生育期，只有 17 号冰草材料未能进入乳熟期。2009 年种植的引自国内东北和西北地区的 3 份冰草材料（19 号、21 号和 22 号）于 2010 年全部完成生育期并收获种子，可以说国内品种适应环境能力比较强。3 份在国内东北地区采集的冰草材料中有 1 份（16 号）在 2010 年能够全部返青并完成生育期，说明同一区域相似的气候环境条件下，16 号冰草的适应性强。

表 1-9　2010 年返青的冰草材料田间调查结果（月.日）

| 材料编号 | 返青期 | 分蘖期 | 拔节期 | 抽穗期 | 开花期 | 乳熟期 | 蜡熟期 | 完熟期 | 完熟期株高（cm） |
|---|---|---|---|---|---|---|---|---|
| 16 | 4.22 | 5.05 | 5.15 | 5.31 | 6.15 | 6.26 | 7.05 | 7.23 | 83.50 |
| 17 | 4.29 | 5.11 | 5.24 | 6.13 | 6.28 | — | — | — | — |
| 19 | 4.25 | 5.06 | 5.20 | 6.09 | 6.23 | 6.29 | 7.13 | 7.30 | 98.50 |
| 21 | 4.25 | 5.06 | 5.20 | 6.09 | 6.23 | 9.29 | 7.10 | 7.25 | 79.51 |
| 22 | 4.25 | 5.06 | 5.20 | 6.09 | 6.23 | 6.29 | 7.10 | 7.25 | 97.21 |

　　图 1-23 对能完成生育期的 4 份冰草材料（16 号、19 号、21 号和 22 号）抽穗率和结实率进行比较，16 号和 22 号冰草的抽穗率和结实率均较高。

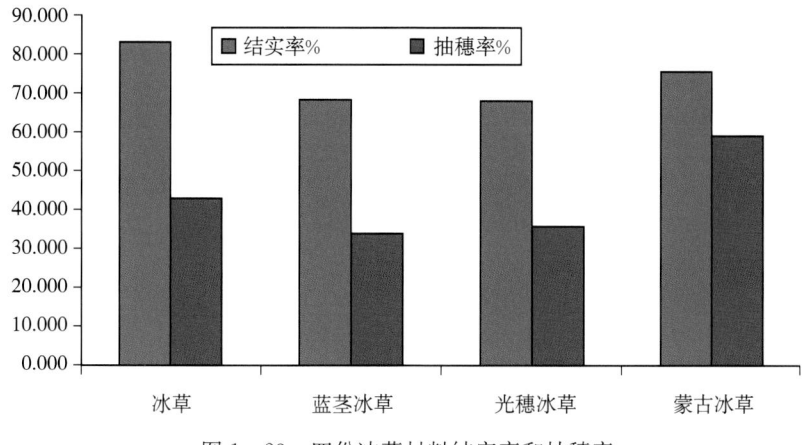

图 1-23　四份冰草材料结实率和抽穗率

图 1-24　四份冰草材料结实期图片

**4. 长芒野大麦种质资源农艺性状评价**

（1）名称：长芒野大麦

来源：荣军农场采集

田间生育期调查为 4 月 28 日返青，6 月 13 日抽穗，抽穗期株高 49.81cm。6 月 23 日开花，6 月下旬至 7 月下旬成熟期，6 月 27 日乳熟，7 月 8 日蜡熟，7 月 22 日完熟。株高可达 70.92cm。

（2）名称：长芒野大麦

来源：师大院内采集

田间生育期调查为 4 月 28 日返青，6 月 9 日抽穗，抽穗期株高 59.83cm。6 月 19 日开花，6 月下旬至 7 月上旬成熟期，6 月 23 日乳熟，6 月 28 日蜡熟，7 月 3 日完熟。株高可达 75.35cm。

（3）名称：长芒野大麦

来源：五大连池市采集

田间生育期调查为 4 月 28 日返青，6 月 9 日抽穗，抽穗期株高 66.72cm。6 月 19 日开花，6 月下旬至 7 月上旬成熟期，6 月 23 日乳熟，6 月 28 日蜡熟，7 月 3 日完熟。株高可达 80.60cm。

从以上调查结果可看出在师大院内和五大连池采集的长芒野大麦比荣军农场采集的长芒野大麦抽穗期早 4d，完熟期比荣军农场采集的长芒野大麦资源早 19 天。抽穗期和完熟期植株平均株高相比，五大连池采集的长芒野大麦株高＞师大院内采集的长芒野大麦株高＞荣军农场采集的长芒野大麦株高。图 1-25 为荣军农场、师大院内、五大连池采集的长芒野大麦在同一日期的照片。师大院内、五大连池采集的长芒野大麦已进入蜡熟期，荣军农场采集的长芒野大麦刚刚进入乳熟期。

**5. 鹅观草种质资源农艺性状评价**

禾本科中种植的 32 份鹅观草 2010 年有 29 份返青，其中有 10 份垂穗鹅观草和 7 份直穗鹅观草经过辐射诱变处理。经过辐射诱变处理的鹅观草较未经处理的鹅观草，成熟期早，结实率高，植株较高。图 1-26 中可看出经 1 000 拉

| 荣军农场 | 师大院内 | 五大连池 |

图 1-25　同一时期不同采集地长芒野大麦田间长势

德诱变处理的鹅观草比其他剂量诱变辐射的鹅观草成熟期可提前 4～6d，最早进入完熟期。

图 1-26　早熟的为 1 000 拉德鹅观草

### 6. 羊茅属种质资源农艺性状评价

通过调查返青率（表 1-10）可以对资源圃中引自保加利亚的羊茅属牧草材料进行初步筛选。2009 年种植的 10 份草甸羊茅和 13 份苇状羊茅在当年均能够出苗完全并进行营养生长。10 份草甸羊茅在 2010 年全部返青，返青率为 100％，而 13 份苇状羊茅只有 2 份返青率达到 80％以上，9 份返青率少于 30％，2 份返青率大于 30％而少于 60％。2011 年 13 份苇状羊茅全部未返青，而 10 份草甸羊茅也只有 5 份达到 70％返青（图 1-27）。可初步判断苇状羊茅在中国东北地区较寒冷的冬季无法越冬，草甸羊茅虽然有部分能够越冬，但抽穗率不到 10％，远远低于抽穗结实百分率标准。

表 1 - 10  苇状羊茅 2010 年返青率

| 调查项目 | 牧草编号 | | | | | | | | | | | | |
|---|---|---|---|---|---|---|---|---|---|---|---|---|---|
| | 23 | 24 | 25 | 26 | 27 | 28 | 29 | 30 | 31 | 32 | 33 | 34 | 35 |
| 返青率（％） | 80 | 30 | 90 | 25 | 30 | 30 | 25 | 25 | 40 | 50 | 20 | 10 | 20 |

图 1 - 27  部分草甸羊茅返青率比较

### 7. 野豌豆种质资源农艺性状评价

2009 年种植的 21 份野豌豆种质资源中，2010 年只有 13 份返青，其余 8 份未能越冬。在 13 份返青的野豌豆中只有 5 份资源完成生育期，并收获种子，可进入下一年其他指标的鉴定评价。另外 8 份资源只进行营养生长，并且叶片泛黄，未能进入孕蕾期，可判断其不耐盐碱化土壤条件生长。图 1 - 28 为较耐盐碱的 2 份野豌豆进入开花时期。

图 1 - 28  较耐盐碱的 2 份野豌豆开花期

### 8. 红三叶种质资源农艺性状评价

自 2006 年以来，黑龙江寒带植物基因资源研究中心共搜集、保存红三叶种质资源材料 91 份，对搜集的红三叶草种质资源进行了农艺性状鉴定和特性评价，并对这些种质资源材料以建立资源圃的形式进行了田间保存，使优异红三叶资源能够得到更有效地利用，并为今后红三叶资源的深入研究、育种和生产提供依据。

（1）红三叶种质资源材料鉴定圃建立

由于引进、采集来的种子较少，在田间鉴定时采用育苗移栽法。每份材料株行距为1m×1m，每穴定苗1株，每份材料鉴定30株，每行10株，设3次重复。田间试验设计采取随机区组排列法。

（2）红三叶种质资源主要农艺性状评价

①种皮颜色

红三叶完熟期，种皮颜色分为黄色、紫色和杂色3种粒色。调查的91份红三叶资源中，种皮黄色的有11份，占12.08%；种皮紫色的4份，占4.39%；种皮杂色的76份，占83.53%（图1-29）。

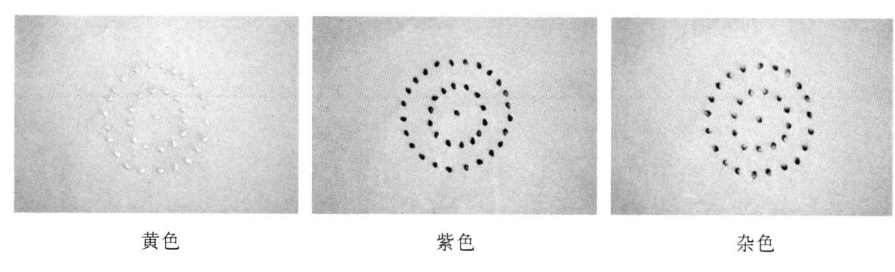

黄色　　　　　　　紫色　　　　　　　杂色

图1-29　红三叶种质资源种皮颜色

②植株高度

测定的91份红三叶资源盛花期株高，最高64.51cm，最矮18.80cm，平均35.32cm。将各材料株高分为矮、中和高三大类，其中株高矮（<27.50cm）的46份，占50.55%，株高中等（27.50～52.00cm）的35份，占38.46%，株高较高（>52.00cm）的10份，占10.99%（图1-30）。

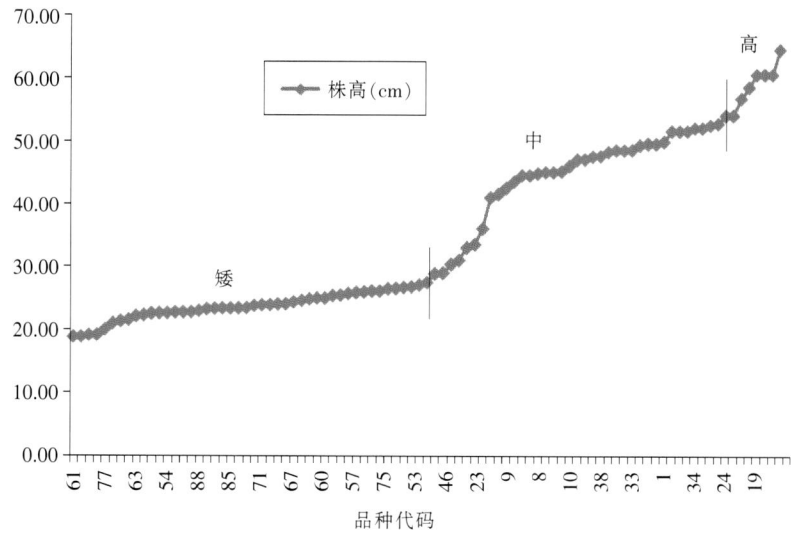

图1-30　红三叶种质资源株高

③植株生长习性

播种年内秋季植株生长习性，目测整个植株最外侧嫩枝与水平线的角度。将91份资源分为直立、半直立、中等、半平卧、平卧五大类（图1-31）。其中直立包括5份材料，占5.49%，半直立包括33份，占36.26%，中等包括31份，占34.07%，半平卧包括15份，占16.48%，平卧包括7份，占7.70%。

图1-31　红三叶种质资源植株生长习性

④中间小叶形状

开花期后1~2周内，主茎上第一花序枝条下的第3或第4叶片，观测中间小叶的形状。91份资源中间小叶形状分为圆形、卵形、倒卵形、椭圆形、菱形和阔披针形六大类（图1-32），其中圆形叶片包括7份，占7.69%，卵形叶片包括48份，占52.75%，倒卵形17份，占18.68%，椭圆形包括14份，占15.38%，菱形包括2份，占2.20%，阔披针形包括3份，占3.30%。

⑤中间小叶长度

开花后1~2周内，主茎上第一花序枝条下的第3或第4叶片，测定中间小叶的最长部位。91份资源中间小叶长度可分为短、中、长三大类，较短类（<3.14cm）包括4份，占4.40%，中间型（3.14~4.83cm）的包括82份，占90.11%，较长类（>4.83cm）包括5份，占5.49%（图1-33）。

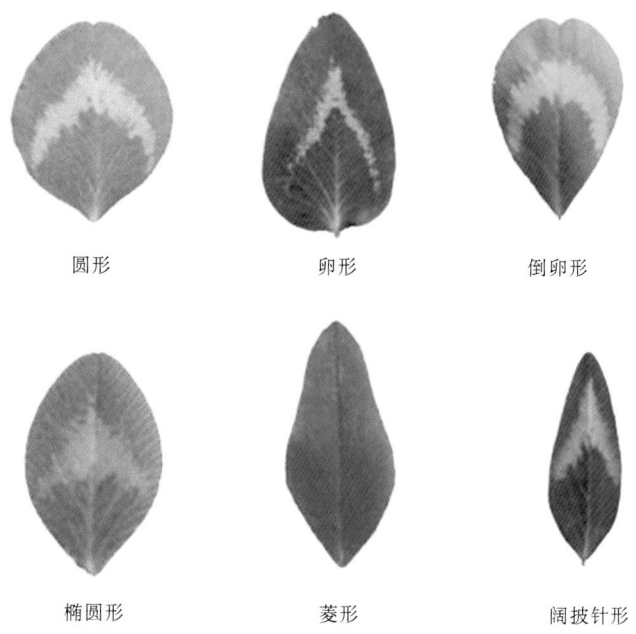

圆形　　　　　　　卵形　　　　　　　倒卵形

椭圆形　　　　　　菱形　　　　　　　阔披针形

图 1 - 32　红三叶种质资源中间小叶形状

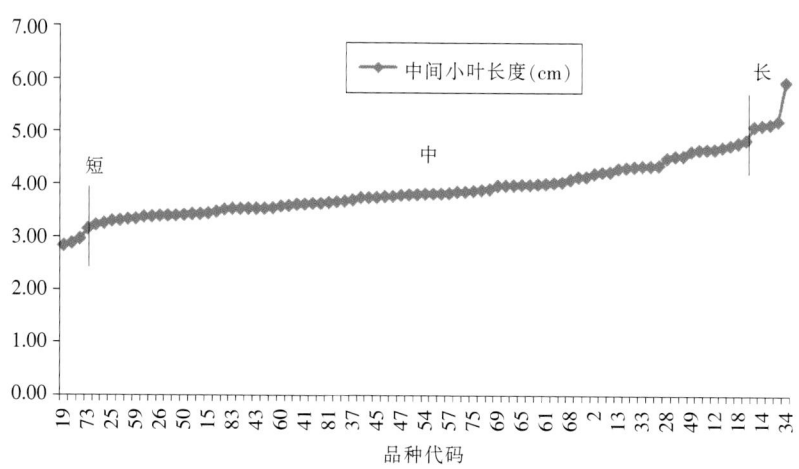

图 1 - 33　红三叶种质资源中间小叶长度

⑥中间小叶宽度

开花后 1～2 周内，主茎上第一花序枝条下的第 3 或第 4 叶片，测定中间小叶的最宽部位。91 份资源中间小叶长度可分为窄、中、宽三大类，较窄类（＜1.50cm）包括 22 份，占 24.18%，中间型（1.50～2.50cm）的包括 57 份，占 62.64%，较宽类（＞2.50cm）包括 12 份，占 13.18%（图 1 - 34）。

⑦叶片叶斑强度

红三叶叶斑强度分为无或极弱、弱、中、强、极强 5 种（图 1 - 35），调查

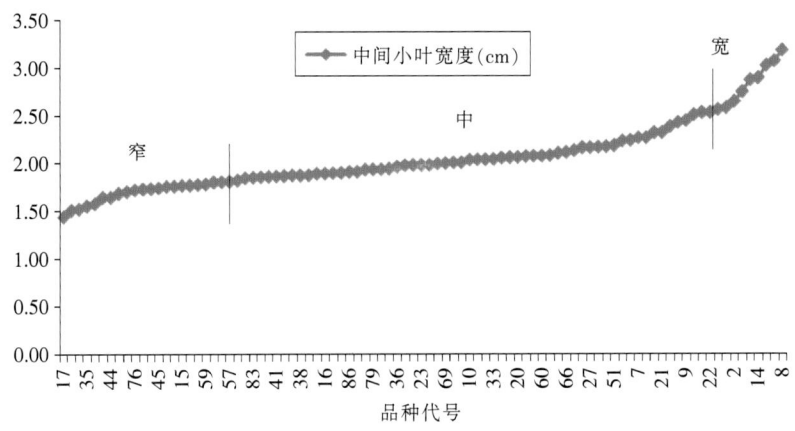

图 1-34　红三叶种质资源中间小叶宽度

的 91 份红三叶资源中，无或极弱的有 17 份，占 18.68%；叶斑弱的 15 份，占 16.48%；叶斑中等的 33 份，占 36.26%；叶斑强的 16 份，占 17.58%；叶斑极强的 10 份，占 11.00%。

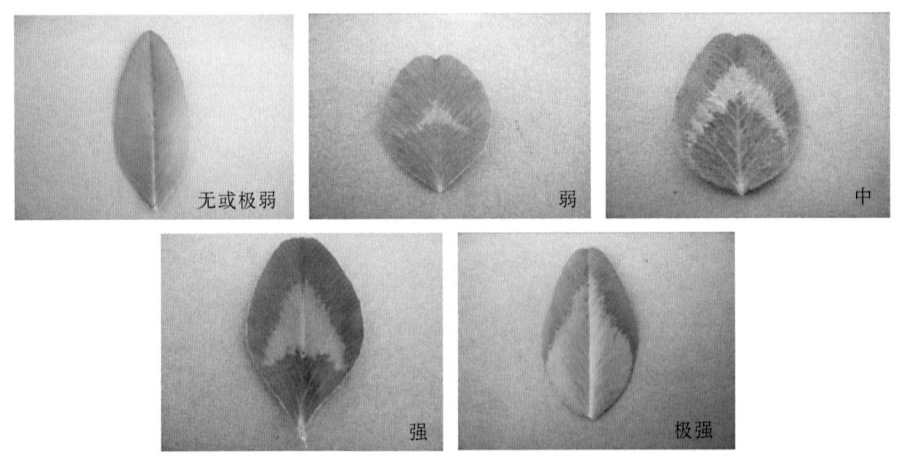

图 1-35　红三叶种质资源叶片叶斑强度

⑧茎花青甙显色

红三叶的茎花青甙显色分为无和有两类（图 1-36）。调查的 91 份红三叶资源中，茎花青甙显色为无的有 27 份，占 29.67%；茎花青甙显色为有的有 64 份，占 70.33%。

⑨茎粗

开花期后 1～2 周内，测量每株分蘖节上方 2～4cm 处茎的粗细。91 份资源茎粗可分为细、中、粗三大类，较细类（＜4.80mm）包括 8 份，占 8.79%，中间型（4.80～6.10mm）的包括 75 份，占 82.42%，较粗类（＞6.10mm）包括 8 份，占 8.79%（图 1-37）。

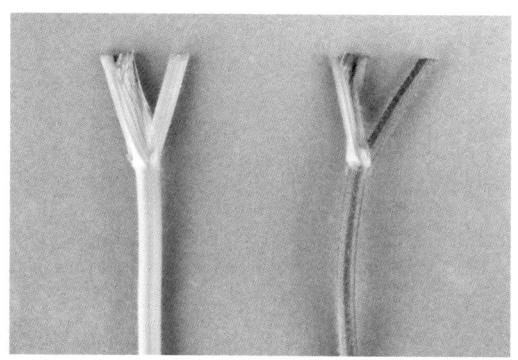

图 1-36　红三叶种质资源茎花青甙显色

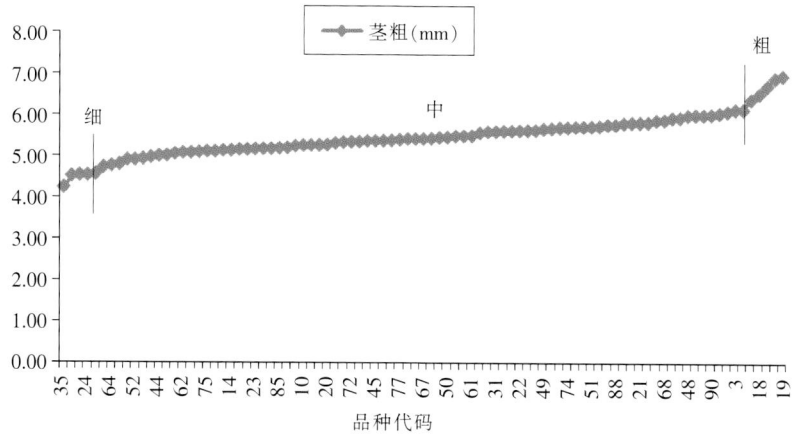

图 1-37　红三叶种质资源茎粗

⑩头状花序直径

测量 91 份资源头状花序直径可分为短、中、长三大类，较短类（<2.40cm）包括 8 份，占 8.79%，中间型（2.40～3.10cm）的包括 74 份，占 81.32%，较长类（>3.10cm）包括 9 份，占 9.89%（图 1-38）。

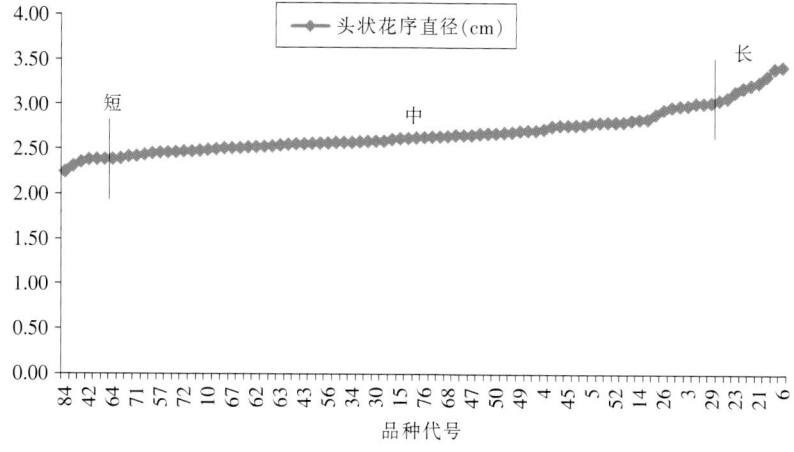

图 1-38　红三叶种质资源头状花序直径

⑪花颜色

开花期观测 91 份红三叶资源花颜色分为白色、浅粉色、粉色、粉红色和浅紫色 5 大类（图 1-39）。白色包括 2 份，浅粉色 13 份，粉色 51 份，粉红色 17 份，浅紫色 8 份。

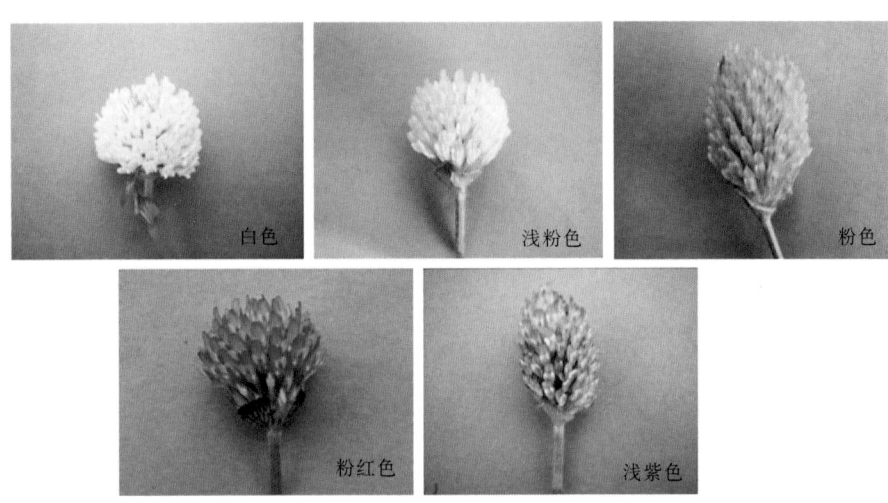

图 1-39 　红三叶种质资源花颜色

### 9. 白三叶种质资源农艺性状评价

自 2006 年以来，黑龙江寒带植物基因资源研究中心共搜集、保存白三叶种质资源材料 78 份，对搜集的白三叶草种质资源进行了农艺性状鉴定和特性评价，并对这些种质资源材料以建立资源圃的形式进行了田间保存，使优异白三叶资源能够得到更有效地利用，并为今后白三叶资源的深入研究、育种和生产提供依据。

（1）白三叶种质资源材料鉴定圃建立

由于引进、采集来的种子较少，在田间鉴定时采用育苗移栽法。每份材料株行距为 1m×1m，每穴定苗 1 株，每份材料鉴定 30 株，每行 10 株，设 3 次重复。田间试验设计采取随机区组排列法。

（2）白三叶种质资源主要农艺性状评价

①植株高度

测定的 78 份白三叶资源盛花期株高，最高 30.10cm，最矮 7.01cm，平均 17.22cm。将各材料株高分为矮、中和高三大类，其中株高矮（<11.00cm）的 10 份，占 12.82%，株高中等（11.00~23.01cm）的 59 份，占 75.64%，株高较高（>23.02cm）的 9 份，占 11.54%（图 1-40）。

②植株宽幅

盛花期测定 78 份白三叶资源植株宽幅，最宽 101.3cm，最窄 43.5cm，平

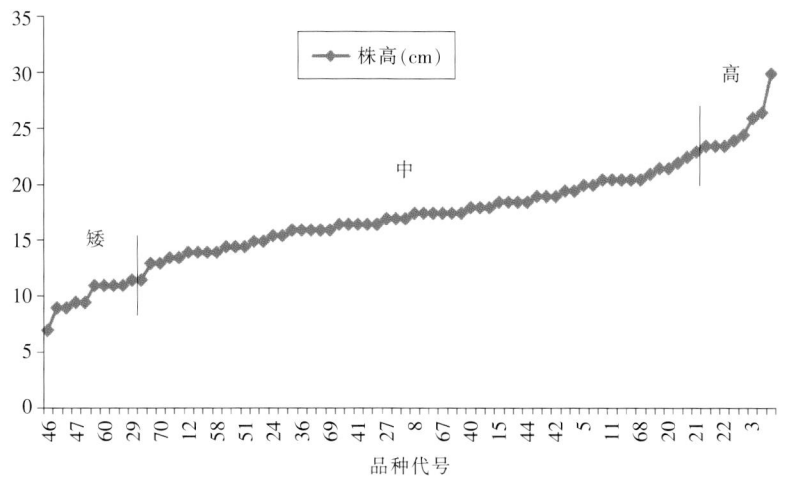

图 1-40 白三叶种质资源植株株高

均 59.2cm。将各材料株高分为窄、中和宽三大类，其中宽幅较窄（＜50.0cm）的 5 份，占 6.41％，宽幅中等（50.0～70.0cm）的 64 份，占 82.05％，宽幅较宽（＞70.0cm）的 9 份，占 11.54％（图 1-41）。

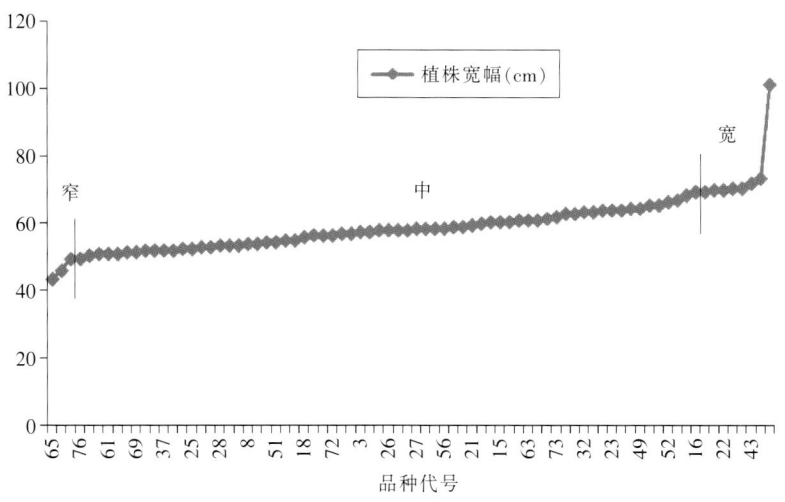

图 1-41 白三叶种质资源植株宽幅

③匍匐茎直径

开花期后 1～2 周内，从顶部向下数，主茎上第三节到第四节中间位置的直径。78 份白三叶资源匍匐茎直径分为细、中和粗三大类，其中直径较细类（＜1.65mm）的 5 份，占 6.41％，中间类（1.65～3.20mm）包括 63 份，占 80.77％，较粗类（＞3.20mm）包括 10 份，占 12.82％（图 1-42）。

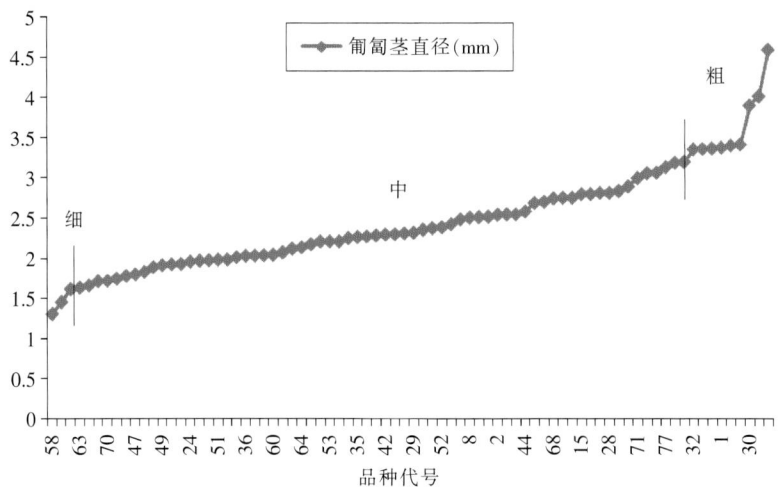

图 1-42 白三叶种质资源匍匐茎直径

④匍匐茎上不定根数量

调查的 78 份白三叶资源中，白三叶匍匐茎上不定根数量分为少、中、多三类（图 1-43），匍匐茎上不定根数量少的包括 4 份，占 5.13%；中等的包括 53 份，占 67.95%；数量多的包括 21 份，占 26.92%。

少　　　　　　　　中　　　　　　　　多

图 1-43 白三叶种质资源匍匐茎上不定根数量

⑤茎花青甙显色

白三叶的茎花青甙显色分为无和有两类（图 1-44）。调查的 78 份白三叶资源中，茎花青甙显色为无的有 9 份，占 11.54%；茎花青甙显色为有的有 69 份，占 88.46%。

⑥中间小叶形状

开花期后 1~2 周内，主茎上第一花序枝条下的第 3 或第 4 叶片，观测中间小叶的形状 78 份资源中间小叶形状分为近圆形、卵形、倒卵形、近椭圆形四大类（图 1-45），其中近圆形叶片包括 11 份，占 14.10%，卵形叶片包括 23 份，占 29.49%，倒卵形 31 份，占 39.74%，近椭圆形包括 13 份，占 16.67%。

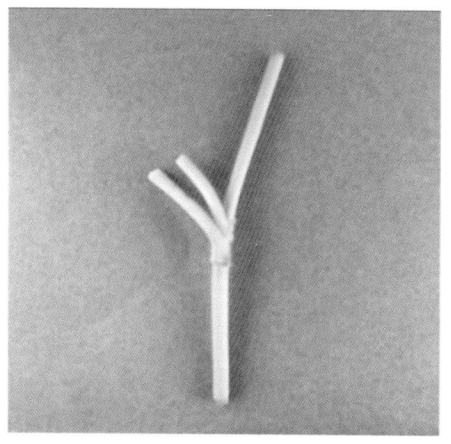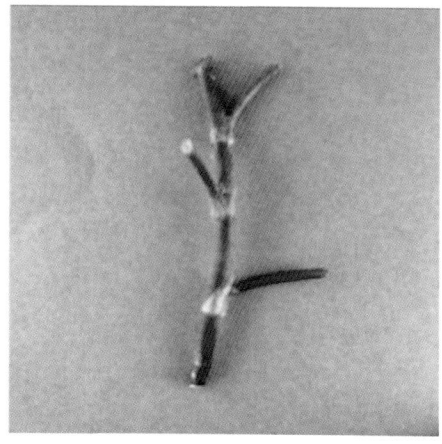

图 1-44　白三叶种质资源茎花青甙显色

近圆形　　　卵形　　　倒卵形　　　近椭圆形

图 1-45　白三叶种质资源中间小叶形状

⑦中间小叶长度

开花后 1～2 周内，主茎上第一花序枝条下的第 3 或第 4 叶片，测定中间小叶的最长部位。78 份资源中间小叶长度可分为短、中、长三大类，较短类（<1.40cm）包括 7 份，占 8.97%，中间型（1.40～3.20cm）的包括 60 份，占 76.92%，较长类（>3.20cm）包括 11 份，占 14.11%（图 1-46）。

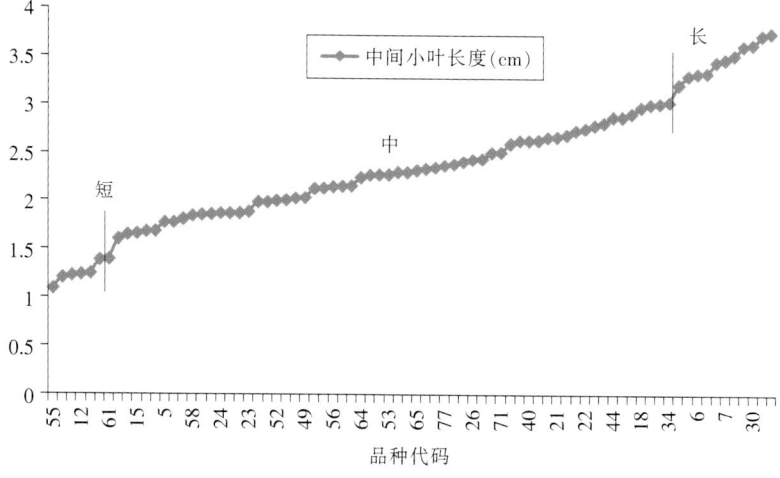

图 1-46　白三叶种质资源中间小叶长度

⑧中间小叶宽度

开花后 1～2 周内，主茎上第一花序枝条下的第 3 或第 4 叶片，测定中间小叶的最宽部位。78 份资源中间小叶长度可分为窄、中、宽三大类，较窄类（＜1.35cm）包括 8 份，占 10.26％，中间型（1.35～2.70cm）的包括 63 份，占 80.77％，较宽类（＞2.70cm）包括 7 份，占 8.97％（图 1-47）。

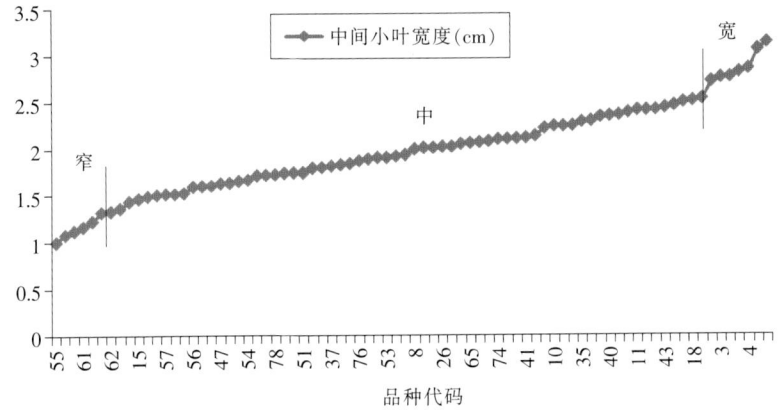

图 1-47　白三叶种质资源中间小叶宽度

⑨叶片叶斑强度

白三叶叶斑强度分为无或极弱、弱、中、强、极强 5 种（图 1-48），调查的 78 份白三叶资源中，无或极弱的有 15 份，占 19.23％；叶斑弱的 18 份，占 23.07％；叶斑中等的 37 份，占 47.44％；叶斑强的 5 份，占 6.41％；叶斑极强的 3 份，占 3.85％。

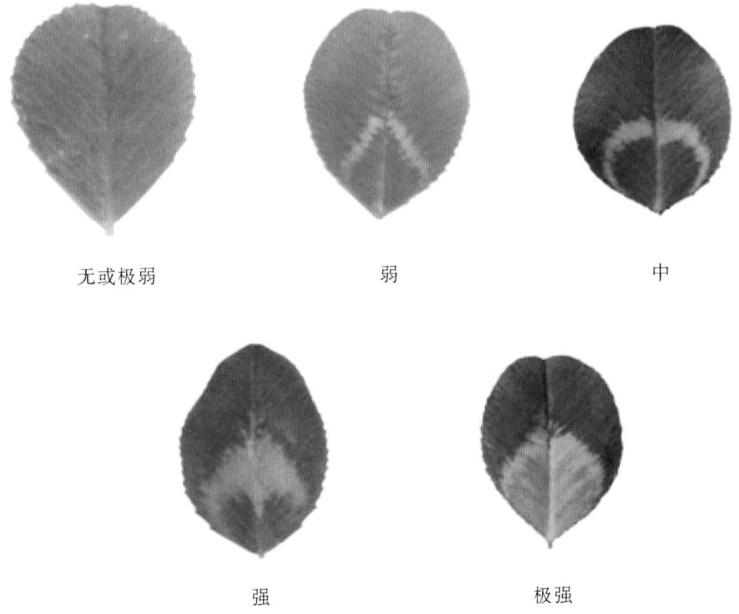

图 1-48　白三叶种质资源叶片叶斑强度

⑩叶柄长度

开花期后 1～2 周内，主茎上第一花序枝条下的第 3 片展开叶，从中央小叶基部开始测量。78 份资源叶柄长度可分为短、中、长三大类，较短类（＜1.40cm）包括 7 份，占 8.97％，中间型（1.40～3.20cm）的包括 60 份，占 76.92％，较长类（＞3.20cm）包括 11 份，占 14.11％（图 1-49）。

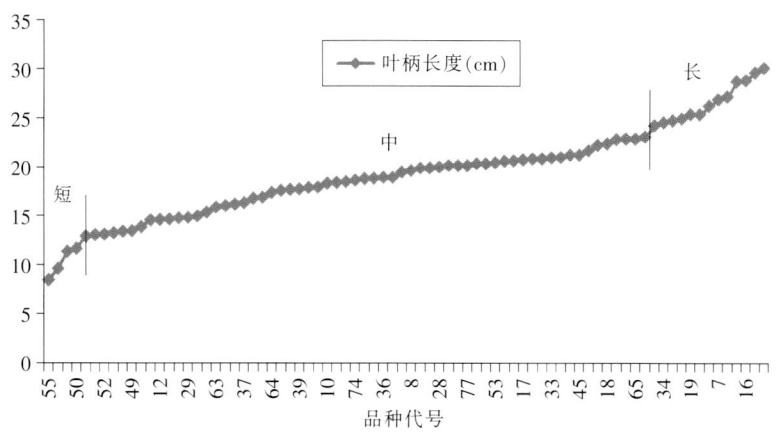

图 1-49 白三叶种质资源叶柄长度

⑪叶柄直径

开花期后 1～2 周内，主茎上第一花序枝条下的第 3 片展开叶的叶柄最粗部位的直径。78 份资源叶柄直径可分为细、中、粗三大类，较细类（＜0.90mm）包括 4 份，占 5.12％，中间型（0.90～2.00mm）的包括 66 份，占 84.62％，较粗类（＞2.00mm）包括 8 份，占 10.26％（图 1-50）。

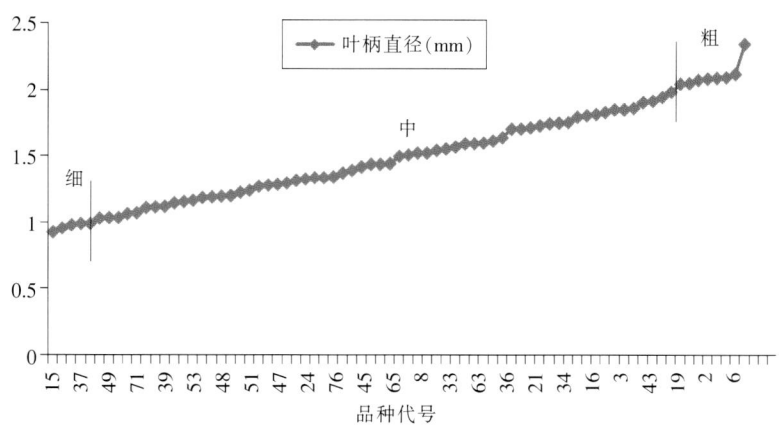

图 1-50 白三叶种质资源叶柄直径

⑫花颜色

开花期观测 78 份白三叶花颜色分为白色、粉白色、浅粉色、粉色四大类

（图 1-51）。白色包括 53 份，粉白色包括 14 份，浅粉色 7 份，粉色 4 份。

| 白色 | 粉白色 | 浅粉色 | 粉色 |

图 1-51　白三叶种质资源花颜色

⑬花柄长度

开花 30 天后，测量株丛中部植株花柄长度；78 份资源花柄长度可分为短、中、长三大类，较短类（<16.51cm）包括 4 份，占 5.13%，中间型（16.51～30.02cm）的包括 67 份，占 85.90%，较长类（>30.02cm）包括 7 份，占 8.97%（图 1-52）。

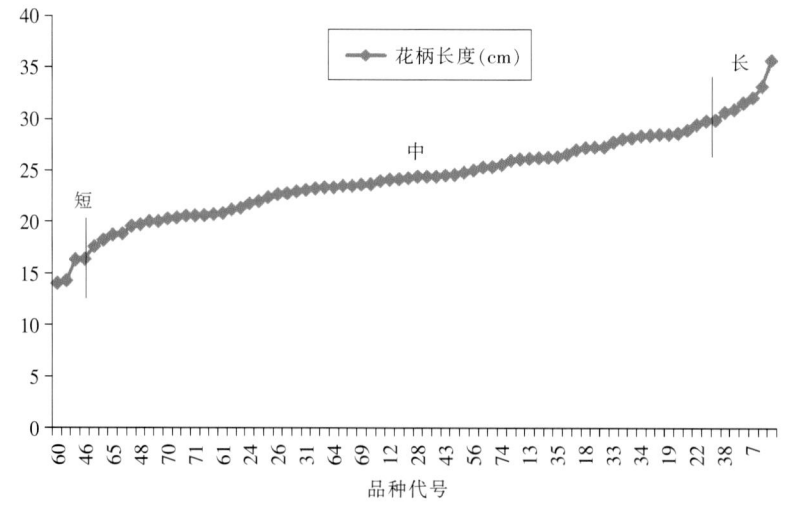

图 1-52　白三叶种质资源花柄长度

⑭花柄直径

开花 30 天后，测量株丛中部植株花柄中部直径；78 份资源花柄直径可分为细、中、粗三大类，较细类（<1.35mm）包括 3 份，占 3.84%，中间型（1.35～2.35mm）的包括 66 份，占 84.62%，较粗类（>2.35mm）包括 9 份，占 11.54%（图 1-53）。

⑮头状花序直径

测量 78 份资源头状花序直径可分为短、中、长三大类，较短类（<1.65mm）包括 7 份，占 8.97%，中间型（1.65～2.65mm）的包括 65 份，占 83.33%，较长类（>2.65mm）包括 6 份，占 7.70%（图 1-54）。

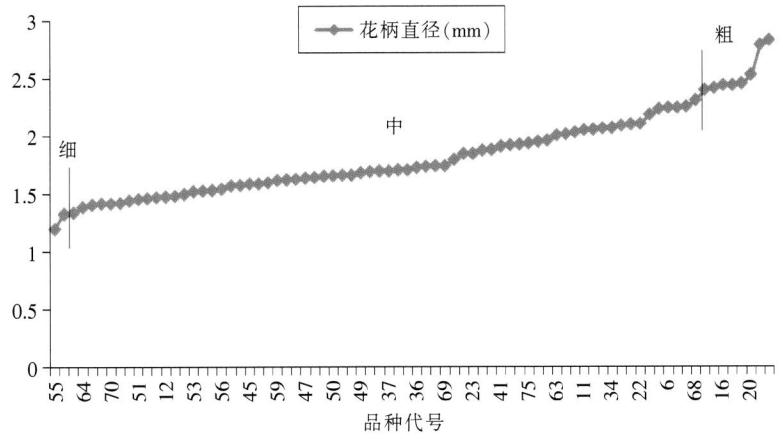

图 1-53　白三叶种质资源花柄直径

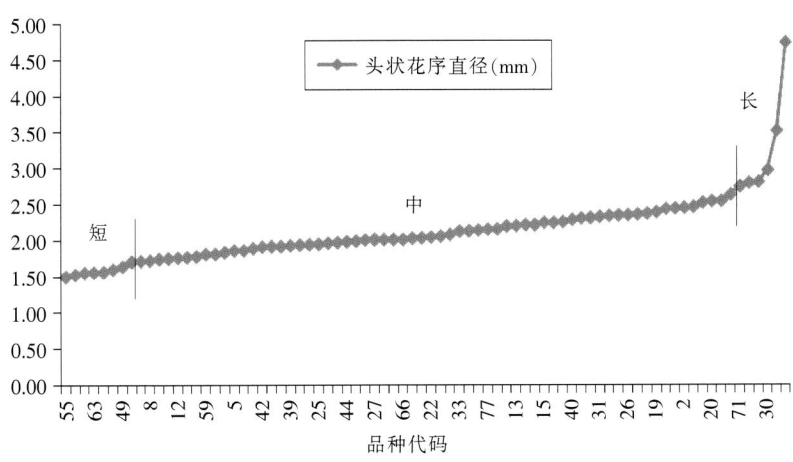

图 1-54　白三叶种质资源头状花序直径

## 三、牧草种质资源的开发利用

### (一) 牧草种质资源在社会上的应用

牧草种质资源的妥善保存是为了发挥其社会效益和经济效益，中国高纬寒地牧草资源库自建立以来，积极向国内外的教学、科研单位及育种家提供牧草种质材料，累计供种份数达 1 905 份。为了掌握种质资源的流动形势和演变，黑龙江省农科院草业研究所整理了供种档案和追踪供种后的动态。吉林省农科院畜牧分院的耿慧将从黑龙江省牧草种质资源库引进的冰草与无芒雀麦作为 "DUS" 测试品种信息 DNA 测试技术研究项目的材料，对项目的顺利完成起到了重要作用。东北农业大学生命科学学院的朱延明老师将从牧草资源库引进的苜蓿种质资源应用于分子苜蓿耐盐碱转基因育种的生物学与基因工程研究，建立黑龙江省苜蓿转基因育种的分子育种技术体系，为开发利用数以百万亩的盐碱地，发展畜牧业奠定基础。

### （二）牧草种质资源在育种上的应用

#### 1. 野生牧草种质资源的驯化

黑龙江位于我国最东北部，高纬高寒的气候特点明显，境内生长着大量独特的种质资源。黑龙江省的牧草育种工作者充分利用这一有利条件，将这些野生植物引进人工栽培和驯化，发掘本地区的野生牧草资源，成功育成一批新品种，为黑龙江省农业生产服务。目前，黑龙江省农业科学院草业研究所已经利用从铁力山区采集的野生鹅观草，通过系统选育，培育出农菁3号鹅观草新品种，不但产量高、品质好，同时耐寒、耐旱、春季返青早，是禾本科饲草生产的理想选择；利用野生采集得到的偃麦草，通过整理、鉴定、驯化，系统选育出了农菁7号偃麦草新品种，不但优质、高产可作为饲草新品种推广利用，而且根系扩展性、耐逆性和耐瘠性好，可作为公路护坡和建植园林景观的草品种。

#### 2. 引进牧草种质资源的品种选育

黑龙江寒带植物基因研究中心是我国建设最早的十个中期库之一，是东北地区唯一的植物基因资源库，从外地或国外引进并保存了各种牧草种质资源。黑龙江省的牧草育种工作者将这些牧草种质资源在本地区试种鉴定，或利用它们的某些优良性状，作为育种材料加以利用。经过多年的努力，黑龙江省已经培育出了一批优良的牧草新品种。

#### 3. 牧草种质资源的评价鉴定

牧草种质资源的评价鉴定是加速牧草育种工作的最重要前提，黑龙江省农科院草业研究所的育种专家，充分利用资源库内丰富的牧草资源，在农艺性状及抗性方面开展了一系列的牧草评价鉴定工作，向全国提供信息资料和种质资源。其中垂穗披碱草、无芒雀麦、红三叶、白三叶、冰草、草木樨等牧草资源都在评价鉴定中。

#### 4. 牧草种质资源的创新

经过多年努力，黑龙江省已经培育出了一批优良的牧草新品种。但是，黑龙江省牧草育种工作基础较薄弱，种质资源数量较少。因此，必须不断地建拓基因库。建拓基因库的方式很多，常用的有利用各种方式（如雄性不育系、聚合杂交等）的杂交以及理化诱变等。黑龙江省农业科学院多年来利用选择育种、杂交育种、生物技术、γ射线、航天育种、快中子重离子等诱变处理的方法，获得了大量有经济价值而遗传基础不同的突变材料，因而大大丰富了育种材料的遗传基础。

# 第二章　中国高纬寒地牧草育种与良种繁育

## 第一节　中国高纬寒地牧草的杂交育种

### 一、杂交育种

#### (一) 杂交育种的原理

杂交育种是指不同种群、不同基因型个体间进行杂交，并在其杂种后代中通过筛选而育成纯合品种的方法。杂交可以使双亲基因重组，形成各种不同的类型，为选择提供丰富的材料；基因重组可以将双亲控制不同性状的优良基因结合于一体，或将双亲中控制同一性状的不同微效基因积累起来，产生在该性状上超过亲本的类型。杂交育种包括杂交、选择和自交三个过程，杂交使基因重组，打破遗传连锁，综合双亲的优良性状，获得优良类型，选择改变基因频率，定向选择使群体基因频率向需要方向变化；自交使群体基因型不断分离和纯化，最终获得遗传稳定的优良类型。

#### (二) 杂交亲本选配的原则

杂交育种工作中，亲本的选择对于孕育优良后代有着极其重要的作用。亲本应有较多优点和较少缺点，亲本间优缺点力求达到互补；亲本中至少有一个是适应当地条件的优良品种，在条件严酷的地区，双亲最好都是适应的品种；亲本之一的目标性状应有足够的遗传强度，并无难以克服的不良性状；生态类型、亲缘关系上存在一定差异，或在地理上相距较远；亲本的一般配合力较好，主要表现为加性效应的配合力高。

在实际的杂交育种工作中，母本单株多选择植株健壮，性状优良，结种量多，适合用于杂交的花量足够多的植株；父本单株则选用植株健壮，花粉生活力高的植株。

#### (三) 杂交技术

**1. 杂交前的准备工作**

(1) 熟悉花器构造和开花习性

在杂交前，要了解花器构造，分清雌蕊雄蕊，熟知一朵花内的雄蕊数，对于作物开花习性，也需要了解清楚，一般要在开花前去雄，在开花盛期进行授粉。还要了解花粉和柱头的生活力，以便决定去雄后的授粉期限等。

（2）调节亲本的开花期，务使花期相遇

用来杂交的亲本，一定要花期相遇，才能进行杂交。对亲本间花期相差较大的组合，要采取措施调节花期，包括分期播种、光照处理、春化处理等。

**2. 杂交的操作程序和方法**

（1）去雄

一般去雄的适宜时间是在开花前 1～2d，去雄的目的，就是要将花朵内雄蕊除掉或杀死，避免自花授粉。去雄的方法很多，最常用的包括直接去雄、温汤杀雄和化学杀雄等。

（2）授粉

去雄后的 1～2d，当柱头上分泌出一种特别的黏液时，最适宜接受花粉，一般授粉时间以该作物开花最盛时期的效果最好，因为容易获得大量的花粉。但开花盛期，空气中有飞扬的花粉，所以授粉时要防止其他花粉混入。各种作物的花粉寿命长短不一，授粉时需要掌握好。

（3）隔离

为了防止其他花粉侵入母本花朵中去，在去雄后和授粉前后，都必须用纸袋套住花序进行隔离，授粉后经过几天，当柱头开始萎缩时，就可将纸袋除去，使受精的子房在自然条件下发育。

（4）挂牌和记载

去雄后，在母本植株上挂一标签，标签上用铅笔写明去雄、授粉日期和父母本的名称，同时将这些项目登记在杂交记录本上，供以后查阅。

（5）杂交后的管理

杂交后防止田间虫害的发生，当杂交种子成熟后，应把每一单株、单穗与单荚分别采下，连同所挂标签分别装入纸袋，并在标签和纸袋上写明编号和收获日期，然后分别脱粒、晒干和妥善保管。

## （四）杂交组合方式

杂交方式多种多样，主要有单交、复合杂交、回交、多父本杂交、混合杂交等。单交是以两个不同品种各为父母本进行杂交，又被称为成对杂交。复合杂交主要涉及三个或三个以上的亲本，要进行两次或两次以上的杂交。回交则是两亲本杂交后，子一代再和双亲之一重复杂交。多父本杂交就是将一个以上的父本品种花粉混合起来授给一个母本品种的杂交方式。在苜蓿杂交育种中，以上方法均可根据苜蓿品种的不同特性综合利用。混合杂交实质上是综合运用以上方法，在一个小规模范围内通过自然授粉，获得随机授粉的杂合体，以此来保持植株的典型性和一定程度的杂种优势。综合培育辅之适当的轮回选择，繁育性状优良、遗传稳定的后代，以此获得新的杂合品种。

### (五)杂种后代的选育

对杂种后代的选择，因育种目标、作物种类及材料特点等有所不同，但应用比较广泛的方法有以下四种。

**1. 系谱法**

系谱法是杂交育种中后代选择常用的方法。主要特点是：自杂种分离的世代开始选株，并分别种成株行，每株行成为一个系统。以后各世代都在优良系统中继续选择优良单株，继续种成株行，直至选育成优良一致的系统时，便不再选单株而是混成品系，进一步升级进行鉴定比较。

**2. 混合法**

在自花授粉作物杂种分离世代，按组合混合种植，不进行选株，直到估计杂种性状稳定，纯合个体达 80% 的世代才开始选择一次单株，下一代种成株系，然后选择优良株系升级试验。该杂种后代处理方法即为混合法。

**3. 派生系统法**

又称衍生系统法，根据许多优良品系往往来自同一 $F_2$ 单株的经验，采取早期世代 ($F_2$) 和晚期世代 ($F_5 \sim F_8$) 各进行一次单株选择，中间进行混合种植方法。派生系统法，兼有系谱法与混合法的优点。

**4. 单粒传法**

单粒传法是在杂种后代第一次分离世代开始每一个单株或大量选株上各取一粒种子晋级，以后各世代均采用相同的方法晋级到所需的世代。

## 二、中国高纬寒地豆科牧草杂交育种

### (一)苜蓿的杂交育种

**1. 育种目标的制定**

育种目标是指在一定的生态环境、耕作制度和经济发展水平下，对计划选育的新品种在生物学和经济学性状上的具体要求。在我国高纬高寒地区要求作物育种者为牧草生产提供高产、抗寒、优质等且适合机械化操作的苜蓿品种。

(1)产量性状

高产是苜蓿品种最基本的条件，现代牧业对苜蓿品种的产量潜力提出了新的要求。影响苜蓿产量的因素很多，包括品种本身的产量潜力和栽培条件等。因此，育种者在制订产量育种目标时不仅要考虑产量潜力，还必须考察品种待推广区域的栽培条件。孙建华等（2004）认为苜蓿的产量性状与株高及枝条数等构成因素之间存在显著或极显著相关；康俊梅等（2008）认为株高、生长速度、枝条数、再生性等因素直接影响苜蓿的草产量。因此，在苜蓿育种过程中应选育植株高、生长速度快、枝条数多、再生性能强的苜蓿新品种。

（2）品质性状

牧草及饲料作物是农业和畜牧业的重要生产资料，对畜牧业的发展具有十分重要的作用，而优良的牧草是畜牧业发展的关键，因此牧草的品质育种显得尤为重要。苜蓿营养品质的优劣不仅影响家畜的生长和发育，也影响畜产品的产量和品质。苜蓿品质一般包括营养价值、消化率、适口性及有毒有害物质等几个方面。提高粗蛋白质含量，降低粗纤维含量是提高苜蓿营养价值、改善营养品质的重要内容。

（3）抗寒性

黑龙江省处于高纬高寒地区，全省年平均气温多在－5～5℃之间，1月平均气温－31～－15℃，因而引进的苜蓿品种大多因越冬障碍而不能直接利用。因此，苜蓿抗寒性状成为黑龙江省苜蓿育种的主要目标性状。

**2. 苜蓿的杂交育种**

（1）苜蓿花器

①花器结构及开花机制

苜蓿为雌雄同花，异花授粉。花序为总状花序，每个花序上有小花10～30枚不等，不同品种以及同品种不同植株间数目差异较大。花序由茎间的叶腋处抽出，新生由下向上依次生长。主茎上小花数目多于侧枝上，早期形成的花序小花数目多于后期形成的。苜蓿的小花为蝶形，有旗瓣1枚，翼瓣2枚，龙骨瓣1枚。雄蕊10枚，9枚联成管状包围雌蕊，另1枚单独分开。雌蕊在雄蕊的中央，柱状球形，表面着生很多绒毛。小花首先形成花蕾，随后花蕾逐渐生长、分化、开放，直至旗瓣向上翻转。

苜蓿花与豆科其他植物的蝶形花不同，花开放时旗瓣、翼瓣先张开，花丝管被龙骨瓣内侧生的突出物包握，一般不易裂开。据研究表明，苜蓿花开放的机制主要依靠两种动力。一种为雌蕊管与龙骨瓣相关联处的张力作用及子房中胚珠的压力所致，一种为紧贴龙骨瓣的角质组织中手指状突起的力量。一般认为是丸花蜂、切叶蜂等野生蜜蜂或昆虫采蜜时所引起的解钩作用使龙骨瓣打开。在高温干燥和阳光照射下，部分苜蓿的龙骨瓣也会自动打开。

苜蓿开花顺序与花序形成顺序一致，花序最下端的小花先开放，由下而上依次开放。一个花序一般持续2～6d，一朵小花2～5d，同一茎枝上相邻花序开花时期，间隔时间为1～5d，一般为2～3d。晴天开放的花比阴天多，一般晴天5：00～17：00都有花开放，最多是9：00～12：00。开花的最适宜温度在 20~27℃，相对湿度在 53%~75% 之间。一天的开花动态受温度和湿度影响很大，但具体的开花时间及持续时间因地域和品种不同而差异很大。

在黑龙江地区苜蓿杂交结实率总体趋势与温度的升高和湿度的下降成正相关，符合苜蓿开花习性。表明在晴朗干燥天气下，为获得尽可能多的杂交后代，8：00~17：00 均可进行人工杂交操作；10：00~17：00 可获得较高的结实率；11：00~12：00、14：00~15：00 最佳，结实率最高。

②苜蓿花期

苜蓿花期分为六个时期，分别为：Ⅰ期花为整个花序聚在一起，各小花尚未分离时，此时采集的花粉粒正是观察减数分裂的最佳时期；Ⅱ期为各小花分离，花瓣为花萼所包裹；Ⅲ期为花瓣已在花萼裂片间出现，但长度尚未超过萼片 2mm 以上；Ⅳ期为花瓣长度已超过花萼 2mm 以上，但龙骨瓣仍被旗瓣所包裹；Ⅴ期为龙骨瓣已开旗瓣腹面出现，旗瓣尚未向上翻转；Ⅵ期为小花开放，旗瓣向上翻转，龙骨瓣已由翼瓣之间露出。

（2）花粉生活力测定

花粉生活力是花粉具有存活、生长、萌发或发育的能力，在常规育种中，为了进行人工辅助授粉或杂交授粉，需要早期采集和贮存花粉。紫花苜蓿花粉多败育，且单株间花粉生活力差异很大，在其杂交育种工作中，研究花粉的生活力和育性是必不可少的基础性工作。

①室内形态测定法

直接在显微镜下观察花粉的形态，根据品种花粉的典型性（如具有正常的大小、形状、色泽等）判断花粉的生活力，即形态正常的花粉有生活力，而一些小的、皱缩的、畸形的花粉不具有生活力。此法简便易行但准确性差，一般只用于测定新鲜花粉的生活力。

②染色法

a. 碘—碘化钾染色法

以碘—碘化钾溶液染色后于显微镜下观察，花粉被染成蓝色者表示具有生活力，花粉呈黄褐色者不具有生活力。

b. 三苯基四氮唑染色法（TTC 法）

TTC 染色是一种鉴定去氢酶生活力的组织化学反应，凡具有生活力的花粉在其呼吸过程中都有氧化还原作用，当 TTC 渗入有活力的花粉时，其去氢酶在催化去氢过程中与 TTC 结合，使无色的 TTC 变成 TTF 而呈现红色。

c. 蓝墨水染色法

该方法是根据花粉细胞原生质膜透性和对染料选择吸收的能力来判断花粉的生活力。凡是被染成红色（或蓝色）的花粉为无活力的花粉，而未被染色的为有活力花粉，染成淡红（淡蓝）的花粉粒的活力次之。

　　d. 荧光染料测定法

　　荧光染料测定法，又称 FCR 染色法（Fluoro Chrome Reaction），其基本原理是：荧光染料本身不产生荧光，无极性，可以自由地透过完整的原生质膜，当这种染料进入原生质后，即被酯酶作用而形成一种能产生荧光的极性物质——荧光素，并且这种物质不能自由出入原生质膜，而只在细胞内积累，所以可以根据花粉产生荧光的情况判断花粉的生活力。而且，该方法可同时反映出酶活性和质膜情况 2 个指标。产生绿色荧光的花粉具有生活力，无荧光产生的花粉则没有生活力。

　　③萌芽法

　　a. 离体萌发测定法

　　离体萌发主要有悬滴法、点试法、井试法、琼胶法，前三种为液体培养基，琼脂法为固体培养基。该法是将花粉粒播散在培养基上，一定时间后在显微镜下观察其在培养基上的萌发情况。花粉管生长长度超过花粉粒本身一倍以上的，视为有生活力的花粉。常用的固体培养基有 B5 培养基和蔗糖硼酸培养基。蔗糖硼酸培养基中蔗糖浓度一般为 10 ％～20 ％，硼酸 0.001％～0.005％，pH 5.8～6.5。蔗糖的作用是提供合适的渗透压和花粉管形成所需能量，硼酸的作用是促进花粉管的萌发。不同植物花粉萌发所适宜的培养基种类、各成分比例、所需培养时间都不相同，需要在试验中不断摸索。离体萌发法比起染色法要复杂，但能够真实反映花粉粒的萌发情况，结果更加真实可信。

　　b. 活体测定法

　　此法主要是将待测花粉锚定在柱头上，即让花粉与柱头充分接触。一段时间后，将柱头取下置于 1‰醋酸结晶紫水溶液内，花粉的外壁着上深紫色，柱头为浅色。在解剖镜下，记录柱头上花粉粒数；用水漂洗柱头几次后，再记录剩余的花粉粒数。此法认为有生活力的花粉粒会生长出花粉管锚定在柱头上，而不被水漂洗掉。

　　④田间授粉法

　　待测花粉直接授于柱头，过一段时间后，观察植物的结实情况。该方法可靠、精确，但是费时费力，不利于生产，而且还受到田间气候、环境条件及母本植株性状的影响。

　　（3）杂交去雄方法

　　①去雄时合适花位的选择

　　母本为有限性结荚时，应选植株上部及顶端花序的基部花朵；母本为无限性结荚时，应选取植株中下部花序的基部花朵。这些部位的花，开花期较早，营养充足，不易脱落且结籽较多。

　　杂交中合适花蕾的选择也十分重要，是杂交能否成功的关键一步。花蕾过小过嫩，雌蕊的柱头尚未充分成熟和伸长，且极易受操作过程中的机械损伤；花蕾过大，则一部分花可能已自行授粉。所以选择合适花期和合适位置尤为重要。然后留取合适的花朵，去除多余的杂花。

　　②不同的去雄杂交方法

　　去雄是杂交育种中重要的一步，不同植物因其花型结构、花期特点等而选用不同的去雄方法。合适的方法不仅操作简单，省时省力，还能有效提高杂交结实率和杂交后代的真实性。

　　a. 温汤法去雄杂交

　　该法是利用水的高温使花粉生活力降低或丧失。温度的选择主要根据作物的花序大小和花的大小，花药的长短及种的特性而定。温度在 45～49℃，时间 1～10 min。该法广泛用于常规育种禾本科的水稻、无芒雀麦、高粱、谷子等的有性杂交。但温汤法中温度不易控制，效率相对较低。也有人在温汤法的基础上，利用自然或人工的露水进行去雄。樊龙江等人在不同季节利用天然露水和人工喷水进行籼稻去雄，发现露水和喷水均可使水稻花粉吸水胀破，自交结实率分别为 2.10% 和 2.80%，异交结实率分别达到 34.20% 和 29.21%。证明该方法简便快速，具有一定的应用价值。

　　b. 化学法去雄杂交

　　化学去雄法主要是在作物生长发育的一定时期喷洒一定浓度的药剂于母本上，可直接杀伤或抑制雄性器官，造成生理不育。化学药剂的选择则根据雌雄配子对各种化学药剂的杀伤作用具有不同的反应而选用对雌蕊无害的药剂，以达去雄的目的。一般情况下雌蕊比雄蕊有较强的抗药性。该方法常用于花期较短，人工去雄困难或速度慢不易去干净的植物，多用于大田作业，方便省时，但对结实的真伪性难以控制。常用的化学去雄药剂有酒精、青鲜素、乙烯利等。段泽敏等人用乙烯利、赤霉素、甲哌鎓 3 种物质对雄先型核桃雄花的疏除效果进行研究，发现乙烯利和甲哌鎓可以使核桃雄花在用药后 24h 开始大量脱落，100h 以内累计脱落率达 80% 以上。

　　c. 人工去雄杂交

　　人工去雄杂交是利用机械器具将雄蕊摘除，从而达到去雄的目的。此法对去雄人员的操作手法要求较高，根据不同植物的花形特点方法亦不相同。操作虽复杂且费时，但能保证去雄后所得杂交种子的真实性，避免伪杂交种的产生。

　　苜蓿传统的人工杂交技术：选主茎上的小花，当花冠从萼片中露出一半时，花药为球状，绿色花粉还没成熟，用镊子从花序上去掉全部已开放的和发育不全的花。然后以左手的拇指和中指将小花平放，右手用镊子拨开旗瓣和翼瓣，同时左手食指压住。这时回转镊子，把龙骨瓣打开摘除雄蕊。去雄结束时，必须检查去雄是否彻底。去完花序上的所有小花雄蕊后，立即套上纸袋以防杂交。同时系以标签，用铅笔注明母本名称及去雄日期。去雄后小花开放时既可进行授粉。采集父本植株上花已开放而龙骨瓣未弹出的花粉，用牛角勺伸到父本小花的龙骨瓣基部轻微下按，雄蕊就会有力地将花粉弹出，留在小勺上。将花粉授于已去雄的母本柱头，最后将父本名称和授粉日期登记在已挂好的标签上。

豌豆蚌式人工杂交技术：选取植株中上部的花蕾（花蕾中的花药未开裂），用干净镊子将翼瓣、旗瓣顺瓣缝轻轻拨开，然后沿龙骨瓣突起部轻轻挑开一小口，开口以能夹掉雄蕊为合适，然后轻轻合上开口等待授粉。挂上标签，系红绳作标记。合适时期摘取父本花朵，去掉翼瓣、旗瓣、龙骨瓣，将整朵花的雄蕊从挑开的龙骨瓣口全部放进，然后轻轻闭合龙骨瓣口。在标签上标注亲本及杂交时间。

d. 不去雄杂交

该法主要利用了某些植物的自交不亲和性，在合适的花期不去雄而直接授粉套袋。但杂交后代中有伪杂交种产生，可能是因为不同侧枝上的花互相授粉或者兄妹间授粉所致。此法在菜豆、油菜中都有应用，杂交后代中伪杂交苗可在幼年期摘除。此法在苜蓿中也有应用，但后代中伪杂交种较多，在实际生产中幼苗期的伪杂交后代难以辨别，给杂交种选育工作带来不利影响。

（4）苜蓿杂交育种的杂种优势

苜蓿为常异交植物，其天然异交率在 25%～75%，由于其形态学特征及四倍体结构，因而自交结实率很低，如强迫自交会出现严重的自交衰退现象。苜蓿不同生态型、地方品种乃至人们传统上惯指的品种通常已具综合品种的性质。为了利用更高的杂种优势，人们还是尽一切可能尝试培育杂交品种的可能性。Riday 等将紫花苜蓿分别与黄花苜蓿（M. falcata）、半秋眠苜蓿、非秋眠苜蓿进行杂交并对三个组合的杂种优势进行比较，研究发现紫花苜蓿和黄花苜蓿杂交组合的杂种优势显著；茎粗的紫花苜蓿与分枝较多的黄花苜蓿进行杂交，获得了分枝多、茎粗的杂交种，其牧草产量显著高于父母本。而这种杂种优势不仅反映在产量上，还反应在抗寒性、返青、株高、成熟度及牧草品质上。不同紫花苜蓿的杂交后代在一定的情况下也可表现出杂种优势。Muhammet 等对半秋眠性苜蓿和非秋眠性苜蓿种群进行杂交，发现组间杂交种表现出一定的杂种优势，但这种杂种优势需要在特定品种在特定的环境条件及生育时期才能表现；而组内杂交种未表现出任何优势模式。

目前，杂种优势的遗传机理并没有科学界定，还需要进一步的深入研究。

不同植物其杂种优势也各不相同。对于苜蓿这种杂交品种，其机理则更加复杂，这也制约了其在生产实践中的进一步利用。

（5）苜蓿杂交育种程序

①$F_0$：根据育种目标，按照农业部的"饲料作物观测项目与记载标准"的部分性状标准初步调查原始材料圃的品种性状，配杂交组合，对入选的每个亲本先做20个小花看其结荚情况，如果结荚少需要换同品种的其他植株，每个组合杂交20个大花（大约100个小花），做3次重复（同品种选3个植株），保证结荚50个，种子100粒（全部组合做完的情况下，调查不同组合结荚情况，可以适当增加结荚少的组合杂交小花数）。同时按照农业部的"饲料作物观测项目与记载标准"详细调查每个组合亲本的性状数据（返青期、现蕾期、现蕾期株高、初花期、盛花期第二年调查），年底统计每个组合的杂交结荚率，进行方差分析，看每个组合的配合力情况。

②$F_0$种植，纸筒育苗移栽，保证每个组合存活株数50株。同时调查亲本的返青期等上一年未调查的数据。按照育种目标对$F_1$进行初步调查，包括发芽率、到9月中旬调查成活率和分枝数、开花期、抗病性等。年底每个组合至少初步选出10个符合育种目标具有优良性状的植株。

③根据育种目标，调查$F_1$返青期、现蕾期株高等性状和上一年调查数据综合比较，每个组合至少优选出3株做自交（可以适当调整入选植株），每个植株做150朵小花，保证结50个荚，种子100粒（全部优选植株做完的情况下，调查不同植株结荚情况，可以适当增加结荚少的植株自交小花数），同时对入选植株按照育种目标进行性状调查。年底统计每个植株的自交结荚率，进行方差分析，收获$F_2$代种子。

④将$F_2$种子纸筒育苗移栽到选种田，保证每株后代存活30株。按照育种目标对$F_2$进行初步调查，包括发芽率、到9月中旬调查成活率和分枝数、开花期、抗病性等，通过数据分析，看后代遗传及分离情况。根据育种目标及$F_2$初步调查数据，年底初步选出具有优良性状的植株和遗传稳定的株系。

⑤根据育种目标，调查$F_2$返青期、现蕾期株高等性状和上一年调查数据综合比较，通过数据统计分析。

a. 对于性状优良但有分离的植株继续做自交，重复步骤3。

b. 对遗传稳定的优良株系重点收种，用以第二年进行品比试验。

同时对入选植株和株系按照育种目标进行性状调查。年底统计每个入选植株的自交结荚率，进行方差分析，收获$F_3$代单株和株系种子。

⑥品比、选种

a. 品比试验：以肇东苜蓿作为对照，将遗传稳定的株系种入品比区，每个株系三个重复小区，每小区 2 行，行长 5m，行距 30cm。通过品种比较确定优选的株系，第二年进行区域试验，同时繁种。

b. 选种：同④。

⑦根据育种目标，优选的株系继续做品比试验；同时进行区域试验，继续繁种。

⑧区域试验入选的株系继续进行区域试验，同时进行生产试验。

⑨继续进行生产试验，合格的品系第二年进行审定、推广。

（6）技术路线

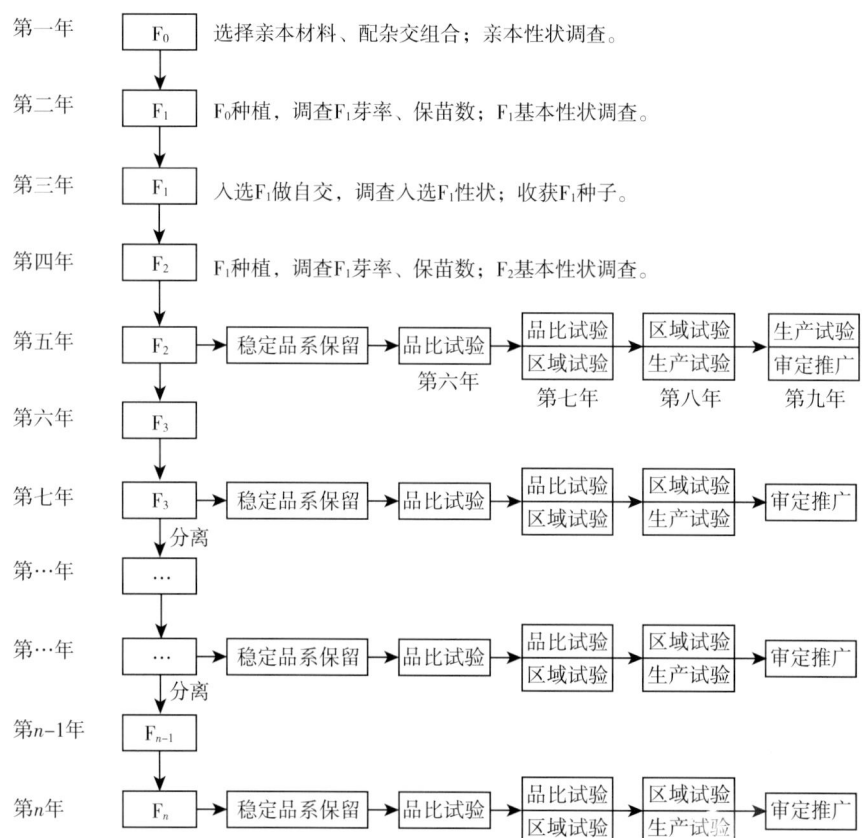

## （二）三叶草的杂交育种

### 1. 育种目标的制定

根据各国当前育种状况及我国三叶草育种特点，育种的总体目标应着重以下几个方面。

（1）抗逆育种

以选育能适应或抵御干旱、湿涝、高温、盐碱等不良土壤和气候环境的品种为主要目标。选育抗逆性强的品种能扩大其种植区域，在环境严酷的地区也能获得稳定的产量。我国南方草地夏季高温、秋季干旱、冬季受西伯利亚寒流影响，时有低温霜冻，雨季高温高湿、土壤酸性、贫瘠。在长江中下游低海拔地区，夏季普遍生长缓慢，有的品种越夏困难。在东北高寒地区，冬季寒冷昼夜温差大，有的品种很难越冬。选育对这些恶劣气候条件及不良土壤条件具有抗性或耐性的三叶草品种，对改善这些地区的生态环境，提高产草量，发展草地畜牧业有着特别重要的意义。

（2）培育抗病虫品种

世界各国在栽培三叶草过程中，常发生多种病害，如根结线虫、镰刀菌根腐病、炭疽病、白粉病、病毒病、锈病等。在我国南方三叶草种植区的主要病害有白粉病、黄斑病、单孢锈病，较为严重的是三叶草白粉病和白绢病，如贵州省 1986 年红三叶白粉病大发生，干草和种子产量大幅度下降。

除三叶草病害外，在我国南方一些省区，还有危害三叶草的小绿叶蝉、小长蝽、蝗虫等多种虫害。三叶草病虫害对其栽培危害极大，不但降低产量，还影响饲草的品质。因此，三叶草的抗病虫害育种已成为各国的重要育种方向。

（3）选育植株低矮、叶片细小、生长迅速的品种

播种当年植株的存活率要高，发育初期生长迅速，能在有灌溉条件的草地大量利用无机肥料和迅速生长的三叶草品种。在培育耐践踏的三叶草品种时，应特别注意根系及其固氮特性和再生速度。作为坪用，植株低矮、叶片细小的品种，通常更受人青睐。

（4）选育具有持久性的品种

三叶草的持久性，是通过在一定的年限内，维持某种产量水平的表现，缺乏持久性将产生不规则的裸露斑，这样不仅易受到杂草的侵袭、降低产量，且对霜害和冷害更为敏感。因此，在三叶草育种中应注意天然群体的多型性，并依次培育出长寿命类型的品种。

（5）培育四倍体三叶草品种

国外的实践证明，四倍体红三叶比二倍体品种增产 20%～30%，粗蛋白质提高 1%～1.5%，并且有抗病和长寿特性。

（6）培育能与禾本科草混播的白三叶品种

白三叶与禾本科草的混播草地经常是禾本科或豆科二者之一占优势，保持禾本科—豆科草一定构成比例的稳定性是极为重要的。然而，其比例常因环境、草地管理状态等变化而难以稳定。因此，选育既能稳定持续生长，又能与异种协调共生的白三叶品种显得尤为重要。

目前大多数国内推广三叶草品种为牧草、草坪兼用性，因此如何作为饲用，还应考虑草产量高、结实性好、氢氰酸含量低（HCN≤3%）等作为育种

的目标以满足牧草生产需要。我国三叶草的栽培区主要在湖北、湖南、四川、贵州等省，并以栽培白三叶为主。其主要育种目标为产草量高，每公顷产草量6万kg以上，粗蛋白质含量25%以上，无毒无害、适口性好、耐热、耐旱、繁殖速度快，综合性状良好的品种。

**2. 三叶草的杂交育种**

（1）多元杂交法

多元杂交法是适用于具有营养繁殖能力的多年生牧草的改良方法，需要在隔离区内进行杂交选择，具体步骤如下：

第一年：种植5 000～10 000株原始材料，稀植点播以供选择。

第二年：在上年单株区选择500株左右建立无性繁殖系。每株扦插20株即可。

第三年：对无性繁殖系进行评选，选出60～100株无性繁殖系。挖去其他植株，保留无性系在隔离条件下开放传粉。当年按无性系分别收获和脱粒，供下年进行配合力试验。当年中选的无性繁殖系继续保留。

第四年：对各无性系后代种子进行产量比较试验。

第五、六年：继续试验被评选的优良无性繁殖系，淘汰配合力低的无性系。

第七年：从无性繁殖系区中清除配合力差的无性系，让当选的无性系开放授粉。在种子成熟后混合收获脱粒。这一年得到的混合种子，经过品种比较试验，如果能当选，就可繁殖推广使用。

多元杂交法，即对三叶草的表型进行了选择，同时也测定了每个无性系的一般配合力，是改良三叶草比较好的方法。多元杂交法是轮回选择法的改进，后者是以单株个体继续进行，试验的种子数量有限，前者当表型选择之后改用无性繁殖法，扩大了当选植株的种子数量，增加了试验的准确性，两者选择的年限相近。

（2）远缘杂交

三叶草育种的迫切任务是育成叶片细小、植株低矮、种子含量高，并具有抗病性和抗逆性的品种，为了实现这一目标，种间远缘杂交是育种的有效方法之一，它可以实现种间的基因交流，综合双亲优良性状，可以把野生类型有价值的特征和特性导入栽培植物，从而提高其抗性和产量。

①开花特性

三叶草有豆科植物具有的完整花，由花萼、花冠、10枚雄蕊和1枚雌蕊组成。花萼管上有5个裂片和齿。1个旗瓣、2个龙骨瓣的基部联合成花冠管。白三叶花冠白色或奶油色，红三叶粉红色。

子房里一般有1～4个胚珠，也有多达10个。花聚集成头状或短总状花序，花有梗或无梗，成熟时花瓣通常不裂，下弯（白三叶）或直立（红三叶）。

分枝期过后 10～15d，即进入现蕾期，7～10d 后，第一个头状花序开始开花。从播种至开花约需 70～85d，白三叶开花期早于红三叶。一个单株顶端的花序先开，依次向下分别开放。红三叶一般约有 100 余个头状花序，每个头状花序有几十朵到百余朵小花。

就一个头状花序而言，红三叶首先从具有两个小托叶的一端开始开放，每日开花时间为 10：00～17：00，开花高峰在 12：00～15：00 时之间。开花后第 2～3d 进入高峰，开花持续期 11 天左右。白三叶则由基部向顶部顺序开放。

红三叶和白三叶均为异花授粉，虫媒花。

②杂交技术

开花前，每个植株的头状花序用纸袋套住，防止传粉的昆虫。套了袋的头状花序用细绳和植株同样高的木桩支撑。为了便于手工操作，修剪头状花序时，每花序只留下 15～20 朵花。

红三叶和白三叶不必去雄，因为它们具有受配子体与等位基因系统控制的自交不亲和性。某些红三叶和白三叶的自交可育系则需要去雄。

白三叶可以通过去掉花冠去雄，用一把镊子夹住花萼顶端与旗瓣到顶端中间的花冠外面，去掉花冠管及其附着的花药，留下未受损的雌蕊。去雄的花用纱布隔离，经 2～3 昼夜，用新鲜父本的花粉授粉。

对于去掉花冠也同时去掉了柱头的种类，如红三叶，可采用其他去雄方法。例如，纵向从外面切开花冠和花萼，去掉花冠和完整的雄蕊，不要损伤柱头。

大多数三叶草的最适授粉时间在开花后不久，而 1 天内何时授粉并不重要。红三叶的花在半开时进行异花授粉，通常具有较高的结实率。

操作时，把授粉用的牙签（牙签上黏上一小块粗砂纸）插入父本花旗瓣和龙骨瓣之间，并向下碰击雄蕊管，取出花粉，然后把牙签上的花粉授予雌株的柱头上。一次收集的花粉通常能授 10～15 个去雄的花。授粉后立即在头状花序下系一个标签，用铅笔标明组合和日期。

③远缘杂交困难及其克服办法

三叶草远缘杂交的困难主要表现为杂交不易成功，杂种生活力弱，不育或育性低等。早在 20 世纪 60 年代，美国肯塔基大学对三叶草进行了不同倍数水平（二倍体和四倍体）、不同生育年限（多年生和一年生）等的种间远缘杂交，但杂种不育。

前苏联所进行的不同染色体倍数的三叶草间的杂交，除一个组合有育性外，其余均不育或部分可育（表 2-1）。

表 2-1 前苏联所进行的不同染色体倍数的三叶草间的杂交后的育性情况

| 杂交组合 | 杂种染色体数 2n | 育性 |
|---|---|---|
| *T. pratense*（2n=14）×*T. diffusum*（2n=16） | 15 | 不育 |
| *T. pratense*（2n=28）×*T. diffusum*（2n=32） | 30 | 有育性 |
| *T. pratense*（2n=28）×*T. pallidum*（2n=16） | 20 | 不育 |
| *T. sarosiense*（2n=48）×*T. alpestre*（2n=32） | 40 | 部分有育性 |
| *T. medium*（2n=72）×*T. sarosiense*（2n=48） | 58～60 | 部分有育性 |
| *T. alpestre*（2n=16）×*T. heldreichianum*（2n=16） | 16 | 部分有育性 |
| *T. alpestre*（2n=16）×*T. rubens*（2n=16） | 16 | 部分有育性 |
| *T. sarosiense*（2n=48）×*T. pratense*（2n=14） | 31 | 不育 |
| *T. medium*（2n=80）×*T. pratense*（2n=28） | 54 | 不育 |

注：引自《牧草及饲料作物育种学》（云锦凤，2000）。

为克服三叶草种间杂交的不可交配性和杂种不实，目前国外主要采用将三叶草的二倍体种加倍成多倍体后再进行杂交或以染色体倍数高的作为母本进行杂交。例如前苏联饲料研究所，曾用加倍四倍体红三叶 BHK（2n=28）与加倍的展枝三叶草（*T. diffusum*，2n=16）的有生命力的双倍体杂种，其形态学特征、发育速度和化学成分等均处于双亲之间，并具有很高的可育性。

为了克服授粉后的障碍，可利用胚胎组织培养技术来挽救未成熟的杂种胚组织，以授粉后 13～14 天分离出胚培养较理想。

为了解决三叶草种间杂交的失败，美国和英国等国家的科学家们正在利用细胞融合技术培育三叶草的种间杂种。原生质体可以利用胞壁降解酶，从三叶草属的根系中分离出来。

在进行种间杂交的同时，前苏联曾利用优良品种同野生红三叶，不同生态型的三叶草以及地理上远缘的不同品种进行了大量近缘的品种间杂交，培育出很多品种间杂交种，其鲜草产量较对照品种提高24.5%～43.2%。

品种间杂交的方法，可在隔离区内将母本和父本隔行种植在杂交圃内，授粉之后所有父本植株刈割掉，从母本行收获杂交种子。为了选出最佳杂交组合，还可进行正反杂交。

## 三、中国高纬寒地禾本科牧草杂交育种

### （一）羊草的杂交育种

#### 1. 育种目标的制定

羊草在自然分布中存在外部形态、物候期等分化现象，这为羊草育种提供了丰富的原始材料。但目前羊草育种工作还处于刚刚起步阶段，羊草育成品种较少，羊草育种研究严重滞后于生产实践的需要。羊草育种应把常规选

育和遗传育种结合起来，充分利用各种分化类型培养出满足不同需要的羊草品种。

中国高纬寒地羊草育种方向和目标的制定应着眼于：①培育多叶型羊草，提高羊草产量和品质；②培育抗盐、抗旱等抗逆性强的羊草新品种；③培育结实率和发芽率高的新品种，提高羊草有性繁殖能力，加速羊草的应用。

**2. 羊草的杂交育种**

（1）羊草开花授粉特点

羊草花序为穗状花序，穗轴坚硬，边缘被纤毛。每节有 1～2 小穗，含小花 5～10 枚，长 12～20cm。羊草一般不存在自花传粉和异花传粉的空间障碍。羊草开花时，雄蕊和花粉的成熟时间同步，柱头与花药的空间邻近，羊草在传粉方面不会形成时空障碍。

羊草在返青后两个月左右开始开花，花期较长，种群花期持续 40d 左右，盛花期持续 10d 左右。羊草的开花一般从整个穗的上 1/3 处始花，穗下部最后开花。小花在 16：00 点左右集中开放，当温度、湿度等外界条件适宜时，内外稃开裂，花药和柱头同时露出，花粉大量散落在柱头上。在自然条件下栽培的羊草，开花显露柱头的时间在一天之内集中于两个阶段，上午 8：30—9：30 和下午 15：30—16：30，以下午较多。

研究表明羊草从雄蕊柱头出现至花药散粉的全过程，最长 350min，最短 160min，平均为 289.6min。从花丝延伸到花粉散粉的时间基本上是稳定上午，大约 6min。直至花药三分后萎蔫和花丝下垂羽状柱头始终保持蓬松舒展，处于接受花粉的状态。花药与子房、柱头顶端与子房、花药与柱头间的平均空间距离分别为 5.35mm、1.4mm 和 3.85mm。羊草柱头为宽大、蓬松的羽状柱头，不仅适于接受自花花药开裂散落的花粉，而且更适于接受同一整穗中上部小花雄蕊散落的花粉。

（2）羊草花粉活力的检测

参照张卫东等，花粉的取法是：选取基部已经开花的小穗，每只小穗 2～4 小花，剪取出每朵小花中的 3 个花药，分别在饱和次氯酸钠溶液中消毒 15 分钟，用无菌蒸馏水冲洗 3 次，材料移入玻璃研钵中，轻轻挤压花药，使小孢子游离于溶液中，溶液待用。花粉的活力检测：采用 Heslop-Harrison 的方法（Heslop-Harrison，1970）。母液：2mg 二己酸荧光素溶于 2ml 丙酮溶液中，逐滴加入 10％～20％的蔗糖溶液中，直至出现轻微的乳白色，待用。取出部分小孢子悬浮液，分别在普通显微镜（200×）和荧光显微镜（200×）下观察小孢子生活力。单独观察、记录每个花药中的正常花粉数。统计计算每朵小花中正常花粉百分数。

（3）杂交去雄方法

羊草去雄可用人工去雄法，用镊子夹去每朵小花的雄蕊即可。也可采用温汤法去雄，将修剪好的花序浸在 45～49℃ 的温水中 1～3min 就能杀死雄蕊。羊草花小而且密，人工去雄有一定的难度，可采用化学去雄的方法，喷施有酒精、青鲜素、乙烯利等化学杀雄剂。

（4）杂交技术

①种内杂交

羊草为自交不亲和植物，繁殖方式以无性繁殖为主，但其在自然界中存在许多的分化现象，遗传基础比较丰富，采用种间杂交可获得较好的杂交后代，可明显提高有性生殖能力、产量和品质等。中国科学院北京植物研究所刘公社研究员及其团队在研究羊草自交不亲和性遗传控制机制时采用自交、杂交等方法，同时也组配出一系列的优良材料。

自交：羊草孕穗后，在开花之前，当整穗的 1/3 抽出超过旗叶时，采用套袋法，使其自交。即将其包裹于 30cm×10cm×5cm 的纸袋中自花授粉。用一束棉线扎住袋口，和茎秆一起固定在旁边的小竹棍上，支持花穗。一般每株植株的 5 个小穗包裹于同一个纸袋中，直至收获时才将纸袋去除。每日晃动纸袋促进花粉散发。

杂交：互交是将株高相近的两个基因型的植株，靠近，共同包裹于同一纸袋中，定时晃动纸袋，以利散粉，其他同上。

②远缘杂交

远缘杂交是指不同种、属或亲缘关系更远的物种间杂交，它所产生的后代称为远缘杂种。远缘杂交在育种上的意义主要是：创造新物种、改良旧物种、创造和利用杂种优势。例如当栽培品种与野生物种杂交时，栽培品种可得到野生植物的抗寒性等优良性状，又可避免野生亲本的其他不良性状。且杂交后杂种在生长势、生活力、适应性、产量和品质等方面比其亲本优越。另外，远缘杂交也是研究生物进化的重要实验手段。

目前国内关于羊草远缘杂交的研究主要是羊草（*Leymus chinensis*）和灰色赖草（*Leymus cinereus*）杂交。羊草和灰色赖草是赖草属中两个地理上远缘的种。羊草是欧亚大陆草原区东部草甸草原上的建群种，广泛分布在我国东北、内蒙古及西北、华北等地区的草原上，是一种抗逆性很强的优良牧草，也是我国北方草原地表持久覆盖的重要建群种之一。但羊草的"三低"（结实率低、出苗率低、产草量低）难题已成为人工草地建设和天然草场改良的主要限制因素，也是羊草遗传改良的主要育种目标。灰色赖草起源于美洲，具有植株高大、结实率、出苗率较高、种子粒大和休眠浅等特点。为了综合羊草和灰色赖草的优良性状，充分利用赖草属内不同种间的优良基因，通过基因互补与互作培育和创造不同于双亲的优良品种和新物种。

内蒙古农业大学云锦凤教授及其团队在 1996 年组配了羊草和灰色赖草，成功地获得了种间杂种 $F_1$ 代植株。并对杂种 $F_1$ 及其亲本进行了形态学、农艺学、细胞学和遗传学等特性的比较研究，探讨杂种 $F_1$ 的利用价值，杂种 $F_1$ 与双亲间染色体组的同源性、杂种 $F_1$ 不育的细胞学基础和育性恢复途径及 SSR 分子标记在种间杂种分析鉴定中的作用，为种间杂交在牧草品种选育和基因渐渗及转移中的应用提供理论依据。

羊草和灰色赖草远缘杂交结果为：①杂种 $F_1$ 与其双亲相比具有植株高大、叶片宽厚、叶量丰富、生长旺盛、穗子粗大等特点。这些性状是杂种鉴别的重要形态学依据。第一颖形状差异也是杂种鉴定的依据之一；②杂种 $F_1$ 在生产性能上，特别是在叶面积、茎叶比和鲜草产量上具有较强的种间杂种优势，超亲优势率分别为 50.00%、30.71%（或 27.80%）和 20.91%。在分蘖能力上具有负向超亲优势，负向超亲优势率为 5.70%；③杂种 $F_1$ 的耐盐性偏向于灰色赖草，而高于羊草；④杂种 $F_1$ 在粗蛋白、无氮浸出物、粗灰分和 Ca 等营养成分上表现出超亲优势，超亲优势率分别是 0.71%、1.00%、22.72% 和 10.00%；⑤根尖细胞染色体数目鉴定表明，两亲本及杂种 $F_1$ 染色体数均为 28 条。两亲本的 PMC MI 减数分裂正常。其中亲本羊草 PMC MI 染色体构型为 0.24I＋13.85II，灰色赖草的 PMC MI 染色体构型为 0.14I＋13.90II。杂种 $F_1$ 的 PMC MI 染色体构型为 2.29I＋12.39II，并以环状二价体占优势，单价体出现的频率为 2.29I/细胞，没有观察到三价体和四价体。杂种中染色体组间的较高同源性和杂种 $F_1$ 花粉及胚囊的败育表明杂种 $F_1$ 不育的遗传原因很可能是基因作用导致的不育。

### （二）小黑麦的杂交育种

小黑麦（*Triticum secale*）是由小麦和黑麦经过属间杂交，应用杂种染色体加倍和染色体工程育种方法人工培育的第一个新作物（新物种）。小黑麦不但结合了小麦的高产、优质和黑麦的抗病、抗寒、抗逆性、适应性强的优点，而且还具有杂种生长优势巨大、光合作用率强和营养品质好等特点，其植株高大繁茂、叶量多、耐刈割、品质优良、且抗病抗逆，适合在黑龙江的麦豆产区、复种地块及沿江坝外地等推广种植。

农菁 2 号小黑麦是利用 Rosner（6X）小黑麦与阿而巴尼小黑麦（6X）杂交，经系谱法选育，于 2001 年决选而成，并在黑龙江省中东部地区，包括省农科院试验地、建三江农管局前锋农场、友谊农场、青冈县及虎林县进行了多年多点产量比较试验。

**1. 育种目标**

（1）产量性状

小黑麦秸秆营养价值高于小麦和燕麦，蛋白质和糖分含量高于小麦和燕麦，做青贮时，收割期以乳熟或灌浆期为宜，每公顷鲜草可达15 000～23 000kg。青刈小黑麦在黑龙江省5月份可连续进行收割青饲，饲用小黑麦适口性好，牛羊喜食，缓解黑龙江省5月、6月份草食家畜青草不足的矛盾，小黑麦青贮在黑龙江省一般7月上中旬进行，比玉米、高粱青贮提前2个月左右。因此种植小黑麦是解决黑龙江省大部分地区牛羊等草食家畜冬季无青贮难题的最有效途径，使黑龙江省牛羊一年四季不断青。

（2）品质性状

小黑麦作青饲料作物利用，具有产量高，营养丰富的特点。在黑龙江省，刈割2～3次鲜草产量最高，鲜草品质最佳。小黑麦茎叶多汁，含糖量高。在抽穗期茎秆含糖17%～18%，蛋白质含量为13%～18%。饲用小黑麦含叶量大，质地柔软，秸秆营养丰富，其中含有丰富的胡萝卜素及多种维生素。

# 第二节　中国高纬寒地牧草的辐射诱变育种

## 一、辐射诱变育种

### （一）辐射诱变育种的概念

植物诱变育种是人为地利用物理诱变因素（如X射线，γ射线，β射线，中子，激光，电子束，离子束，紫外线等）、化学诱变剂（如烷化剂、叠氮化物、碱基类似物等）、生物诱变因素（如转座子、逆转座子、T-DNA、逆转录病毒）等诱发植物遗传变异，选育新种质、新材料，培育新品种的育种方法。植物诱变育种是核农学的重要组成部分。相比于常规育种而言，诱变育种具有创造新变异多、育种时间短等优点，是创造新变异和培育新品种的有效手段。

据不完全统计，截至2009年9月，世界上60多个国家在170多种植物上利用诱发突变技术育成和推广了3 088个突变品种，其中中国在45种植物上育成了802个突变品种，超过目前国际诱变育成品种数据库中总数的1/4而位居世界第一。中国育成的突变品种年最大种植面积900万hm²，每年为国家增产粮、棉、油10亿～15亿kg，社会经济效益超过20亿元。这表明诱变育种是选育新品种的有效技术。

### （二）辐射诱变育种的任务

#### 1. 创造植物种质资源

遗传变异是生物进化获得新种质的基础，突变是有机体变异性的源泉。利用各种诱变因素能够有效地诱发遗传基因突变、染色体突变、核外突变，获得用一般常规方法难以得到的各种变异类型，经过培育、鉴定和选择，育成具有某一（或某些）优良特征、特性的新种质，丰富基因库，为育种提供宝贵的原始材料。

**2. 选育新品种**

利用诱发突变获得的有益突变，根据育种目标要求，通过一系列有机联系的育种环节和程序，选育出综合性状优良的新品种直接生产利用；也可以利用诱变获得的优异新种质做亲本材料，通过杂交或其他育种方法选育成新品种。

**3. 研究提高诱变效率和选择效率的方法**

诱发突变能够创造新种质、育成新品种，但诱发突变是随机发生的，诱发产生优异突变的频率不够高，目前尚难控制变异的方向和性质。因此在诱变育种的同时，还必须研究提高诱发优异突变频率和选择效率的方法和技术及其理论基础，不断提高诱变育种的效率和水平。

**4. 拓宽诱发突变的应用范围**

扩大应用诱发突变创造新种质选育新品种的作物种类，除应用于主要农作物外，进一步扩大应用于多年生果树、经济价值高的植物、药用植物、观赏植物以及饲料作物等。扩大渗透应用于其他育种领域。利用诱变技术解决育种中的某些特殊问题，例如克服自交不孕性和杂交不亲和性，促成远缘杂交，实现外援基因转移，开拓创造新种质的途径等。

### （三）辐射诱变育种的特点

**1. 诱发基因突变创造新类型**

诱变育种的基本特点是人为地诱发植物遗传基因突变。自然界自发突变是经常发生的，但突变频率很低。诱变因素诱发产生的突变频率较高，比自发突变频率高几百倍，甚至上千倍。而且变异范围广泛，类型多样，有时能够诱发产生自然界稀有的或未曾有过的或用一般方法难以获得的新性状、新类型，丰富植物种质资源，为育种提供宝贵的原始材料。

**2. 打破基因连锁提高重组率**

植物品种的某些优良性状和某些不良性状往往联系在一起，在杂交育种中，有时由于杂种后代分离，一个亲本的某两个性状常同时在一个植株上出现，表现两个性状的紧密连锁。例如，早熟与低产、高产与晚熟、矮秆与早衰、大粒与秆高等，利用常规方法不易将它们分开。植物的性状由基因控制，基因成直线排列在染色体上，利用射线处理，可以使染色体断裂，当断裂的末端以另一种方式联结时，可产生多种形式的染色体结构变异，即染色体易位、倒位、重复和缺失等，将紧靠的连锁基因拆开，通过染色体交换，使基因重新组合，获得新类型。

### 3. 改良品种的某些单一性状

诱变处理易于诱发点突变，可以在较短时间内有效地使品种的某些单一性状得到改良，而同时又不明显地改变其他性状。实践证明，理化因素在诱发大幅度缩短生育期、降低植株高度、改良株型、提高抗病性和抗虫性、对胁迫因素的抗性、改善品质以及改变育性等突变均有较好的效果。值得注意的是，在诱变育种中常发现，在改良品种某一不良性状的同时，由于基因突变的多效性，品种内植株间差异，以及性状间的连锁关系等原因，其他一些性状有时亦往往随之发生改变，从而导致综合性状的改变，造成有利的或不利的诱变效果。

### 4. 突变性状稳定较快，有利于加速育种进程

诱发产生的突变，大多为隐性，经过自交在下一代即可获得纯合突变体，这样的突变后代一般不再分离，有的到第三代即可获得稳定株系，有利于缩短育种进程，自花授粉作物表现尤为突出。但是，如果利用杂合基因型作辐照原材料，由于原材料的杂合性，诱变与杂交的双重作用，其后代变异往往需要经过与杂种后代相似的分离稳定过程。育成新品种的进程也要长些。

综上所述，诱变育种是创造新种质、选育新品种的有效途径，是常规育种有力的重要补充，又因其具有突变的"创新"优势，因此又是常规育种难以取代的一种育种手段，在作物品种遗传改进上占有重要地位。

## (四) 辐射诱变育种的方法

### 1. 物理诱变剂的类别

典型的物理诱变剂是不同种类的射线，育种工作者常用的是 X 射线、γ射线和中子。X 射线和 γ 射线都是能量较高的电磁波，能引起物质电离。当生物体的某些较易受辐射敏感的部位（及辐射敏感的靶）受到射线的撞击而离子化，可以引起 DNA 的链断裂。当修复时如不能恢复到原状就会出现突变。如果射线击中染色体可能导致断裂，在修复时也可能造成交换、倒置、易位等现象，引起染色体畸变。中子因不带电，但与生物体内的原子核撞击后，使原子核变换产生 γ 射线等能量交换，这些射线就影响 DNA 或染色体的改变。

X 射线是一种波长为 $1\,000\sim100\text{Å}$（$1\text{Å}$ 即 $1\text{nm}$ 为 $10^{-8}\text{cm}$）的电离辐射线。波长为 $1\sim10\text{Å}$ 的 X 射线为软 X 射线，波长较短的（$0.05\sim0.1$）Å 为硬 X 射线，是最早应用于诱变的射线。

γ射线是一种波长更短的电离辐射线，其波长为 $0.1\sim1\text{Å}$。$^{60}C_0$ 和 $^{137}Cs$，是目前应用最广的 γ 射线源。

中子是不带电的粒子。在加速器或核反应堆中能得到能量范围极广的中子，能量为 $0.5\sim2.0$Mcv（兆电子伏）为快中子，经减速器使能量降低至小于100ev 成为慢中子，0.025ev 成为热中子，$^{252}C_f$（锎）自发裂变中子源可能应用于诱发突变。

紫外线是波长为 $2\,000\sim3\,900$Å 的非电离辐射线。其能量较低，穿透力不够，多用于照射花粉或微生物。育种上应用的波长 $2\,500\sim2\,900$Å，以低压石英水银灯发出的紫外线照射效果较好。

β 射线是电子或正电子的射线束，由 $^{32}$P 或 $^{35}$S 等放射线同位素直接发生的，透过植物组织能力强，但电离密度大。当同位素溶液进入组织和细胞后作为内照射而产生诱变作用。

**2. 化学诱变剂的类别**

早在 1948 年，gustafsson 等曾用芥子气处理大麦获得突变体。1967 年 Nilan 用硫酸二乙酯处理大麦种子育成了矮秆、高产品种 Luther。此后化学诱变剂的研究和应用就逐步发展起来。目前较公认的最有效和应用较多的是烷化剂和叠氮化物两大类。烷化剂中仍以甲基磺酸乙酯、硫酸二乙酯和乙烯亚胺等类型的化合物应用较多，叠氮化物则以叠氮化钠研究和应用较多。

（1）烷化剂

是指具有烷化功能的化合物。它带有一个或多个活性烷基，如 $CH_3 \cdot C_2H_5$，该烷基转移到一个电子密度较高的分子上，可置换碱基中的氧原子，这种作用为烷化作用。烷化剂可以将 DNA 的磷酸烷化。常用的烷化剂为甲基磺酸乙酯（ethylmethane sulfonate，EMS），硫酸二乙酯（diethylsulfate，DES），乙烯亚胺（ethylenemine，EI），亚硝基乙基脲烷（N-nitrose N-ethyl urethane，NEU），亚硝基乙基脲（Nitrosocthy urca，NEH）等。

（2）叠氮化钠（Azide，NaNe）

是一种动植物的呼吸抑制剂，它可使复制中的 DNA 的碱基发生替换，是目前诱变率高而安全的一种诱变剂。可以诱导大麦基因突变而不出现染色体断裂。这对大麦、豆类和二倍体小麦的诱变有一定的效果，但对燕麦则无效。

（3）碱基类似物

是与 DNA 碱基的化学结构相类似的一些物质，且能与 DNA 结合，又不妨碍 DNA 复制。但这种类似物与正常的碱基是不同的，当与 DNA 结合时或结合后，DNA 再进行复制时它们的电子结构有了改变，而导致配对错误，碱基置换，产生突变。最常用的类似物有类似胸腺嘧啶的 5 溴尿嘧啶（5BU）和与 5 溴脱氧尿核苷（BUdR），都是胸腺嘧啶（T）的类似物，5-氨基嘌呤（2-AP）是腺嘌呤类似物。

## 二、中国高纬寒地豆科牧草辐射诱变育种

黑龙江省农业科学院草业研究所长期开展苜蓿诱变育种研究工作，先后开展了利用$^{60}$Co-γ射线、快中子注入等诱变育种研究，选育出了一批农艺性状优良的新材料，培育出一批在生产上具有极大潜力的新品种。

### （一）中国高纬寒地苜蓿$^{60}$Co-γ射线辐射诱变育种

γ射线是一种能量高、穿透力强的电离辐射，不过它是从原子核内放射出来的，其波长较短（$10^{-8}\sim10^{-11}$cm），是植物辐射育种中最常用的射线源。γ射线通过辐射能量使生物体内各种分子产生电离和激发，形成许多活跃的自由原子或自由基团，它们相互反应，并与其周围物质特别是大分子核酸和蛋白质反应，引起生物体分子结构的改变，从而产生可遗传性的变异。

目前$^{60}$Co-γ源装置应用最广泛，也有采用$^{137}$Cs-γ源的。$^{137}$Cs-γ源的特点是半衰期长（29.9年），能量比$^{60}$Co-γ射线小。γ放射源在不用时贮存在铅制容器或水井内，在需要辐照植物材料时，必须采用远距离控制机械来操纵。

黑龙江省农业科学院草业研究所利用50、100、150、200、400、600 Gy六个剂量的$^{60}$Co-γ射线处理敖汉苜蓿，结果表明生物产量在六个剂量的处理之间、处理与对照之间均没有达到显著性差异。

随后，草业研究所利用1 000、1 500、2 000Gy三个剂量的$^{60}$Co-γ射线源对肇东苜蓿、龙牧801苜蓿和龙牧803苜蓿的干种子辐照处理，开展诱变育种研究。细胞学实验结果表明，γ射线辐照苜蓿种子可以抑制根尖细胞有丝分裂，并诱发根尖细胞产生单微核、双微核、多微核、小核、染色体断片、染色体粘连、单桥、双桥、多桥、游离染色体、落后染色体等多种畸变（图2-1）。同一辐照剂量下，龙牧803苜蓿对γ射线辐照敏感性最强。在0～2 000Gy范围内，随剂量的增加各种畸变率不断提高，至2 000Gy辐照剂量时，各种畸变率达到最高。田间试验结果表明，高剂量γ射线使种子的发芽能力和$M_1$代幼苗的生长受到抑制，发芽势、发芽率降低，出苗率、成苗率也降低，并与γ射线辐射剂量显著相关。$M_1$、$M_2$代植株分枝数、株高、叶面积、鲜草和干草产量等性状随辐射剂量的增加而降低，$M_1$代与$M_2$代相比，$M_2$代变异很明显，分离幅度较大。

随后，草业研究所又利用高剂量$^{60}$Co-γ射线处理得到的152个稳定遗传的品系构成的群体，在化学分析检验数据的基础上，并采用DA7 200二极管阵列近红外漫反射光谱法对这152个样品建立了粗蛋白、粗纤维的近红外定量分析校正模型，有效地提高了紫花苜蓿品质筛选速度。

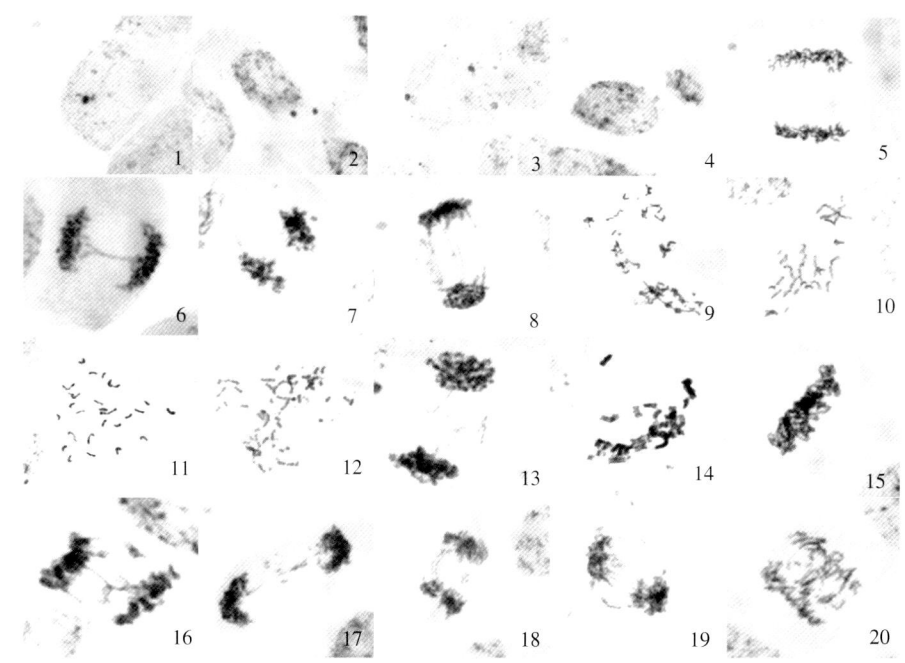

图 2-1 γ 射线辐照诱发的苜蓿细胞染色体畸变

1. 单微核　2. 双微核　3. 多微核　4. 小核　5. 正常的有丝分裂后期　6. 单桥　7. 双桥
8. 多桥　9. 粘连染色体　10. 游离染色体　11. 正常染色体　12、13. 染色体断片
14. 落后染色体　15. 正常的有丝分裂中期　16. 单桥和落后染色体　17. 单桥和染色体断片
18. 双桥和落后染色体　19. 多桥和染色体断片　20. 粘连染色体和染色体断片

## (二) 快中子注入诱变育种

中子不带电，不能直接使物质电离，当它进入物体时，与核外电子几乎不起作用，主要与原子核发生作用，引起各种反应。

中子按能量分又可分为冷中子（$0 \sim 10^{-4}$ eV）；热中子（能量在 $10^{-2}$ eV 左右，相当于分子、原子、晶格处于热运动平衡的能量）；1KeV 以下的中子称作慢中子；能量大于 0.5eV 的超热中子；而能量在 $1 \sim 10^{3}$ eV 的中子叫共振中子（由于它们与物质相互作用的截面常呈共振结构）。快中子是目前在辐射育种中应用较为常见的中子。习惯上把 0.1MeV 以上的中子叫做快中子。

常用的中子源有反应堆产生裂变中子，加速器产生的快中子和同位素中子源。但是，同位素中子源的缺点是中子产额太低，在反应堆中子源中附加强烈的 γ 辐射。加速器中子源是目前辐射育种中常用的中子源。

黑龙江省农业科学院草业研究所采用直线加速器产生 $3.60 \times 10^{11}$/cm$^2$、$7.10 \times 10^{11}$/cm$^2$ 和 $3.54 \times 10^{12}$/cm$^2$ 三种照射注量的快中子处理肇东苜蓿干种子，对其进行种子发芽试验、幼苗生长和 RAPD 分子标记分析。研究结果表明，经三种照射注量快中子处理后，肇东苜蓿种子发芽势和发芽率显著高于对照。幼苗的苗高和根长小于对照，随着快中子处理照射注量的增加，幼苗苗高降低和根长减少的幅度越大。当快中子处理照射注量达 $3.54 \times 10^{12}/cm^2$ 时，幼苗根长相比对照降低了 $81.63\%$，没有生长出真叶，只有子叶。RAPD 试验中共使用 36 种引物，结果表明，照射注量为 $3.60 \times 10^{11}/cm^2$、$7.10 \times 10^{11}/cm^2$ 和 $3.54 \times 10^{12}/cm^2$ 的快中子处理紫花苜蓿 $M_1$ 代的 RAPD 多态性频率分别为 $7.25\%$、$6.52\%$ 和 $5.80\%$，$3.60 \times 10^{11}/cm^2$ 处理照射注量的 RAPD 多态性频率最高。在本研究的照射注量范围内，$3.60 \times 10^{11}/cm^2$ 是利用快中子诱变紫花苜蓿的适宜照射注量。

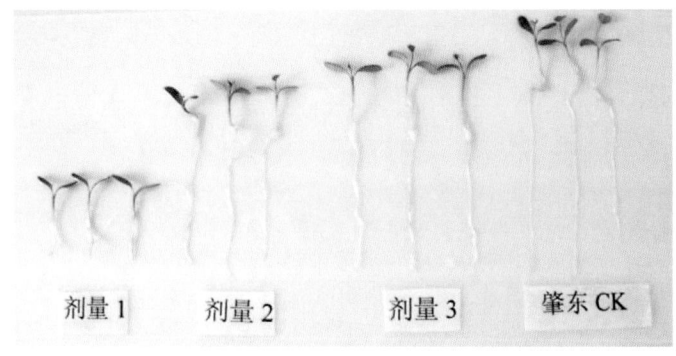

图 2-2 快中子注入后幼苗生长比较

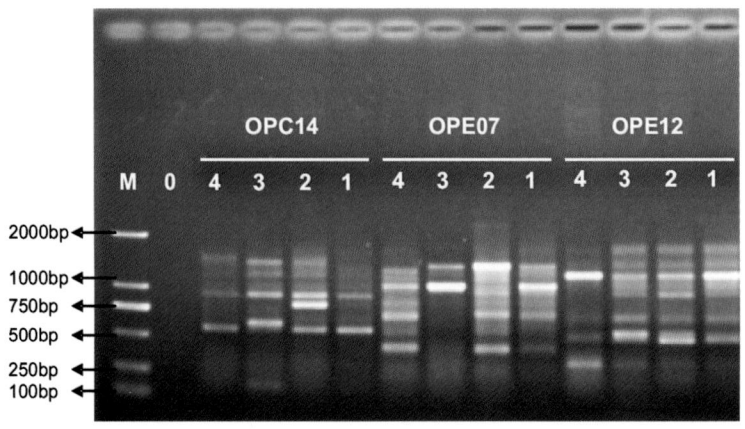

图 2-3 快中子处理肇东苜蓿 $M_1$ 代 RAPD 引物 OPC14、

OPE07 和 OPE12 扩增产物

M：DNA maker. 0：RAPD control without DNA；1：$3.54 \times 10^{12}/cm^2$；

2：$7.10 \times 10^{11}/cm^2$；3：$3.60 \times 10^{11}/cm^2$；4：control.

诱变育种技术是育种学、物理学、化学等多学科和多技术相结合的一门综合性应用技术。当前，提高诱变育种效率面临着如何进一步提高突变频率、扩大突变谱以及最终做到定向诱发突变等问题，这些问题的解决涉及不同诱变源诱变机理的研究、新诱变源的开发、适宜诱变对象的选择、诱变方法的改进以及诱发突变辅助选择方法的提高等。因此，必须联合多种学科的力量，加强与诱变育种直接有关的基础研究。随着相关学科的不断进步和发展，必将推动诱变育种技术的不断发展。

### （三）中国高纬寒地三叶草$^{60}$Co-γ射线辐射诱变育种

#### 1. 三叶草概述

三叶草分布于欧亚大陆、非洲、南北美洲的温带，以地中海区域为中心，是世界著名的饲用植物，也是豆科牧草中分布最广的一类，共约250种。我国从20世纪30年代引种以来，三叶草种植已遍布全国，尤其在长江以南地区大面积栽培，湖南省南山牧场、云南省种羊场都已经建成了以白三叶为主的人工草地。三叶草是家畜的主要饲料，其茎叶细软，叶量丰富，粗蛋白含量高，粗纤维含量低，既可放养牲畜，又可饲喂草食性鱼类。同时又是农作物的良好前茬，还是果园间作套种的优良低矮作物，此外还具有水土保持、绿肥、草坪地被等生态经济价值。

#### 2. 三叶草辐射育种情况

黑龙江省农业科学院草业研究所三叶草辐射育种研究工作开始于2008年，试验材料为野生采集的红三叶和白三叶，选出风干种子在黑龙江省农科院原子能所钴源中心进行处理，辐照剂量分别为200Gy、400Gy、600 Gy、800 Gy，吸收剂量率为25.46Rad/min，钴源活度4 000居里。将辐射处理后的种子于温室中进行纸桶育苗，2种三叶草每个剂量处理播种100个纸桶，设3次重复，每个处理共300株，将未经任何辐照的种子作为对照，植株成株后移植大田，每个剂量移植10行区，行长5m，行宽0.7m，株距0.5m。经过3年的研究现已筛选出有益变异突变体。

（1）三叶草辐射诱变生物学效应

植物辐射育种研究中$M_1$代植株的主要农艺性状一般都会表现出一定程度的变异（也称作生理损伤），但由于生理损伤所致的形态变异一般不遗传，因此$M_1$代不进行变异选择。主要调查记录种子发芽、生育期、群体株高、叶宽、叶长、茎粗、室内考种等。

①对种子发芽的影响

辐照处理后，红三叶出苗率均降低，在400～800Gy辐射剂量范围内，出苗率与对照相比均呈显著差异；白三叶出苗率在200～600Gy辐射剂量范围内均高于对照，但差异不显著，800Gy辐射剂量降低了白三叶出苗率，差异显著（表2-2）。

表 2-2　辐照剂量对 2 种三叶草出苗率的影响

| 品种 | 辐射剂量 | | | | |
|---|---|---|---|---|---|
| | CK | 200Gy | 400Gy | 600Gy | 800Gy |
| 红三叶 | 60.3±2.01a | 51.7±1.71ab | 41.3±2.25bc | 34.3±1.57c | 22.6±1.36d |
| 白三叶 | 68.1±1.92bc | 77.9±2.3a | 74.2±1.45ab | 70±2.06abc | 64.8±1.64c |

②对生育期的影响

辐射处理后，2 种三叶草出苗期均推迟 2～4 天，但对整个生育天数影响不大（表 2-3）。

表 2-3　辐照剂量对 2 种三叶草生育期的影响（月.日）

| | 处理 | 播种期 | 出苗期 | 分枝期 | 拔节期 | 现蕾期 | 开花期 | 结荚期 | 成熟期 | 生育天数（天） |
|---|---|---|---|---|---|---|---|---|---|---|
| 红三叶 | CK | 4.29 | 5.19 | 6.1 | 6.10 | 6.21 | 7.18 | 8.20 | 9.21 | 122 |
| | 200Gy | 4.29 | 5.21 | 6.4 | 6.13 | 6.24 | 7.22 | 8.25 | 9.25 | 124 |
| | 400Gy | 4.29 | 5.21 | 6.4 | 6.14 | 6.25 | 7.22 | 8.25 | 9.25 | 124 |
| | 600Gy | 4.29 | 5.22 | 6.4 | 6.14 | 6.24 | 7.21 | 8.24 | 9.25 | 124 |
| | 800Gy | 4.29 | 5.21 | 6.4 | 6.14 | 6.25 | 7.22 | 8.24 | 9.24 | 123 |
| 白三叶 | CK | 4.29 | 5.17 | 5.24 | 6.6 | 6.20 | 7.1 | 8.17 | 9.13 | 116 |
| | 200Gy | 4.29 | 5.20 | 5.28 | 6.10 | 6.24 | 7.5 | 8.21 | 9.17 | 117 |
| | 400Gy | 4.29 | 5.20 | 5.29 | 6.10 | 6.25 | 7.5 | 8.21 | 9.18 | 118 |
| | 600Gy | 4.29 | 5.21 | 5.29 | 6.11 | 6.25 | 7.6 | 8.22 | 9.18 | 117 |
| | 800Gy | 4.29 | 5.21 | 5.29 | 6.12 | 6.26 | 7.7 | 8.22 | 9.18 | 117 |

③对 2 种三叶草叶片长度和叶宽的影响

从图 2-4、图 2-5 可以看出，经$^{60}$Co-γ射线处理后，红三叶在 200～400Gy 的剂量范围内，叶长、叶宽均高于对照，叶长、叶宽与辐射剂量的相关性很高，相关系数分别为 0.862 6 和 0.806 2，400Gy 辐射剂量叶长、叶宽最高，分别为 5.50cm、3.33cm，随着辐射剂量的增大，红三叶叶长、叶宽均呈下降趋势。

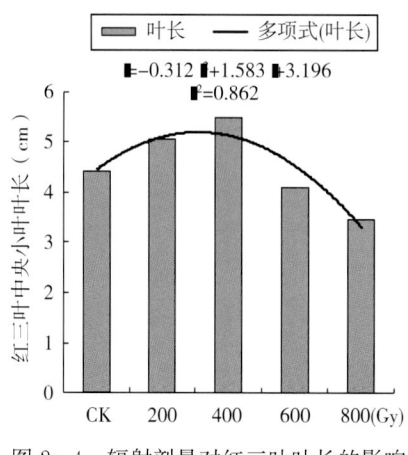

图 2-4　辐射剂量对红三叶叶长的影响

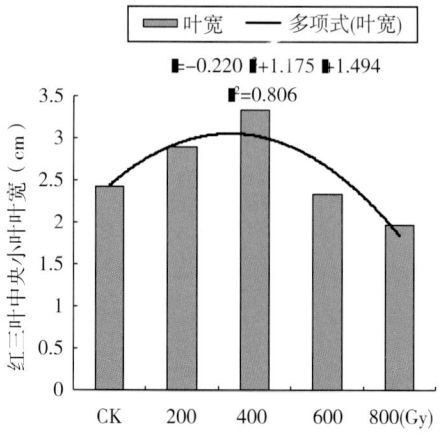

图 2-5　辐射剂量对红三叶叶宽的影响

由表2-4可见，辐射处理对白三叶叶长、叶宽影响趋势一致，在200～400Gy的剂量范围内，叶长、叶宽均高于对照，600～800Gy辐射处理使白三叶叶长、叶宽值均降低，但变化不明显，400Gy辐射剂量叶长、叶宽最高，分别为1.88cm、1.51cm。

表2-4　辐射剂量对白三叶叶长、叶宽的影响

| 品种 | 处理 | 中央小叶叶长均值（cm） | 中央小叶叶宽均值（cm） |
|---|---|---|---|
| | CK | 1.63ab | 1.37ab |
| | 200 Gy | 1.71a | 1.45a |
| 白三叶 | 400 Gy | 1.88a | 1.51a |
| | 600 Gy | 1.59b | 1.33b |
| | 800 Gy | 1.53b | 1.25b |

④对2种三叶草株高的影响

从图2-6可以看出，经$^{60}Co$-γ射线处理后，200Gy的剂量使红三叶株高增加，其值为33.60cm，其他3个辐射剂量使红三叶株高均降低；不同辐射剂量均提高了白三叶的株高，以200Gy剂量时株高最高，其值为16.30cm。

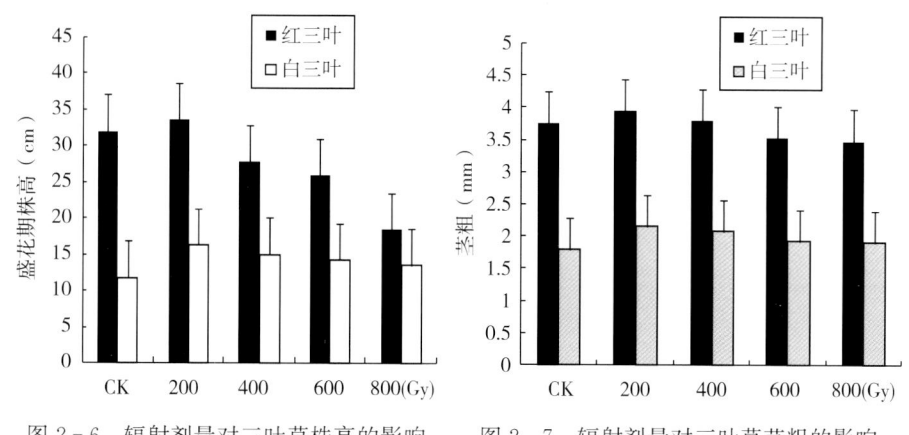

图2-6　辐射剂量对三叶草株高的影响　　图2-7　辐射剂量对三叶草茎粗的影响

⑤对2种三叶草茎粗的影响

经$^{60}Co$-γ射线处理后（图2-7），200～400Gy辐射处理使红三叶茎变粗，但变化不明显，600～800Gy辐射剂量使红三叶茎变细，200Gy处理时值最大，为3.95mm；不同剂量处理后，均增加了白三叶茎粗值，200Gy辐射剂量茎粗值最高，为2.15mm。

（2）三叶草辐射诱变突变体的筛选

① M₂ 代突变体表型性状描述

M₂代突变体的选择以田间选择为主，选择方法同常规育种。以单株为研

究对象，记录单株生育期、单株的主要形态学指标（株高、叶宽、叶长、叶色、茎粗）、成熟期单株室内考种，筛选和鉴定变异单株。

将 $M_1$ 代种子混收后单粒种植，建立 $M_2$ 代单株群体，田间株距 0.5m，每个剂量种植 200 株，根据田间表型性状直接观测结合单株收获室内考种结果，从红三叶 $M_2$ 代群体筛选出了茎颜色、花色、株型、熟期等变异单株 5 株，白三叶中筛选出 2 株早熟单株，优异突变单株的特征特性见表 2-5。

表 2-5 三叶草 $M_2$ 代优异突变单株的特征特性

| 优异突变单株 | 特性 | 株高（cm） | 茎颜色 | 茎茸毛 | 叶斑强度 | 花色 |
| --- | --- | --- | --- | --- | --- | --- |
| HE-3 | 直立 | 35.10 | 紫 | 稀 | 中等 | 浅粉 |
| HE-8 | 晚熟 | 24.51 | 紫 | 中等 | 无 | 粉 |
| HS-4 | 晚熟 | 32.72 | 绿 | 密 | 弱 | 浅紫 |
| HS-9 | 早熟 | 20.48 | 紫 | 无 | 强 | 粉 |
| HL-11 | 匍匐 | 14.31 | 紫 | 中等 | 中等 | 浅紫 |
| BS-7 | 半匍匐 | 7.09 | 绿 | 无 | 中等 | 白 |
| BL-2 | 匍匐 | 5.37 | 紫 | 无 | 无 | 白 |

② $M_3$ 代突变体筛选

2011 年种植 $M_3$ 代单株 500 份及 $M_2$ 代筛选的 7 个优异单株，对照单株 200 份，从株高、茎、叶、花、叶和熟期等性状进行 $M_3$ 代优异突变株系的筛选。

## 三、中国高纬寒地禾本科牧草辐射诱变育种

### （一）无芒雀麦 $^{60}Co$-γ 射线辐射诱变育种

2001 年在黑龙江省农科院原子能所钴源中心利用 $^{60}Co$-γ 射线照射引进的保加利亚无芒雀麦品种"耐卡"干种子，照射剂量分别为 0、10、20、30、40、50、100、200、300（Gy）。钴源活度 4000 居里，吸收剂量率为 25.46Rad/min。进行无芒雀麦辐射诱变育种研究。

**1. 无芒雀麦辐射诱变生物学效应**

（1）辐射处理的半致死剂量

牧草辐射后的出苗率是确定牧草辐射损伤效应的重要指标，是计算牧草各品种半致死剂量的依据，而半致死剂量又是确定辐射敏感性的主要指标，也是表示牧草辐射育种适宜引变剂量的标准。无芒雀麦的出苗率随着辐射剂量的增加而降低，辐射剂量与出苗率的线性回归方程为：$y=-0.229x+80.071$（$R^2=0.9191$），出苗率为 50% 时的辐射剂量（半致死剂量）是 130Gy（图 2-

8）。

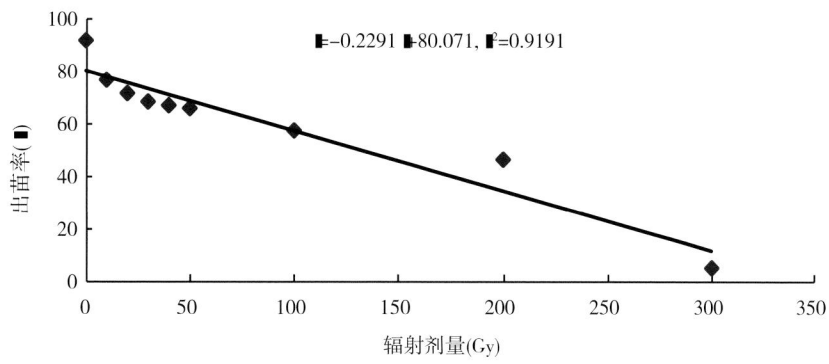

图 2-8　辐射剂量与无芒雀麦出苗率的线性回归方程

（2）辐射对种子萌发及幼苗生长的影响

a. 对种子萌发的影响

辐射处理对无芒雀麦种子萌发存在明显的抑制作用。辐射处理后无芒雀麦种子的发芽势、发芽率、活力指数均减少，随着辐射剂量的增加发芽率逐渐降低。其中，辐射剂量为 200、300 Gy 时种子的发芽势为 0，即在前 7d 没有一粒种子正常萌发（胚根长度达到种子长的一半）。

b. 对幼苗生长的影响

幼苗生长状况在一定程度上反映了种子活力、发芽潜力等指标，对种子活力而言，幼苗生长的观察更具有代表性。辐射处理对幼苗高度的影响因辐射剂量不同而异，辐射剂量小于 100Gy 苗高高于对照，大于 100Gy 低于对照。辐射处理抑制根的生长，根的长度均低于对照，其中剂量为 200 和 300 Gy 处理的没有长出正常的胚根。研究表明，低剂量电离辐射对干种子萌发与出苗具有刺激作用。低剂量照射的种子在萌发时胚乳中贮藏物质的消耗增加，这促进了器官的形成，转化效率有不同程度的提高，从而有利于种子的萌发和幼苗的生长。相反，高剂量处理明显抑制了胚乳中物质的消耗和器官的形成，严重影响种子的萌发、出苗及幼苗的生长。

（3）辐射处理的农艺性状变异

辐射处理后株高都高于对照，各处理都出现高株与矮株变异，高株变异是主要的变异类型，50Gy 处理的高株比例最大，达到 63.8％。辐射处理后无芒雀麦的叶片长度和宽度都发生了变异，10Gy、20Gy 和 30Gy 处理后叶片多数变长、变窄，而 40Gy 和 50Gy 则变短、变宽。20Gy 处理叶片平均长度最大，达到 31.80cm，处理 50Gy 的最短，平均长度只有 20.49cm 不同辐射剂量对无芒雀麦鲜草产量的影响不同，10、20、30Gy 处理群体平均产量低于对照，而 40、50Gy 的产量高于对照（表 2-6）。

表 2 - 6　辐射处理后无芒雀麦的叶片长度和宽度差异显著性分析

| 处理 | 叶长 | | 叶宽 | |
| --- | --- | --- | --- | --- |
| | 平均数（cm） | 5%显著水平 | 平均数（mm） | 5%显著水平 |
| CK | 24.43 | b | 7.43 | a |
| 10Gy | 26.85 | ab | 6.85 | b |
| 20Gy | 31.80 | a | 7.32 | ab |
| 30Gy | 27.47 | a | 7.27 | b |
| 40Gy | 21.06 | b | 7.56 | a |
| 50Gy | 20.49 | b | 7.85 | a |

**2. 无芒雀麦辐射诱变突变体的筛选**

（1）辐射处理突变体的选择

无芒雀麦辐射处理后当代（M₁）便出现很多形态学上的变异。突变体的选择时应单株种植，单株群体数量尽可能多。突变体的选择以田间选择为主，选择方法同常规育种。以单株为研究对象，记录单株生育期、各生育期内的主要形态学指标（株高、分蘖数、叶宽、叶长、叶色、叶片数、茎节数、茎节距离）、成熟期单株鲜重及室内考种，筛选和鉴定变异单株。入选的突变体作为重点单株全收。变异单株的筛选和鉴定同田间观测与实际育种经验相结合。

辐射处理无芒雀麦的变异类型主要有高株变异、矮化株、早熟变异、晚熟变异、叶片变异、穗型变异等，不同剂量辐射变异类型及数量不同（图 2 - 9）。田间观测 50Gy 处理变异类型最丰富，统计分析各性状变异率结果为：高植株变异率 8.46%、矮株变异率 1.02%、早熟变异率 6.87%、晚熟变异率 0.79%、多分蘖变异率 1.35%、叶长变异率 2.01%、叶宽变异率 4.13%、茎粗变异率 4.21%、穗型变异率 3.34%，调查中发现有些单株同时表现多个变异类型，统计 50Gy 处理无芒雀麦当代总变异率为 14.65%，其中变异类型最多的是高株变异。40Gy 处理的主要变异类型仍是高株变异，其次为叶长变异，同时在 40Gy 处理群体中发现高分蘖变异单株。在 10～30Gy 处理的群体中变异类型最多的是叶片变长变窄。

图 2 - 9　辐射处理后部分变异单株

（2）辐射有益突变体的筛选和鉴定

植物辐射当代损伤出现不良遗传效应、外界条件所导致的性状反常植株，以及严重畸变与高度不育，在选择出的 $M_1$ 代变异单株存在一些不利方面的变异，如营养品质下降、抗性差（不适应当地气候或土壤立地条件）等，因此继续进行有益突变体的筛选。

有益突变体的筛选应根据当地的气候特征和土壤条件进行，筛选适宜当地种植的耐寒、抗旱、高产优异材料。在黑龙江地区优良牧草选育的最基本目标是耐寒性，选育耐寒性强的牧草品种是最需解决的问题。结合返青从 $M_1$ 代变异单株种筛选返青早、返青好的单株材料，进行多世代的单株和群体选择，决选出抗旱、株高高、分蘖能力强、早熟、高产等遗传一致、稳定的性状优良的变异材料。

### （二）垂穗鹅观草 $^{60}Co$-$\gamma$ 射线辐射诱变育种

鹅观草属（Roegneria C. Koch）是禾本科小麦族（Triticeae）中最大的属。全世界约 130 余种，分布于北半球温寒地带，我国有 70 余种，主要分布于西北、西南和华北地区。鹅观草属具有高产、优质、抗寒、抗旱、抗病、抗虫等优良性状，为麦类作物和牧草育种提供了丰富的基因库，是农业上重要的种质资源，具有重要的经济价值。目前，鹅观草属植物的研究多集中在形态学、细胞学、同功酶等。这些研究为鹅观草属物种的分类研究和优异基因的挖掘、利用提供了可靠的理论依据，但对于具有 130 余种的大属来说，这些研究远远不够。鹅观草属的分类问题仍存在很大的分歧，鹅观草属内的很多物种的基因组构成还不清楚等，这些都阻碍了鹅观草属的深入研究。

鹅观草属该属植物多为草原和草甸的组成成分，是优良的牧草，饲用价值极高；有的物种具有麦类作物的抗病、抗寒、耐旱、耐碱等特性及长穗、多粒的优点，而且能够通过现代遗传和生物技术的方法把这些基因转移到栽培麦类作物遗传背景中来，是农业上重要的种质资源。因此，作为丰富麦类作物和牧草遗传多样性的基因资源库，具有重要的经济价值。鹅观草属主要作为麦类作物基因资源库，而作为牧草育种研究很少，现报道选育的鹅观草属品种很少，只有青海鹅观草和林西鹅观草两个。黑龙江省农科院草业研究所自 21 世纪初采用 $^{60}Co$-$\gamma$ 射线辐射处理野生垂穗鹅观草种子，进行垂穗鹅观草辐射诱变育种研究。

2001 年将采集的野生垂穗鹅观草干种子在黑龙江省农科院原子能所钴源中心利用 $^{60}Co$-$\gamma$ 射线进行照射，剂量分别为 0、10、20、30、40、50、100、200、300、400、500（Gy）。钴源活度 4 000CI，吸收剂量率为 25.46Rad/min。

**1. 垂穗鹅观草辐射诱变生物学效应**

（1）辐射处理的半致死剂量

牧草辐射后的出苗率是确定牧草辐射损伤效应的重要指标，是计算牧草各品种半致死剂量的依据，而半致死剂量又是确定辐射敏感性的主要指标，也是表示牧草辐射育种适宜引变剂量的标准。垂穗鹅观草不同照射量与出苗率的线性回归方程为：$y = -0.121x + 52.649$（$R^2 = 0.834\ 6$），出苗率为 50 ％时的辐射剂量（半致死剂量）是 187Gy（图 2 - 10）。

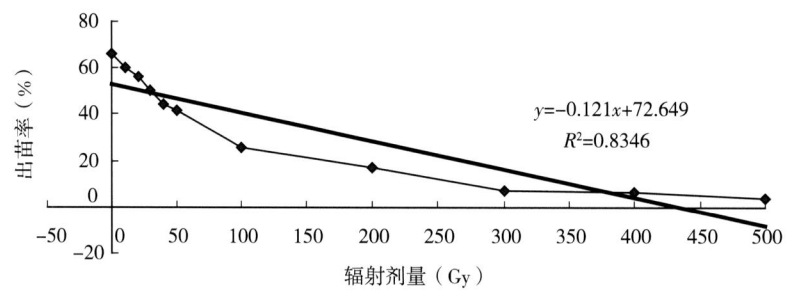

$$y = -0.121x + 72.649$$
$$R^2 = 0.8346$$

图 2 - 10　垂穗鹅观草不同照射量与出苗率的线性回归分析

（2）辐射对种子萌发及幼苗生长的影响

①对种子萌发的影响

辐射处理对垂穗鹅观草种子萌发存在明显的作用，主要表现为：低剂量的 $^{60}Co$ - γ 射线辐射（辐射剂量小于或等于 50Gy）可提高垂穗鹅观草的发芽率，增强种子的活力指数，促进种子的萌发。垂穗鹅观草种子的发芽势和发芽率与辐射剂量间呈负二项分布关系，发芽势与辐射剂量的关系式为 $y = -0.237\ 0x^2 - 0.323\ 8x + 65.546$，$R^2 = 0.915\ 3$，发芽率与辐射剂量的关系式 $y = -0.256\ 4x^2 - 0.369\ 8x + 80.935$，$R^2 = 0.927\ 7$。辐射剂量为 300、400、500 Gy 时种子的发芽势为 0，即在前 7d 没有一粒种子正常萌发（胚根长度达到种子长的一半）。辐射剂量为 400Gy 和 500Gy 处理的少数种子能长出极短的胚芽，但不能长出正常的胚根。

②对幼苗生长的影响

幼苗生长状况在一定程度上反映了种子活力、发芽潜力等指标，对种子活力而言，幼苗生长的观察更具有代表性。40Gy 辐射处理促进垂穗鹅观草幼苗的生长，而其他剂量处理抑制幼苗生长，且辐射剂量越大抑制作用越明显。

（3）辐射处理的农艺性状变异

根据发芽试验结果，辐射剂量大于 50Gy 种子发芽能力大大降低，因此在生物学效应研究时，只对辐射剂量 10～50Gy 进行了研究。

30Gy 处理后株高高于对照，比对照增加 16.60％。其他剂量处理的株高都低于对照。垂穗鹅观草 10、20、30、40Gy 处理后，分蘖数均高于对照，且分蘖数与辐射剂量呈负相关性。20Gy 处理后叶宽小于对照，其他剂量处理均大于对照，30Gy 处理叶最宽，与对照及其他剂量间差异显著。辐射处理对垂穗鹅观草穗长有一定的影响。产量随辐射剂量增加的变化趋势是先降低后增加然后又降低，其中 30Gy 和 40Gy 剂量辐射后产量都高于对照，其他 3 个剂量低于对照（表 2-7）。

表 2-7　不同剂量辐射处理对垂穗鹅观草部分农艺性状的影响

| 剂量 | 株高（cm） | | 分蘖数（个） | | 叶宽（mm） | | 穗长（cm） | | 鲜重（g/m） | |
|---|---|---|---|---|---|---|---|---|---|---|
| | X | 增量（±%） | X | 增量（±%） | X | 增量（±%） | X | 增量（±%） | X | 增量（±%） |
| CK | 57.8 | 0 | 10.73 | 0 | 6.43 | 0 | 6.63 | 0 | 126.50 | 0 |
| 10Gy | 50.1 | −13.32 | 13.09 | +21.99 | 6.85 | +6.53 | 6.85 | 3.32 | 95.51 | −24.50 |
| 20Gy | 51.5 | −10.89 | 14.08 | +31.22 | 6.32 | −1.71 | 7.32 | 10.41 | 103.42 | −18.31 |
| 30Gy | 67.4 | +16.61 | 15.34 | +43.00 | 7.47 | +16.17 | 7.27 | 9.65 | 158.73 | +25.48 |
| 40Gy | 49.6 | −14.20 | 12.95 | +20.71 | 7.06 | +9.90 | 7.56 | 14.03 | 146.04 | +15.40 |
| 50Gy | 53.2 | −7.92 | 10.64 | −9.31 | 6.45 | +0.31 | 7.85 | 18.40 | 120.62 | −4.70 |

**2. 垂穗鹅观草辐射诱变突体的筛选**

突变体的选择以田间选择为主，选择方法同常规育种。以单株为研究对象，记录单株生育期、各生育期内的主要形态学指标（株高、分蘖数、叶宽、叶长、叶色、叶片数、茎节数、茎节距离）、成熟期单株鲜重及室内考种，筛选和鉴定变异单株。入选的突变体作为重点单株全收。变异单株的筛选和鉴定同田间观测与实际育种经验相结合。

辐射处理垂穗鹅观草的变异类型主要有高株变异、早熟变异、晚熟变异，不同剂量辐射变异类型及数量不同。田间观测 30Gy 处理变异类型最丰富，统计分析各性状变异率结果为：高植株变异率 9.74%、早熟变异率 3.14%、晚熟变异率 18.79%、多分蘖变异率 3.53%，调查中发现有些单株同时表现多个变异类型，统计 50Gy 处理无芒雀麦当代总变异率为 32.09%，其中变异类型最多的是晚熟变异。

## 四、中国高纬寒地一年生牧草辐射诱变育种

### （一）谷稗⁶⁰Co-γ射线辐射诱变育种

谷稗是优良牧草之一，适应性强，生长繁茂，品质良好，牛、马、羊、鹅等非常喜食。尤其在 7—8 月份间是牛、羊、鹅等的优质饲草。近年来，随着黑龙江省大鹅养殖数量的增加，稗草种植面积也随之上升，对谷稗品种的需求

图 2-11　垂穗鹅观草辐射处理后部分变异单株

急剧增加。

农菁 5 号谷稗是 2000 年从内蒙古赤峰引进地方种谷稗，在 2001 年对地方种谷稗进行$^{60}$Co-γ 射线 30Gy 照射处理，后代采用系谱选育方法，于 2005 年决选而成。在黑龙江全省各地区，包括省农科院哈尔滨试验地、大庆、青冈县、富裕县、五大连池市进行了多年多点产量区域试验。

**1. 选育方法**

2000 年从内蒙古赤峰引进地方种谷稗，并对其种子进行$^{60}$Co-γ 射线照射处理。后代采用系谱选育方法，在 $M_4$ 代穗行中，选择秆直、高大、分蘖多、株形紧凑、无病株、整齐一致的穗行混合收获，育成稗草新品系龙饲 0611。2005 年进行产量鉴定和品质分析，并进行种子扩繁。2006—2007 年进行区域试验，2008 年进行生产试验。2007 年，在孕穗期取样，经农业部谷物及制品质量监督检验测试中心（哈尔滨）测定，粗蛋白含量（干基）为 13.75%，粗脂肪（干基）含量为 3.16%、粗纤维（干基）含量为 35.36%、水分含量为 83.90%。在 2007 年 8 月 29 日委托黑龙江省农业科学院植保研究在草业研究所试验田对龙饲 0611 谷稗牧草进行田间发病情况调查，调查结果：龙饲 0611 谷稗植株叶片上未见任何病斑。并请相关专家于 2008 年 9 月 4 日进行田间鉴评，鉴评结果为龙饲 0611 谷稗茎秆直立，平均株高 211cm，比对照高 25cm，分蘖数量多，分蘖平均数为 13 个，比对照多 4 个。植株田间长势繁茂，叶片为深绿色。田间未发现主要病虫害。最后，参加鉴评的委员和专家一致认为，该品种生物产量高，饲用价值优良，2009 年 1 月由黑龙江省农作物品种审定委员会认定推广，命名为农菁 5 号谷稗。

**2. 主要特征特性**

农菁 5 号谷稗是一年生禾本科牧草。幼苗直立，深绿色。茎直立、丛生，分蘖能力强，单株分蘖达 25 个以上。株高 210～220cm。叶片呈长条形，长 30～55cm，宽 3～4.5cm。圆锥花序，果实为颖果。种子卵圆形，青灰色，千粒重 4g 左右。生育期 130 天，在≥10℃活动积温 2 700℃以上适宜种植。一季亩产鲜草 5 000kg 以上，孕穗期进行品质性状测定，粗蛋白含量在 13.0% 以上。农菁 5 号谷稗既可以作刈割鲜草用，也可以调制干草用，或作青贮以备冬春季利用，是一种产量高、适口性好的优良饲料，其适应性强、生长期快，是牛、羊等畜禽喜食的优良饲料作物。

**3. 产量表现**

(1) 区域试验结果

2006 年和 2007 年在哈尔滨、大庆、青冈县、富裕、五大连池进行了龙饲0611 谷稗区域试验产量测定，试验结果见表 2-8。试验结果表明，龙饲 0611谷稗在 5 点的平均产量为 86 881.4kg/hm²，比对照品种龙牧谷稗高 12.1%。

表 2-8  龙饲 0611 谷稗区域试验产量测定结果表

| 年 份 | 试验点名称 | 公顷产量—鲜重 (kg) | 对照—鲜重 (kg) | 增减产（%） | 对照品种 |
|---|---|---|---|---|---|
| 2006 | 哈尔滨 | 92 800.5 | 78 602.0 | 15.3 | 地方种谷稗 |
| | 青冈 | 90 517.5 | 77 211.4 | 14.7 | 地方种谷稗 |
| | 大庆 | 86 320.5 | 75 444.1 | 12.6 | 地方种谷稗 |
| | 富裕 | 88 509.0 | 77 799.4 | 12.1 | 地方种谷稗 |
| | 五大连池 | 84 094.5 | 76 273.7 | 9.3 | 地方种谷稗 |
| 平均 | | 88 448.4 | 77 066.1 | 12.9 | 地方种谷稗 |
| 2007 | 哈尔滨 | 87 834.0 | 75 888.6 | 13.6 | 地方种谷稗 |
| | 青冈 | 87 052.5 | 77 650.8 | 10.8 | 地方种谷稗 |
| | 大庆 | 83 154.0 | 74 589.1 | 10.3 | 地方种谷稗 |
| | 富裕 | 86 221.5 | 76 133.6 | 11.7 | 地方种谷稗 |
| | 五大连池 | 82 309.5 | 74 407.8 | 9.6 | 地方种谷稗 |
| 平均 | | 85 314.3 | 75 734.0 | 11.2 | 地方种谷稗 |
| 总平均 | | 86 881.4 | 76 400.0 | 12.1 | 地方种谷稗 |

(2) 生产试验结果

2008 年在省内不同地区布置了 5 个试验点进行生产试验，试验结果见表 2-9。结果表明，龙饲 0611 谷稗在 5 点的平均产量为81 864.60kg/hm²，比对照品种龙牧谷稗高 13.00%。

表 2-9  龙饲 0611 谷稗生产试验产量测定结果表

| 年 份 | 试验点名称 | 公顷产量—鲜重 (kg) | 对照—鲜重 (kg) | 增减产（%） | 对照品种 |
|---|---|---|---|---|---|
| 2008 | 哈尔滨 | 87 505.5 | 75 429.7 | 13.8 | 地方种谷稗 |
| | 青冈 | 84 651.0 | 73 138.4 | 13.6 | 地方种谷稗 |
| | 大庆 | 83 709.0 | 73 747.6 | 11.9 | 地方种谷稗 |
| | 富裕 | 79 501.5 | 69 404.8 | 12.7 | 地方种谷稗 |
| | 五大连池 | 73 956.0 | 64 341.7 | 13.0 | 地方种谷稗 |
| 平均 | | 81 864.6 | 71 212.4 | 13.0 | |
| 总平均 | | 81 864.6 | 71 212.4 | 13.0 | |

#### 4. 品质表现

在黑龙江省农科院试验地经三年品质测定，结果见表 2-10。龙饲 0611 谷稗在孕穗期粗蛋白含量为 13.66%～14.28%，粗纤维含量为 34.76%～36.54%，粗脂肪含量平均为 3.06%～3.56%，说明龙饲 0611 谷稗是优质牧草。

表 2-10  龙饲 0611 谷稗三年品质测定结果

| 年 份 | 粗蛋白（干基）% | 粗脂肪（干基）% | 粗纤维（干基）% |
|---|---|---|---|
| 2005 | 14.28 | 3.56 | 34.76 |
| 2006 | 13.66 | 3.06 | 36.54 |
| 2007 | 13.75 | 3.16 | 35.36 |
| 平均 | 13.90 | 3.26 | 35.55 |

#### 5. 抗病性鉴定

2005—2007 年连续 3 年委托黑龙江省农科院植保研究所进行田间病害调查，龙饲 0611 谷稗植株叶片上未见任何病斑。鉴定结果认为龙饲 0611 谷稗是抗病品种。

### （二）燕麦$^{60}C_o$-γ射线辐射诱变育种

饲用燕麦茎叶秸秆多汁、柔嫩，适口性好，蛋白质、脂肪、可消化纤维高于小麦、大麦、黑麦、谷子、玉米，而难以消化纤维较少，青刈燕麦具有丰富的营养价值和较好的饲喂适口性，青饲燕麦可提高乳牛产奶量，是高寒牧区人工草地广泛种植的一年生草料兼用作物。

龙饲 08 402 是利用辐射与组织培养技术相结合进行耐盐碱筛选，于 2008 年筛选出鲜草产量高的燕麦材料，2009—2010 年进行品种比较试验，同时一部分种到盐碱地上进行耐盐碱筛选。经过 2 年品比试验，平均亩产鲜草比对照增产 21%。同时在 pH 8.5 的盐碱地上能正常生长。

#### 1. 选育方法

2004 年利用 γ 射线 20Gy 辐射诱变处理燕麦白燕 2 号幼胚，然后进行幼胚培养，在继代培养基中加入 0～2.0% Nacl，进行继代培养，筛选耐盐碱的愈伤组织，然后再进行分化培养，得到再生植株，经过系统选育，于 2008 年在 1.2% Nacl 处理后代中筛选出龙饲 08402 燕麦新品系。2009—2010 年进行品种比较试验，同时一部分种到盐碱地上进行耐盐碱筛选。经过 2 年品比试验，平均亩产鲜草比对照增产 21.00%。同时在 pH 8.5 的盐碱地上能正常生长。抽穗前期蛋白质含量为 15.18%。

#### 2. 特征特性

龙饲 08402 燕麦新品系幼苗直立，深绿色，植株生长繁茂，分蘖力强，株高 150cm。种子白色、长卵形、千粒重 30 克左右，生育期 90 天，适应性强，抗病、耐盐碱，该品系抽穗前期蛋白质含量 15.18%。同时在 pH 8.5 的土壤上种植也能生长，2010 年在盐碱地上进行测产，经过两茬刈割，龙饲 08402 在盐碱地上的鲜草产量为 50 125.50kg/hm²，虽然没有正常土壤上产量高，但是与对照相比还是增产 31.10%，比在正常土壤上增产幅度还大，说明这个燕麦材料耐盐碱性比较强，2011 年将参加省区域试验。

# 第三节　中国高纬寒地牧草的航天诱变育种

## 一、航天诱变育种

航天育种，也称空间诱变育种，是利用返回式航天器或高空气球所能达到的空间环境（包括宇宙粒子、微重力等综合因素）对植物（种子等）的诱变作用以产生有益变异，在地面选育新种质、新材料，培育新品种的作物育种新技术。航天育种也属于人工诱变育种，其试验研究与选育程序与传统的辐射诱变育种无本质上的区别。

近年来，由我国科学家开创的利用空间环境宇宙粒子、微重力等综合因素诱变育种技术成为植物诱发突变研究新的生长点，并已应用于农作物品种改良。2006 年 9 月 9 日，我国成功发射了首颗航天育种专用卫星"实践八号"，其中装载 2020 份生物材料，全国 100 多个研究单位参与了地面种植试验。据不完全统计，我国利用空间诱变技术已经在水稻、小麦、番茄、青椒、芝麻、棉花、油菜、花生、牧草等作物上育成 70 多个突变新品种或新组合，并获得了一批有可能对产量和品质等重要经济性状有突破性影响的罕见突变种质资源。

图 2 - 12　火箭发射

图 2 - 13　返回式卫星

## 二、中国高纬寒地豆科牧草的航天诱变育种

### （一）中国高纬寒地苜蓿航天诱变育种

#### 1. 返回式卫星搭载诱变育种

我国是世界上能发射返回式卫星和飞船的 3 个国家之一（中国、美国和俄罗斯），在 20 世纪 60 年代初曾进行过高空气球搭载试验，从 1987 年开始利用返回式卫星研究太空环境对生物材料的作用，尤其是空间诱变在农作物育种上的应用。黑龙江省农业科学院草业研究所曾先后利用我国发射的第 18 颗（2003 年）、第 20 颗（2004 年）、第 21 颗（2005 年）和"实践八号"（2006 年）育种专用卫星搭载牧草种子，返回地面后开展育种研究。

黑龙江省农业科学院草业研究所利用我国发射的第 18 颗返回式卫星搭载肇东和龙牧 803 两个紫花苜蓿品种的干种子，返回地面后研究结果表明，空间环境促进了苜蓿种子根尖细胞的有丝分裂活动，并有一定数量的微核产生；空间搭载还引起了紫花苜蓿发芽率和苗期致畸率的变化；同时在田间分枝数和鲜重产量指标上品种间变化不同。在细胞学和苗期变异上，肇东苜蓿对辐射敏感性大于龙牧 803，在田间分枝数和鲜重产量上肇东苜蓿的损伤程度高于对照，大于龙牧 803。

2006 年，草业研究所通过"实践八号"育种卫星搭载 8 个苜蓿品种干种子，根尖细胞学研究结果表明，航天诱变促进了 8 个苜蓿品种的根尖细胞有丝分裂活动，龙牧 803 有丝分裂指数的辐射生物损伤增加的幅度最大，草原 1 号增加的幅度最小。同时，航天诱变诱发了 8 个苜蓿品种根尖细胞产生染色体断片、染色体粘连、游离染色体、落后染色体等畸变类型，染色体断片是主要畸变类型，Pleven6 总畸变率最大，肇东苜蓿总畸变率最小，初步推断 8 个苜蓿品种中 Pleven6 对航天诱变的敏感性最高，肇东苜蓿的敏感性最低。

#### 2. 人工地面模拟空间环境诱变育种

太空环境因素协同诱变具有显著的特点和效应，但由于太空实验投资大，技术要求高，实验机会也十分有限，因此，有必要进行地面模拟太空环境因素的试验研究。目前，许多研究者开始进行地面模拟太空环境的研究。单因素地面模拟方面主要有粒子生物学效应模拟、弱地磁生物学效应模拟和微重力生物学效应的模拟。

（1）重离子注入诱变育种

中国农业科学院航天育种中心等单位自 1996 年以来，利用串列加速器产生的 42.3Mev 的 $^7$Li 离子开展了地面模拟高能单粒子诱变小麦的生物效应试验，初步建立起地面模拟高能单粒子诱变的方法，获得了稳定遗传的密穗矮秆

冬小麦突变系 B025、优质春小麦突变系 99033 及 99039 等多个材料和品系。黑龙江省农业科学院草业研究所委托中国农业科学院航天育种中心利用 $^7$Li 离子处理紫花苜蓿种子，试验正在进行中。

（2）零磁空间诱变育种

弱地磁生物学效应模拟试验研究有可喜进展。1998 年，中国农业科学院航天育种中心与中国地震局地球物理研究所合作，利用在我国建立的第一个零磁空间装置模拟空间弱地磁效应并处理小麦种子，发现一定周期的零磁空间可明显抑制小麦种子萌发和幼苗生长，但抑制损伤不存在剂量效应，即抑制效应并不随着处理时间的增长而增强。在小麦花药培养过程中附加一定周期的零磁处理，有助于促进高质量愈伤组织及其绿苗的获得率，并可有效提高小麦花培后代的变异类型和频率。

黑龙江省农业科学院草业研究所利用零磁空间处理紫花苜蓿种子，在田间通过系统选择，结合返青期、返青率、株高、干草产量、粗蛋白质含量、抗病性等指标的检测，选育出紫花苜蓿新品系 LS0301，于 2006 年通过黑龙江省农作物品种审定委员会认定推广，定名为农菁 1 号，表明零磁空间诱变处理是一种有效的牧草育种手段。

图 2-14　农菁 1 号紫花苜蓿田间长势

（3）高能混合粒子场诱变育种

在太空诱变过程中，太空辐射中高 LET（传能线密度）的全谱高能粒子（HZE）起重要作用，于低 LET 的粒子辐射（如 γ 射线）相比，高能粒子可更有效的导致细胞内 DNA 分子的双键断裂。而且其中非重接性断裂所占的比例较高，从而有更强的诱发突变能力。孙野青等利用返回式卫星将带有柠檬白杂合等位基因（Lwl/lwl）的玉米种子包夹在核径迹探测器中，生物叠和 G-M 计数管（Geiger-Muller 计数管，核辐射探测器）、LIF（敞开式光栅尺）剂量计同时搭载在返回式卫星上，进行 15 d 的太空飞行，种子回收后，从植物形态学和分子生物学水平进行突变的检测，同时计算所测到的辐射剂量。用 LIF 剂量计测量空间穿透屏壁的粒子剂量为 2.656mGy，平均日剂量为 0.177mGy/d，研究结果表明其中高能重粒子与引起黄白条纹突变有相关性。

当植物（种子）处于空间微重力环境中时，同时受到宇宙射线中的高能重粒子（HZE）轰击。会出现更多的多重染色体畸变，植株异常发育率增加，其遗传性必然受到强烈影响，所得到的遗传变异也是地面诱变育种中较难得到的。很多研究证明，空间诱变的优点是太空飞行时间长，辐射剂量小，因而搭载后的植物材料死亡率低，诱发引起的各种突变可充分表现出来。而常规的辐射育种一般采用 γ 射线等低传能线密度的辐射源，辐射时间短，为了达到更强的诱变效果一般采用半致死的辐射剂量，处理后死亡率较高，许多有益突变被致死突变掩盖。

我国地球物理研究所和高能物理研究所等于 20 世纪 80 年代末期相继建立起了零磁空间实验室和正负电子对撞机（国际一流成果），并在各个领域进行了多学科的实验研究，在地磁场与生命活动的研究领域取得了重要进展。近年来，中国农业科学院航天育种中心率先在国内利用北京正负电子对撞机模拟次级宇宙粒子，建立了包括派介子、谬子、正、负电子、光子和质子等多种高能粒子组成的混合粒子场处理技术，应用于小麦品种改良上，并已在部分冬小麦中得到了比 γ 射线处理更高的相对生物学和细胞学效应。

继小麦之后，黑龙江省农科院率先利用高能混合粒子场处理龙牧 803 紫花苜蓿干种子，以同等剂量 γ 射线处理的同批紫花苜蓿种子作为对照，通过田间性状，品质性状，遗传力以及分子标记等多种手段，来分析高能混合粒子场作为诱变源应用在紫花苜蓿品种改良方面的价值。并筛选出具有优良性状的突变体，丰富紫花苜蓿种质资源。

①自然概况

试验地设在黑龙江省农业科学院内。位于松嫩平原东端，北纬45°45′、东经126°41′，平均海拔 151m，年均日照时数 2 900h，年平均气温 3.6℃，极端最高气温 37.7℃，极端最低气温－38.1℃，年平均降水量 462.90mm。春季降水偏少、干旱，雨量主要集中在 7 月、8 月、9 月 3 个月，属温带大陆性气候。土壤为黑土，土层深厚、通气良好，有机质含量 2.52%～2.88%，pH 6.80～6.87。

② 试验方法

a. 辐射处理

将经过人工清选过的 1 000 粒龙牧 803 紫花苜蓿干种子，委托中国农科院空间育种中心，利用由北京正负电子对撞机（简称 BEPC）直线加速器引出 1.5GeV 的 E2 束流打碳靶，产生包括派介子（π±、π0）、谬子（μ±）、电子（e±）、伽马（γ）和质子（p）多种次级粒子束的混合粒子辐射场（以下简称 CR），模拟高空（中层大气层）宇宙线辐射，处理剂量分别为 109Gy、145Gy、195Gy、284Gy 和 560Gy。另选 1 000 粒龙牧 803 紫花苜蓿干种子在黑龙江省农业科学院玉米研究所的辐照中心利用 $^{60}$Co-γ 射线辐照，处理剂量与高能混合粒子场处理相同，吸收剂量率为 25.46Rad/min，钴源活度 4 000 居里。以未接受辐射的龙牧 803 紫花苜蓿干种子作为对照，记作处理剂量 0Gy。

b. 发芽试验

将经过高能混合粒子场和 $^{60}$Co-γ 射线辐照处理过的风干种子，每处理及对照各取 100 粒。平均放入 4 个铺有湿润滤纸的培养皿中，每天换水清洗，在 28～30℃恒温条件下做室内发芽实验。2 天后调查发芽数，记作发芽势；5 天后调查发芽数，记作发芽率。统计方法：发芽种子/种子总数×100%。

c. 细胞微核畸变观察

发芽：在培养皿中放置厚滤纸，加水，加水量以水不能自由流动为宜，将种子在滤纸上摆好。在 23.5℃条件下培养，约 36h 种子露白，将露白后的种子置于 8℃条件下培养 48h 进行低温处理，再将低温处理的种子转入 23.5℃条件下，使其迅速生长，待主根长至 1.5cm 左右剪下。

固定：将剪下的根尖在卡诺固定液（3 份无水乙醇∶1 份冰醋酸）中低温固定 20h 以上。

保存：将固定好的材料水洗后放入 70% 酒精中 4℃保存。

染色：将固定好根尖从 70% 酒精中取出，水洗，经滤纸吸干，放入离心管，加入少许醋酸洋红溶液染色，染色时间 24h 以上，也可以在醋酸洋红中低温保存。

制片：从醋酸洋红中取出根尖，用滤纸吸干，将根尖置于载片上，切去跟冠，切取少量分生组织，滴加适量 45% 醋酸，盖上盖片；用竹针轻敲材料，使细胞分散开，但是用力不要过大，以免染色体断裂；将载片在酒精灯的火焰上轻烤，使细胞膨胀，染色体容易散开，一般烤到以雾状气体消失为宜；烤片后立即用拇指垫上滤纸压片，使细胞破裂，以利染色体从细胞中溢出。如果观察微核，要保留细胞质。

镜检：制好的片子放在奥林巴斯（Olampus CX31）显微镜上镜检，将分裂相好的片子在液氮中冻片 10min 以上，揭掉盖片，然后气干，用树脂进行封片，封片后放在 Leica 高倍显微镜下镜检，用 Leica 显微成像系统照相。

统计方法：每剂量随机抽取 10 张染色体制片进行细胞学统计，在 40 倍镜下，每张制片更换 6 个视野，共统计大约 200 个细胞（表 2-11）。统计细胞总数、微核数，计算出微核畸变率。核畸变率（0.1%）＝（微核畸变数/观察细胞总数）×100%。

表 2-11  利用高能混合粒子场和 γ 射线处理龙牧 803 紫花苜蓿根尖细胞微核统计表

| 处理 | 对照 | γ 射线 | | | | | 高能混合粒子场 | | | | |
|---|---|---|---|---|---|---|---|---|---|---|---|
| 剂量（Gy） | 0 | 109 | 145 | 195 | 284 | 560 | 109 | 145 | 195 | 284 | 560 |
| 1 | 6/195 | 12/148 | 34/153 | 24/234 | 40/226 | 28/164 | 36/180 | 32/192 | 24/214 | 45/216 | 47/230 |
| 2 | 8/164 | 21/140 | 20/198 | 26/168 | 20/188 | 45/219 | 16/206 | 60/180 | 22/162 | 24/195 | 30/180 |
| 3 | 8/228 | 17/248 | 28/196 | 24/166 | 30/219 | 24/160 | 10/210 | 36/200 | 74/236 | 24/222 | 68/201 |
| 4 | 9/171 | 25/232 | 33/180 | 30/198 | 6/220 | 40/271 | 20/204 | 18/198 | 30/216 | 24/216 | 37/195 |
| 5 | 12/212 | 16/198 | 18/168 | 24/192 | 29/204 | 46/235 | 9/216 | 35/215 | 8/214 | 30/219 | 18/156 |
| 6 | 12/164 | 28/200 | 36/232 | 32/216 | 27/205 | 30/181 | 14/164 | 13/171 | 56/184 | 26/198 | 38/212 |
| 7 | 12/240 | 15/150 | 20/188 | 28/204 | 22/196 | 19/113 | 25/200 | 32/180 | 6/168 | 21/196 | 34/168 |
| 8 | 13/193 | 10/185 | 16/188 | 22/180 | 24/199 | 18/122 | 30/204 | 15/190 | 36/198 | 27/201 | 41/228 |
| 9 | 14/220 | 5/110 | 16/182 | 22/174 | 34/190 | 14/97 | 24/210 | 13/222 | 32/190 | 26/186 | 40/190 |
| 10 | 16/204 | 22/335 | 26/210 | 24/188 | 26/194 | 30/169 | 22/170 | 12/218 | 36/232 | 24/190 | 36/212 |
| 共计 | 110/1991 | 206/1964 | 266/1966 | 324/1978 | 273/2042 | 389/1972 | 171/1946 | 247/1875 | 256/1920 | 258/2041 | 295/1731 |

d. 田间试验

每处理随机取 150 粒种子，平均种在 10 个花盆中。两个月后移栽大田，株距 0.4m，每处理种 2 行。按单株编号顺序记载。定期进行田间农艺性状观察。记载其田间长势。收割时间为 2006 年 9 月 27 日现蕾初期，测量株高和产量（单株鲜重）。

e. 品质测定

将所有处理样本从田间按单株采回后，分别放入纱网袋自然阴干，按田间排列顺序，先使用铁牛牌电动刀式磨粉碎，细度 5mm 以下，再使用 Foss®、CyclotecTM 1093 旋风磨磨细，细度为 1mm 以下，将制备好的样品装入塑料袋中，供品质分析使用。

ⅰ. 粗纤维测定

每个处理单株取制备好的样本 5g，使用瑞典 Foss®、FibertecTM 2010 型半自动纤维测定仪进行测定。其半自动纤维系统可实现自动预热、沸腾、过滤，整个过程按欧盟 EC 标准中粗纤维测定标准方法进行自动控制。采用 $H_2SO_4$、NaOH 溶液煮沸消化法（GB/T6434—94）测定其粗纤维含量。

ⅱ. 粗脂肪测定

每个处理单株取制备好的样本 1g，使用瑞典 Foss®、SOXTECTM 2045 索氏浸提系统（欧盟 EC 最高安全性标准）脂肪测定仪，采用索氏提取法（GB/T6433—94）测定其粗脂肪含量。

ⅲ. 近红外光谱法测定粗蛋白

利用 152 个不同类型、稳定遗传的苜蓿品系构成的群体，采用瑞典 Foss®、KieltecTM 2300 凯氏定氮系统全自动定氮仪测定其粗蛋白含量，方法采用凯氏定氮法（GB/T6432—94）。将测得的数据利用瑞典波通 Perten®、DA7200 近红外漫反射光谱仪（NIRS）获得紫花苜蓿的近红外漫反射光谱曲线。再通过 Perten®、DA7200 近红外漫反射光谱仪测定样本的粗蛋白含量。

ⅳ. $M_2$ 代田间种植与变异频率分析

将 $M_1$ 代种子点播构建 $M_2$ 代群体，于 2007 年 4 月播种，株距 0.4m。田间按常规方式管理，并定期进行农艺性状观察记录。测量株高、产量（单株鲜重）、粗纤维、粗蛋白和粗脂肪数据。超出对照平均值±2 倍标准差记为突变体，统计并计算突变频率。突变频率（％）＝突变株数/群体大小×100％。

f. RAPD 分子标记

ⅰ. DNA 提取

取样：在田间按单株取其单株嫩叶，放入塑料袋内密封编号，然后放入保温瓶内。再将取回的样品放入冰箱冷冻室内备用。

DNA 提取：常用于 DNA 提取的方法有 SDS 和 CTAB 及其改良法，但 SDS 法提取 DNA 效率不如 CTAB 法，SDS 法提取的 DNA 中易含有对 PCR 有影响的物质。本实验经过多种方法比较，最终确定用改进的 CTAB 法提取苜蓿的 DNA。

ⅱ. 引物的筛选

根据表型性状选择两个差异很大的样品作模板，对所有的 60 个 RAPD 引物进行筛选，并重复一次，以期实验结果稳定。筛选引物的标准为：谱带清晰、稳定、可重复性好且有较丰富的扩增带，在两个样品间扩增出较多的多态性位点。有些引物虽然扩增条带清晰，但位点数少于 3 个，这类引物不使用。实验结果采用了 popgene32 软件进行数据处理，参照 Williams 等（1990）的方法，记录 DNA 条带并处理数据。清晰可读条带用于分析，有带的记为"1"，没有带的记为"0"，不分强弱。最终筛选出 OPA02，OPB04，OPD12，OPF03，OPG14，OPJ18 等 20 条 RAPD 引物，引物序列见表 2-12。

表 2-12 引物序列

| 序号 | 引物序号 | 序列（5'-3'） |
| --- | --- | --- |
| 1 | OPA02 | TGCCGAGCTG |
| 2 | OPA08 | GTGACGTAGG |

（续）

| 序号 | 引物序号 | 序列（5'－3'） |
|------|----------|----------------|
| 3 | OPA10 | GTGATCGCAG |
| 4 | OPA12 | TCGGCGATAG |
| 5 | OPA15 | TTCCGAACCC |
| 6 | OPB04 | GGACTGGAGT |
| 7 | OPB12 | CCTTGACGCA |
| 8 | OPB20 | GGACCCTTAC |
| 9 | OPC10 | TGTCTGGGTG |
| 10 | OPC12 | TGTCATCCCC |
| 11 | OPC13 | AAGCCTCGTC |
| 12 | OPD07 | TTGGCACGGG |
| 13 | OPD12 | CACCGTATCC |
| 14 | OPF03 | CCTGATCACC |
| 15 | OPG14 | GGATGAGACC |
| 16 | OPJ18 | TGGTCGCAGA |
| 17 | OPK17 | CCCAGCTGTG |
| 18 | OPN10 | ACAACTGGGG |
| 19 | OPN20 | GGTGCTCCGT |
| 20 | OPW02 | ACCCCGCCAA |

ⅲ. RAPD 扩增程序

运用德国 Biometra Tgradient 梯度 PCR 仪进行扩增（表 2-13）。

表 2-13　PCR 反应体系

| 反应组分 | 最终浓度 | 反应体积 |
|----------|----------|----------|
| ddH2O | — | 10.8μL |
| 10×Buffer | 2.5mM | 2.5μL |
| Primer | 2.0 mM each | 5μL |
| dNTP | 0.15 mM each | 1.5μL |
| Tag 酶 | 1.0U | 0.2U |
| DNA | | 5μL |

ⅳ. 电泳程序

参考 ABC Laboratory Protocols（C1MMT，1998）的电泳过程，根据实验条件作出一定改动，使用北京六一仪器厂生产的 DYCZ-30 型垂直电泳槽，在 38×50×0.4（单位：mm）的聚丙烯酰胺凝胶（PAGE）上进行电泳，银染观察结果（表 2-14、表 2-15）。

表 2 - 14　聚丙烯酰胺凝胶配方

| 反应组分 | 反应体积 |
| --- | --- |
| 聚丙烯酰胺母液 | 10.8ml |
| 5×TBE | 21.2ml |
| ddH2O | 8ml |
| TEMED | $20\mu$L |
| 10%过硫酸铵 | $560\mu$L |

表 2 - 15　Loading Buffer 的配方

| 反应组分 | 最终浓度 | 反应体积 |
| --- | --- | --- |
| 100%Formarnide（甲酸胺） | 98% | 49mL |
| 0.5M EDTA | 100mM | 1mL |
| BrpH Blue（溴酚蓝） | 0.25% | 0.125g |
| X. lund（二甲苯氰） | 0.25% | 0.125g |

③结果与分析

a. 诱变处理对紫花苜蓿发芽势和发芽率的影响

从表 2 - 16 和图 2 - 15 中可以看出，高能混合粒子场处理组在发芽势上要高于 γ 射线处理组。其中 109 和 560Gy 处理显著高于对照，145、195 和 284Gy 高能混合粒子场处理极显著高于对照。γ 射线处理组的发芽势低于高能混合粒子场处理，高于对照，其中 109、195 和 284Gy 处理显著高于对照，145 和 560Gy 处理与对照相同；高能混合粒子场处理组的发芽率高于 γ 射线处理组，低于对照，其中 109、145 和 560Gy 处理显著低于对照，195 和 284Gy 与对照差异不显著。γ 射线处理组的发芽率低于高能混合粒子场处理，也显著低于对照。上述结果表明高能混合粒子场处理使苜蓿种子活力明显增强，两种处理都有辐射损伤产生。

表 2 - 16　利用高能混合粒子场和 γ 射线处理龙牧 803
紫花苜蓿的发芽势和发芽率

| 处理 | 对照 | γ 射线 | | | | | 高能混合粒子场 | | | | |
| --- | --- | --- | --- | --- | --- | --- | --- | --- | --- | --- | --- |
| 剂量（Gy）dose | 0 | 109 | 145 | 195 | 284 | 560 | 109 | 145 | 195 | 284 | 560 |
| 发芽势（%） | 0 | 19* | 0 | 17* | 36* | 0 | 18* | 61** | 54** | 45** | 20* |
| 发芽率（%） | 91 | 63* | 71* | 56* | 55* | 68* | 72* | 70* | 88 | 81 | 70* |

注：表中 * 表示与对照具有显著差异，** 表示与对照具有极显著差异。

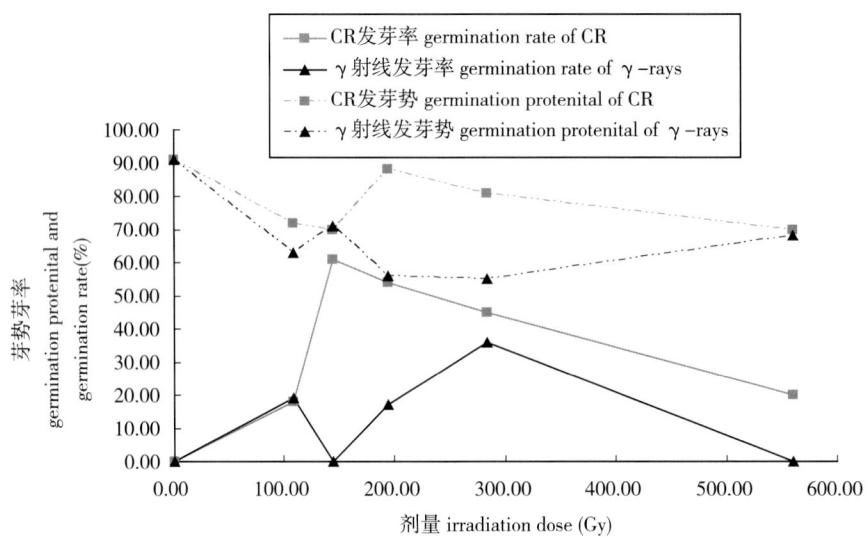

图 2-15　高能混合粒子场和 γ 射线处理龙牧 803 种子芽势和芽率曲线图

b. 诱变处理对紫花苜蓿微核率的影响

从表 2-17 和图 2-16 中可以看出，γ 射线 109Gy 处理与对照在微核率上存在显著差异，其余剂量均存在极显著差异；高能混合粒子场处理除 109Gy 处理与对照无显著差异，其余剂量均存在极显著差异。这样的结果表明，两种辐射方法都能造成一定数量的微核畸变，γ 射线处理普遍高于高能粒子处理，两种处理的微核数都是随着剂量的增加而增加。

表 2-17　利用高能混合粒子场和 γ 射线处理龙牧 803
紫花苜蓿根尖细胞微核统计表

| 处理 | 对照 | γ 射线 | | | | | 高能混合粒子场 | | | | |
|---|---|---|---|---|---|---|---|---|---|---|---|
| 剂量（Gy） | 0 | 109 | 145 | 195 | 284 | 560 | 109 | 145 | 195 | 284 | 560 |
| 微核数 | 110 | 206 | 266 | 324 | 273 | 389 | 171 | 247 | 256 | 258 | 295 |
| 观察细胞数 | 1991 | 1964 | 1966 | 1978 | 2042 | 1972 | 1946 | 1875 | 1920 | 2041 | 1731 |
| 微核率（%） | 5.52 | 10.49* | 13.53** | 16.38** | 13.37** | 19.73** | 8.79 | 13.17** | 13.33** | 12.64** | 17.04** |

注：表中 * 表示与对照具有显著差异。** 表示与对照具有极显著差异。

c. 诱变处理对紫花苜蓿株高和产量的影响

ⅰ. 诱变处理对紫花苜蓿株高的影响

从表 2-18 和图 2-17 分析，两种处理的平均株高表现为低剂量下 γ 射线处理高于高能混合粒子场处理，高剂量下 γ 射线处理低于高能混合粒子场处理；其中 γ 射线 109Gy 处理显著高于对照，560Gy 处理显著低于对照；高能混合粒子场各处理与对照没有显著差异。γ 射线处理变异系数大于高能混合粒

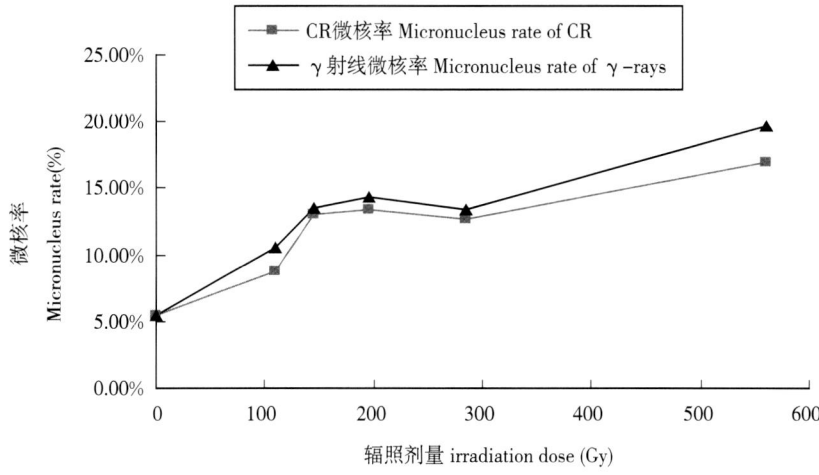

图 2－16　高能混合粒子场和 γ 射线处理龙牧 803 种子根尖细胞微核率曲线图

子场处理；γ 射线和高能混合粒子场处理的最大变异系数分别为 36.47 和 26.59，分别出现在 284 和 195Gy，从株高出现的极端数值看，最大值（109Gy 的 88cm）和最小值（284Gy 的 21cm）都出现在 γ 射线处理组。表明 γ 射线引起的株高变化范围大于高能混合粒子场。γ 射线处理组的株高是随着处理剂量的增高而降低，趋势明显，除 109Gy 高于对照外，其余均低于对照；高能混合粒子场处理组除 145Gy 偏低外，其他处理对株高产生的抑制影响要小于 γ 射线。

表 2－18　利用高能混合粒子场和 γ 射线处理紫花苜蓿（龙牧 803）株高比较

| 处理 | 对照 | γ 射线 | | | | | 高能混合粒子场 | | | | |
|---|---|---|---|---|---|---|---|---|---|---|---|
| 剂量（Gy） | 0 | 109 | 145 | 195 | 284 | 560 | 109 | 145 | 195 | 284 | 560 |
| 变异系数（%） | 8.29 | 30.82 | 29.30 | 26.40 | 36.47 | 20.00 | 17.13 | 12.69 | 26.59 | 24.40 | 22.55 |
| 平均株高（cm） | 53.50 | 56.80* | 47.57 | 46.33 | 46.53 | 42.42* | 51.54 | 45.44 | 50.06 | 53.27 | 52.30 |
| 最小值（cm）Min | 49 | 30 | 25 | 22 | 21 | 24 | 40 | 35 | 29 | 40 | 28 |
| 最大值（cm）Max | 59 | 88 | 87 | 69 | 87 | 55 | 70 | 55 | 75 | 80 | 70 |

注：表中 * 表示与对照具有显著差异。

ⅱ. 诱变处理对紫花苜蓿产量的影响

根据表 2－19 和图 2－18 分析，高能混合粒子场处理的平均产量明显高于 γ 射线处理（除 γ 射线 109Gy 外），其中 γ 射线 109Gy 处理显著高于对照，560Gy 处理显著低于对照；高能混合粒子场处理 109Gy 和 284Gy 处理显著高于对照，其余处理与对照差异不明显。从变异系数看两种处理以及剂量之间差异没有株高明显。从产量出现的极端数值看，最大值（109Gy 的 735g）和最小值（284Gy 的 5g）都出现在 γ 射线处理组。γ 射线处理组的产量是随着处理剂量的增高而降低，趋势明显；高能混合粒子场处理组除 145Gy 剂量处理略

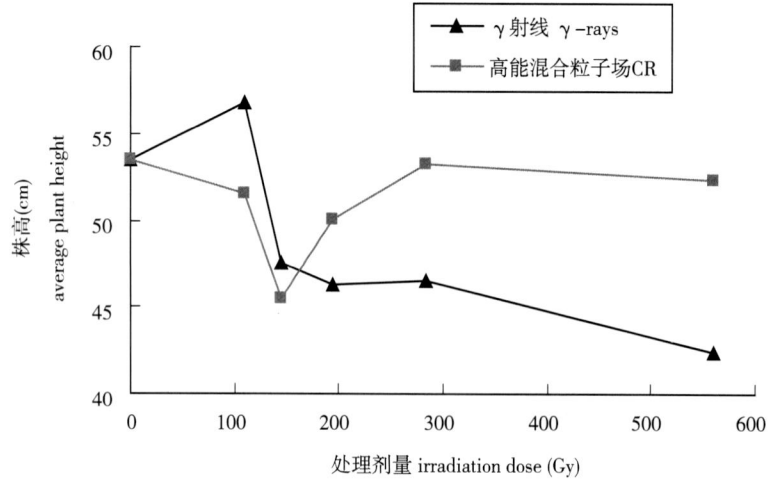

图 2 - 17　利用 γ 射线和高能混合粒子场处理紫花苜蓿（龙牧 803）株高曲线图

低于对照外，其他处理均高于对照。表明高能混合粒子场处理对提高紫花苜蓿产量的生物学效应明显。

表 2 - 19　利用 γ 射线和高能混合粒子场处理紫花苜蓿（龙牧 803）的产量

| 处理 | 对照 | γ 射线 | | | | | 高能混合粒子场 | | | | |
|---|---|---|---|---|---|---|---|---|---|---|---|
| 剂量（Gy） | 0 | 109 | 145 | 195 | 284 | 560 | 109 | 145 | 195 | 284 | 560 |
| 变异系数（%） | 52.80 | 65.08 | 55.16 | 51.51 | 67.52 | 53.05 | 63.22 | 60.89 | 69.24 | 63.28 | 52.13 |
| 平均产量（g） | 197.50 | 259.00* | 171.48 | 172.29 | 162.11 | 142.42* | 245.77* | 188.89 | 215.00 | 241.36* | 206.50 |
| 最小值（g） | 75 | 65 | 15 | 30 | 5 | 15 | 70 | 55 | 30 | 60 | 45 |
| 最大值（g） | 400 | 735 | 350 | 395 | 435 | 345 | 545 | 395 | 550 | 620 | 325 |

注：表中 * 表示与对照具有显著差异。

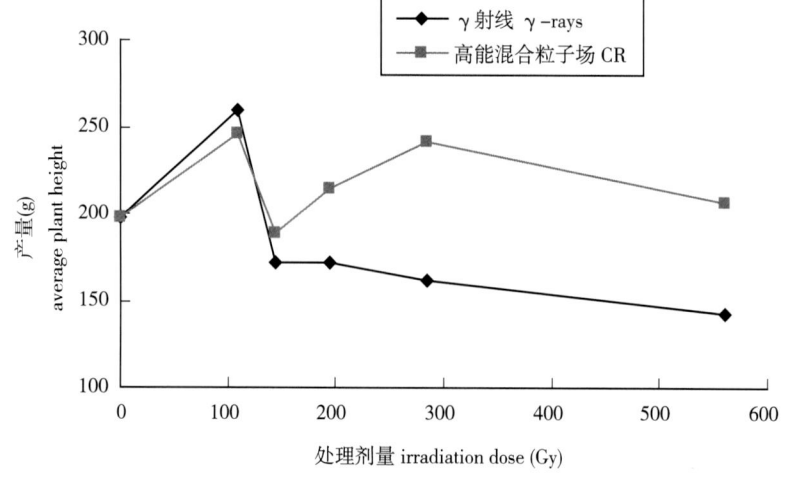

图 2 - 18　利用 γ 射线和高能混合粒子场处理
紫花苜蓿（龙牧 803）产量曲线图

d. 诱变处理对紫花苜蓿品质的影响

ⅰ. 诱变处理对紫花苜蓿粗纤维含量的影响

从图 2-19 可以看出，经 γ 射线处理的干草粗纤维含量普遍低于 CR 处理。但在 145Gy 剂量上，2 种处理呈现不同变化，γ 射线处理呈下降趋势，高能混合粒子场处理呈上扬趋势，幅度均在 1% 左右。其他剂量上 2 种处理的变化趋势是相同的，其粗纤维含量最低平均数均出现在 284Gy 剂量上。粗纤维含量与茎叶比直接相关，说明 CR 处理组的植株较 γ 射线处理组要茂盛。

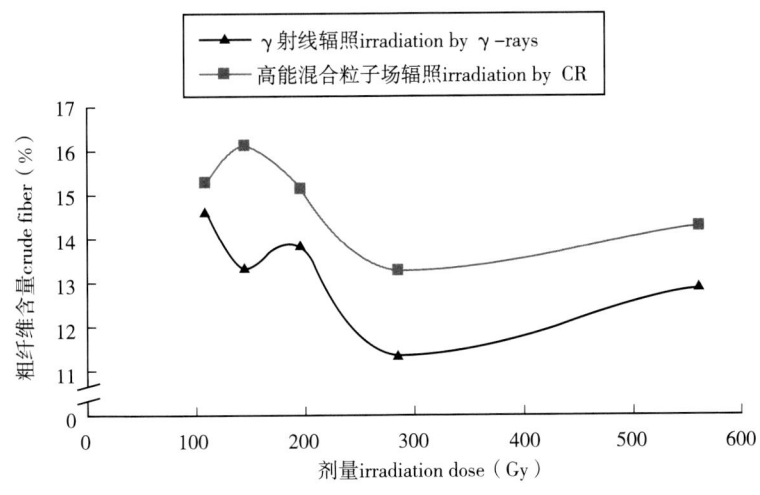

图 2-19 γ 射线和高能混合粒子场处理对紫花

苜蓿（龙牧 803）粗纤维含量的影响

ⅱ. 诱变处理对紫花苜蓿粗脂肪含量的影响

从图 2-20 可以看出，γ 射线处理组的粗脂肪含量在 109～195Gy 的低剂量中，随剂量的增加而呈上升趋势，从 284Gy 到 560Gy 则呈下降趋势。CR 处理组粗脂肪含量从低到高均随剂量的增加呈逐步上升趋势。2 种处理的前 3 个剂量（109、145、195Gy）均呈现上升趋势，但 CR 低于 γ 射线；后 2 个剂量（284、560Gy）CR 继续上升，2 点的平均值高于所有处理，γ射线则呈现下降趋势，至 560Gy 时最低。表明高剂量的 γ 射线会抑制脂肪产生。

ⅲ. 诱变处理对紫花苜蓿粗蛋白含量的影响

从图 2-21 中可以发现，γ 射线处理组和 CR 处理的蛋白含量均随辐照剂量的增加而呈升高趋势，且 γ 射线处理明显高于 CR 处理。但 γ 射线处理在 195Gy 出现较大波动，进入高剂量（284～560Gy）之后，上升幅度趋缓；CR处理则在 145Gy 出现小幅下降波动，总体上升趋势明显。蛋白含量与纤维含

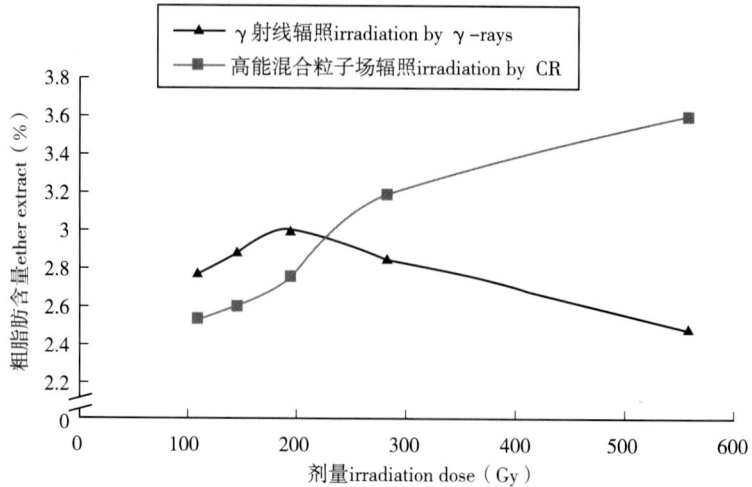

图 2-20　γ射线和高能混合粒子场处理对紫花
苜蓿（龙牧 803）粗脂肪含量的影响

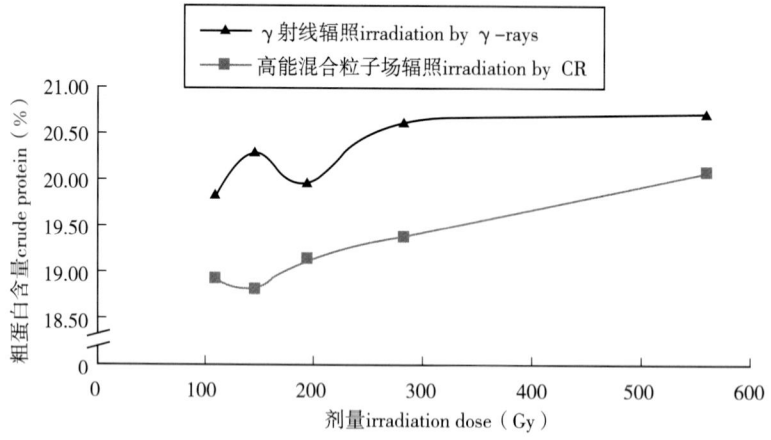

图 2-21　γ射线和高能混合粒子场处理对紫花
苜蓿（龙牧 803）粗蛋白含量的影响

量的趋势呈现出较高的负相关性。

ⅳ. 高能混合粒子场和 γ 射线处理紫花苜蓿 $M_2$ 代性状突变

紫花苜蓿经 2 种处理方法各 5 个剂量的处理后，其 $M_2$ 代均出现了多种表型突变。通过表 2-20 我们可以发现，突变频率与处理剂量的高低并没有显著的相关性。总体上高能混合粒子场所诱发的突变频率要高于 γ 射线，其中高能粒子 284Gy 所造成的有益变异和总突变频率都高于其他剂量。

表 2 - 20 　高能混合粒子场和 γ 射线处理紫花苜蓿 M₂ 代部分突变频率 （％）

| 处理 | 剂量 (Gy) | 株高 | | 产量 | | 蛋白 | | 纤维 | | 脂肪 | | 共计 |
|---|---|---|---|---|---|---|---|---|---|---|---|---|
| | | 矮 | 高 | 低 | 高 | 低 | 高 | 低 | 高 | 低 | 高 | |
| 高能粒子 | 109 | 6.25 | 6.06 | 7.69 | 2.78 | 0.18 | 0.14 | 0.22 | 0.19 | — | — | 23.51 |
| | 145 | 7.14 | 6.89 | 3.45 | 3.22 | 0.22 | 0.17 | 0.12 | 0.20 | 0.03 | — | 21.44 |
| | 195 | 1.31 | 5.26 | 7.32 | 2.57 | 0.03 | 0.13 | 0.17 | 0.07 | 0.02 | — | 16.88 |
| | 284 | 3.78 | 11.76 | 3.59 | 10.52 | 0.08 | 0.76 | 0.25 | 0.05 | — | 0.06 | 30.85 |
| | 560 | 9.53 | 5.88 | 8.13 | 4.45 | 0.26 | 0.19 | 0.21 | 0.17 | — | 0.08 | 28.90 |
| γ-射线 | 109 | 2.78 | 5.41 | 8.82 | 2.94 | 0.07 | 0.17 | 0.14 | 0.12 | — | 0.02 | 20.47 |
| | 145 | 7.89 | 2.63 | 7.89 | 2.56 | 0.19 | 0.06 | 0.04 | 0.21 | 0.02 | 0.01 | 21.50 |
| | 195 | 4.54 | 4.54 | 8.69 | 2.17 | 0.11 | 0.06 | 0.08 | 0.04 | — | 0.02 | 20.25 |
| | 284 | 5.26 | 5.71 | 2.78 | 5.71 | 0.16 | 0.13 | 0.18 | 0.13 | 0.03 | — | 17.31 |
| | 560 | 7.41 | 3.57 | 6.89 | 3.57 | 0.18 | 0.08 | 0.10 | 0.16 | 0.06 | — | 22.02 |

e. 对诱变处理紫花苜蓿单株进行 RAPD 分子聚类

根据图 2 - 22 和表 2 - 21 将聚类结果分为五大类，根据表 2 - 22 的聚类结果统计可以看出，γ 射线 284Gy 和 560Gy 处理的单株分别聚类在 4 类聚类图中，而低剂量 109、145、195Gy 处理的单株分别聚类在 3 类聚类图中，并且都较集中的处在一类内。由此得出：利用不同剂量的 γ 射线处理苜蓿后，由于随着剂量的增大，加大了 DNA 的损伤程度，从而单株间的遗传距离增大，反映在聚类结果中就表现出高剂量处理的单株分布在多个类内，而低剂量处理的单株相对分布的类少，并且较集中在一类内；高能混合粒子场处理的分子聚类统计结果为 284Gy 处理的单株分别聚类在 4 类聚类图中，195Gy 和 560Gy 处理虽然是聚类在三类中，但分布比较均匀，109Gy 分为 3 类和 145Gy 分为 2 类，但他们都较集中在 1 类内。这说明无论哪种诱变源处理，聚类结果显示都是随着剂量的加大，加大了 DNA 的损伤程度，从而单株间的遗传距离增大；γ 射线处理的到 560Gy 在 4 类中才分布的比较均匀；而高能混合粒子场处理的从 195Gy 到 560Gy 三个剂量在各类中的分布都比较均匀。

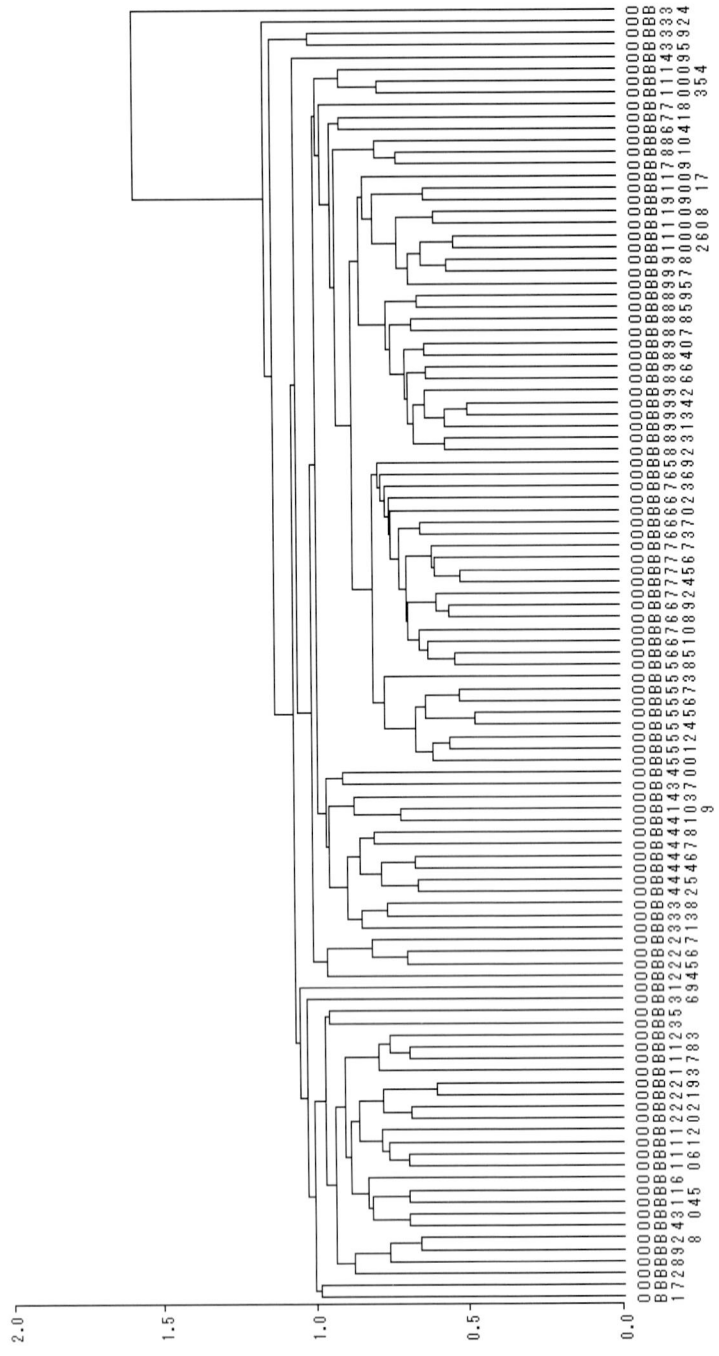

图 2-22 诱变处理紫花苜蓿单株分子检测结果聚类图

表 2 - 21　RAPD 分子聚类结果表

| 类群 | 单株编号 |
|---|---|
| I | OB1（γ109Gy）、OB4（γ109Gy）、OB30（γ109Gy）、OB20（γ109Gy）、OB29（γ109Gy）、OB18（γ109Gy）、OB3（γ109Gy）、OB2（γ195Gy）、OB28（γ195Gy）、OB22（γ195Gy）、OB21（γ195Gy）、OB23（γ195Gy）、OB36（γ195Gy）、OB14（γ284Gy）、OB10（γ284Gy）、OB16（γ284Gy）、OB13（γ284Gy）、OB17（γ284Gy）、OB5（γ284Gy）、OB19（γ284Gy）、OB7（γ560Gy）、OB8（γ560Gy）、OB9（γ560Gy）、OB15（γ560Gy）、OB6（γ560Gy）、OB11（γ560Gy）、OB12（γ560Gy） |
| II | OB109（CR109）、OB45（CR284 Gy）、OB46（CR284 Gy）、OB47（CR560 Gy）、OB27（γ195Gy）、OB24（γ195Gy）、OB31（γ195Gy）、OB33（γ195Gy）、OB37（γ195Gy）、OB40γ195Gy）、OB25（γ284Gy）、OB26（γ284Gy）、OB38（γ560Gy）、OB42（γ560Gy）、OB44（γ560Gy）、OB48（γ560Gy）、OB41（γ560Gy）、OB43（γ560Gy） |
| III | OB51（CR109Gy）、OB56（CR109Gy）、OB53（CR109Gy）、OB58（CR109Gy）、OB67（CR109Gy）、OB60（CR109Gy）、OB62（CR109Gy）、OB65（CR145Gy）、OB61（CR145Gy）、OB69（CR145Gy）、OB63（CR145Gy）、OB59（CR145Gy）、OB52（CR284Gy）、OB54（CR284Gy）、OB57（CR109Gy）、OB72（CR284Gy）、OB66（CR284Gy）、OB55（CR284Gy）、OB70（CR284Gy）、OB68（CR284Gy）、OB73（CR284Gy）、OB75（CR109Gy）、OB77（CR560Gy）、OB74（CR560Gy）、OB50（CR560Gy）、OB76（CR560Gy） |
| IV | OB107（CR145Gy）、OB94（CR195Gy）、OB92（CR195Gy）、OB106（CR195Gy）、OB108（CR195Gy）、OB93（CR284Gy）、OB102（CR284Gy）、OB84（γ109Gy）、OB95（γ109Gy）、OB98（γ109Gy）、OB83（γ145Gy）、OB91（γ145Gy）、OB86（γ145Gy）、OB90（γ145Gy）、OB87（γ145Gy）、OB88（γ145Gy）、OB85（γ145Gy）、OB89（γ145Gy）、OB97（γ145Gy）、OB99（γ145Gy）、OB101（γ145Gy）、OB82（γ195Gy）、OB96（γ195Gy）、OB100（γ284Gy） |
| V | OB64（CR109Gy）、OB71（CR195Gy）、OB103（CR195Gy）、OB80（CR284Gy）、OB78（CR560Gy）、OB81（γ145Gy）、OB32（γ195Gy）、OB105（γ195Gy）、OB104（γ195Gy）、OB49（γ560Gy）、OB35（γ560Gy）、OB39（γ560Gy）、OB34（γ560Gy）、OB79（γ560Gy）、 |

表 2 - 22　RAPD 分子聚类结果统计表

| 处理 | γ 射线 | | | | | 高能混合粒子场 | | | | |
|---|---|---|---|---|---|---|---|---|---|---|
| 剂量（Gy） | 109 | 145 | 195 | 284 | 560 | 109 | 145 | 195 | 284 | 560 |
| 类群 1 植株数*（%） | 64 | | 5 | 64 | 3 | | | | | |
| 类群 2 植株数*（%） | 9 | 29 | | 18 | 30 | 11 | | | 22 | 25 |
| 类群 3 植株数*（%） | | | | 9 | 10 | 78 | 83 | 45 | 44 | 50 |
| 类群 4 植株数*（%） | 27 | 65 | 18 | 9 | | | 17 | 36 | 22 | |
| 类群 5 植株数*（%） | | 6 | 27 | | 25 | 11 | | 19 | 12 | 25 |

注：＊ 表示植株数量占该剂量总数的百分比。

　　由图 2 - 23 可见，第一类群中出现的植株全部为 γ 射线处理植株，其中主要为 γ 射线 109 Gy 和 γ 射线 284 Gy，只有极少数其他剂量处理的植株；第二类群中的植株 γ 射线处理植株和高能混合粒子场植株所占比例接近，剂量间的差异也不大。其中 γ 射线处理组有 4 个剂量的小部分植株，高能混合粒子场处理组有 3 个剂量的小部分植株分布在这一类群内；第三类群中高能混合粒子场处理植株占绝大多数，全部 5 个剂量的大部分植株均分布在此类群内，另有少量的 γ 射线 284 Gy 和 560 Gy 的处理植株；第四类群中，γ 射线 145 Gy 处理组的大部分植株均分布在此类群内，另外还有 γ 射线处理组和高能混合粒子场处理组各 3 个剂量的小部分植株；第五类群和第二类群类似，γ 射线处理植株和高能混合粒子场植株所占比例接近，剂量间的差异也不大。

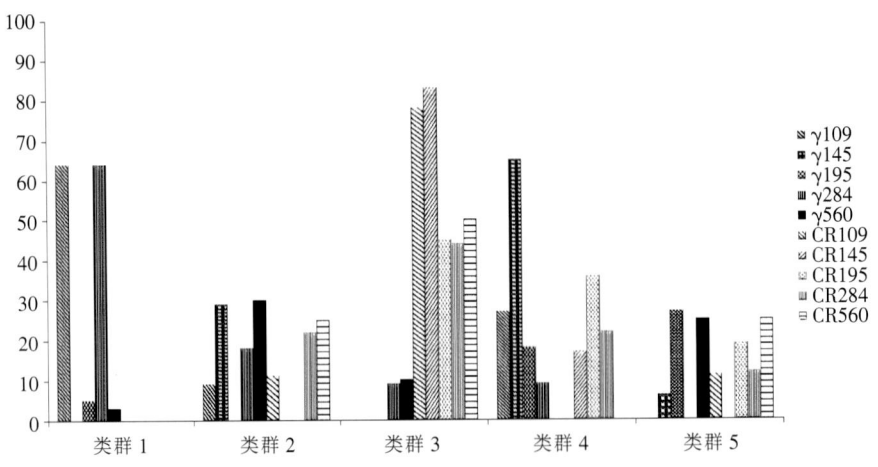

图 2 - 23　分子检测结果聚类分析柱状图

④讨论

a. 辐射诱变效应比较

ⅰ. $^{60}$Co - γ 射线的诱变效应

$^{60}$Co - γ 射线在 1900 年由法国科学家 P. V. 维拉德（Paul Ulrich Villard）发现，又称丙种射线。该射线是一种波长短于 0.2 埃的高能电磁波，主要由放射性同位素 $^{60}$Co 或 $^{137}$Cs 产生，具有波长短、穿透力强、射程远等特点，能一次性处理大量干种子。所以被广泛利用。其作用机制分为直接作用和间接作用，直接作用为物理学效应，即 DNA 分子被射线作用后产生断裂；间接作用为辐射化学效应，即细胞被射线作用后，细胞中的水（80%）被分解为自由基 H°OH°（自由基含有不平衡电子，附着在大分子表面特别容易起化学反应）。使用传统的 γ 射线处理植物的种子或活体植株，能引起染色体畸变和基因突变，且传递给后代，已经被大量的研究所证明。本研究采用 109、145、195、248、560Gy 等 5 个剂量的 $^{60}$Co - γ 射线处理紫花苜蓿干种子，结果为在低剂量条件下，对株高和产量有明显刺激作用，辐射损伤随着剂量的增加而增加，这一结果与前人的结果相同。

ⅱ. 高能混合粒子场的诱变效应

为模仿宇宙线粒子辐射，20世纪60年代开始，世界各国开始利用地面加速器开展研究，所研究的粒子种类主要有质子、56Fe、16O、12C和40Ar等单粒子，并将试验结果用于放射医学和宇航员的健康防护等方面。但由于宇宙空间的射线粒子是由多种高能、高LET粒子组成的混合场，显然，单粒子效应很难真实反映宇宙线辐射效应。1990年7月21日，中国高科技领域的重要工程——北京正负电子对撞机正式通过国家验收。这是中国继原子弹、氢弹爆炸成功，人造卫星上天后，中国科学院高能物理所在高科技领域取得的又一重大突破性成就。中国农业科学院空间技术育种中心在1999年与中国科学院高能物理所合作，利用正负电子对撞机模拟次级宇宙粒子处理小麦干种子，结果发现，高能混合粒子场所造成的生物学效应与γ射线相比有显著提高。

ⅲ. 两种处理效应的比较

本试验于2004年经中国农业科学院空间技术育种中心在中国科学院高能物理所利用正负电子对撞机处理紫花苜蓿，剂量为109Gy、145Gy、195Gy、248Gy、560Gy。其结果与$^{60}$Co-γ射线处理相比，低剂量处理条件下对株高和产量刺激作用不明显，从195Gy剂量以上株高和产量均高于$^{60}$Co-γ射线；微核率普遍略低于同剂量$^{60}$Co-γ射线处理。与刘录祥等处理小麦的结果也有所不同，处理小麦的结果是高能混合粒子场的辐射损伤大于$^{60}$Co-γ射线，本试验是小于$^{60}$Co-γ射线，这可能是不同植物种间对诱变源的耐受程度不同，有待于进一步研究证实。

b. 照射的适宜剂量

本试验的5个处理剂量是根据高能混合粒子场的处理剂量确定的，通过试验证明，两种处理方法的最高处理剂量都达不到半致死剂量；株高和产量的试验结果，两种处理方法的结果趋势相近，高能混合粒子场好于$^{60}$Co-γ射线，排除低剂量的刺激作用，284Gy剂量处理的最高；粗纤维结果为284Gy剂量处理的最低；粗脂肪含量高能混合粒子场是随着处理剂量的增加而升高，560Gy剂量处理最高，284Gy剂量处理次之，$^{60}$Co-γ射线处理的最高点在145Gy；粗蛋白是牧草的重要指标，两种处理方法在剂量间出现波动，但总体趋势是随着剂量的增加呈现上升趋势。根据育种目标首先考虑产量、株高，兼顾品质的原则，可以初步确定284Gy剂量处理较好，如单独考虑某一性状，也可参照选择。

c. 变异和遗传

由遗传物质所决定的变异，能够遗传给后代，这样的变异叫做遗传变异。在自然界中，一个完全处于遗传平衡状态的种群几乎是不存在的。因为遗传平衡必须没有基因突变，没有选择压力，生存环境恒定等。这样的条件是不现实的，即使在实验条件下也无法满足。当选择对基因发生作用时，基因就发生变化，从而导致生物的进化。植物种子在自然状态下也发生基因变异，只是过程十分缓慢，变异频率极低。没有基因自然变异也就没有生物进化。1987年，我国科学家蒋兴村教授首次在卫星中进行农作物种子搭载试验，从处理过的大麦后代中，他们观察到许多变异是能够遗传，而且变异率很高；在广西、江西种植的空间处理的2~3代水稻后代产生大量变异，有些性状在自然界中很少见到，比如一茎上长2~3个水稻穗，通过检测证实发生变异的基因片断占0.25%；同时广西农科院从空间处理的粳稻变异后代中，选育出能恢复籼稻不育系的株系，使得很难进行籼、粳亚种间杂交的性状改变了，可以培育出高产、优质、抗病性很强的籼粳杂交组合水稻。利用250 Gy的γ射线对3个棉花品种的干种子进行辐射处理，对其$M_4$、$M_5$农艺经济性状的遗传变异进行分析，结果表明：3个品种的辐射诱变后代$M_4$、$M_5$群体表型性状变异系数和遗传多样性指数均存在明显差异。阐明了辐射对不同棉花品种的诱变效果存在变异均匀度和丰富度的差异。相关分析表明，所有表型性状，以及单铃重、株高、2.5%跨长、比强度和麦克隆值等性状的$M_4$与$M_5$群体之间的简单相关系数都达到极显著水平。证明了诱变后代材料表型性状的变异可以遗传，$M_4$和$M_5$群体表型性状的遗传变异趋于稳定。3个品种诱变后代$M_5$材料间的表型性状遗传距离变幅分别为1.83~34.68，1.26~34.55，2.22~17.05；并筛选出一系列变异明显的诱变材料。通过卫星搭载，甜椒干种子在空间特殊条件下运行后，返回陆地种植。通过多代选择，获得甜椒新品系卫星87-2，经过$SP_1$、$SP_5$、$SP_9$及$SP_{10}$代的苗期长势调查，营养成分，叶绿素含量，同工酶分析以及对叶片细胞学观察，均发现了明显变异，从遗传学、生化学、细胞学角度证明了空间诱变的变异可以遗传。通过人工诱变的方法培育出新的变异菌株，大大增加了青霉素的提取量。现在青霉素能广泛应用于医疗，是人工诱变的一大功劳。基因突变是基因分子结构的改变。在一定的外界条件作用下，使基因发生改变，再经过定向选择，使变异的有益性状保留下来，生物也就发生了定向的进化。

实验证明，经过各种物理或化学诱变剂处理后，被处理的种子会表现不同程度的损伤效应，其幼苗甚至整个生育期的生长都受到影响。在本实验中，2种诱变源的各个剂量在苜蓿种子萌芽期都表现出了明显的损伤抑制效应，不过种子自然成熟后，其主要农艺性状除极个别植株外，相比对照基本没有显著变化。例如γ射线109Gy处理后，因为低剂量刺激效应，出现1株株高高达88.00cm（对照平均株高53.50cm），产量高达735.01g（对照平均产量197.50g）的植株以及一株株高76.04cm，产量385.01g的植株，而γ射线560Gy由于高剂量抑制效应出现一株株高25.00cm，产量100.00g的植株以及一株株高31.02cm，产量仅有45.03g的植株。导致γ射线109Gy和γ射线

560Gy 两个处理组的平均株高和产量出现了一定的差异。但由于大部分植株株高和产量均接近，经显著性测验，两组数据之间的差异却不显著。因此不能仅仅依靠当代的生理损伤数据来判断苜蓿种子适宜的诱变方法和诱变剂量。结合 $M_2$ 代数据我们可以初步判断高能混合粒子场对苜蓿的诱变作用要好于 $\gamma$ 射线，不过还需要进一步结合 $M_3$ 代数据，从遗传角度证明高能混合粒子场的诱变作用。

d. RAPD 技术检测辐射诱变及应用聚类对结果进行分析的作用

翁伯琦等利用 $^{60}Co-\gamma$ 射线辐射豆科决明属 5 个牧草品种，将从后代中选育出的 5 个变异株系进行了 RAPD 分析，表明辐射后代与原种的 DNA 指纹图谱存在明显差异。一般在统计 RAPD 结果时用来计算遗传距离，并归纳其亲缘关系。本实验中使用较灵敏的聚丙烯酰胺凝胶电泳进行 RAPD 检测，除了要证明辐射诱变造成遗传物质变化之外，还希望能尽可能检测出辐照对遗传物质造成的不同损伤，并使用聚类法来统计同一品种受辐照后造成损伤的种类和损伤严重程度。将 RAPD 结果进行聚类分析后，我们得到了两种结果，一种是将两种不同处理方法分别聚在不同的类中，可以初步说明不同诱变源的诱变损伤是不同的；另一种结果是剂量高的处理材料在各类中都有分布，剂量低的处理相对较集中在 2～3 类中，这可以初步说明剂量高损伤大，变异圃广，剂量小的相对损伤小，变异率低。这样的结论需要进一步验证。

e. 品质检测的重要性

苜蓿品质是苜蓿育种的重要指标之一，高脂肪、高蛋白和低纤维是选种目标。本试验对两种诱变源不同剂量处理的单株材料进行了品质分析，发现处理

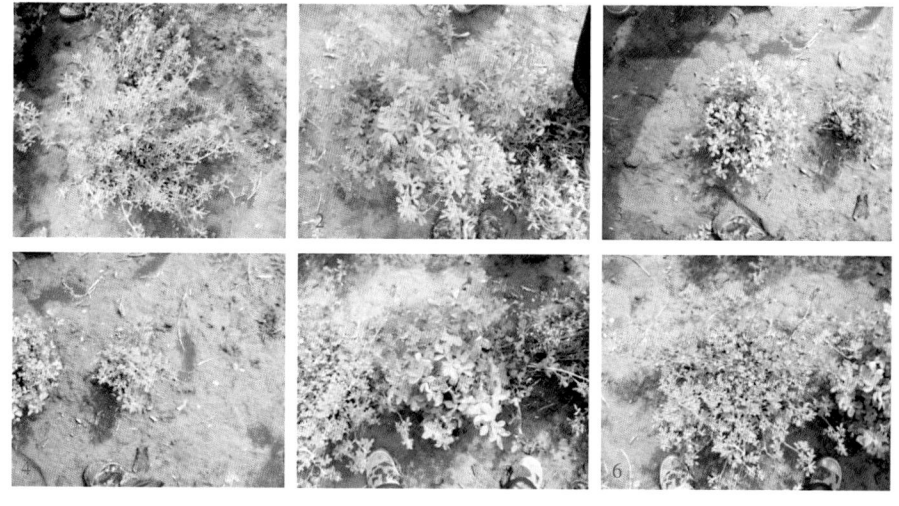

图 2-24　辐射诱变田间植株

1. 普通龙牧 803 植株　2. 辐射处理后产生的高产植株　3. 辐射处理后产生的病害植株
4. 辐射处理后抑制正常生长的植株　5. 大叶变异植株　6. 小叶＋匍匐植株

过的材料品质变化很大，粗脂肪变化范围在 $0.34\%\sim6.30\%$；粗蛋白的变化范围在 $14.52\%\sim24.80\%$；粗纤维的变化范围在 $7.10\%\sim24.00\%$。过去人们一直认为苜蓿是高蛋白饲草，又因条件所限，在低世代很少按单株去进行品质筛选，可能会将高品质的材料遗漏掉。通过本试验证明，品质检测要从低世代单株开始，为了方便快捷，尽快建立近红外定标曲线，可以提高育种效率。

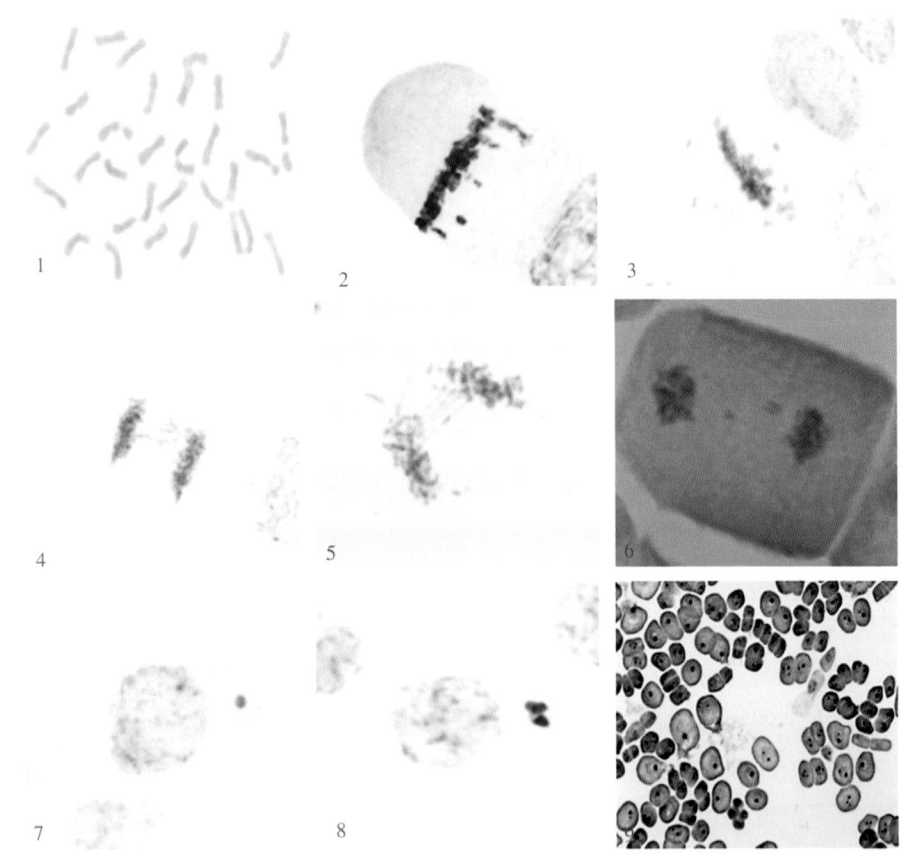

图 2-25　辐射诱变后根尖细胞学图片

1. 正常的有丝分裂中期　2. 中期染色体落后　3. 中期染色体游离　4、5. 后期染色体桥
6. 后期染色体落后　7、8. 间期微核　9. 40 倍镜下一视野间期细胞微核

（4）微重力诱变育种

生物的生长、发育都处于重力作用之下。解除重力的作用，以研究重力对生物的效应，有助于阐明生命科学中的许多基本问题。但是在我国利用卫星搭载进行微重力实验的机会很少，费用较高，环境条件不好控制。因此急需在地面创造条件以对微重力条件下的生物效应进行模拟。目前国际范围内对微重力的地面模拟仅限于落塔装置，但利用该装置所产生的微重力只有几秒至几十秒，很难应用于植物材料的试验研究。目前研究者大都利用回转器模拟微重力效应，中国农科院航天育种中心与中国科学院力学所合作，利用回转器和三维

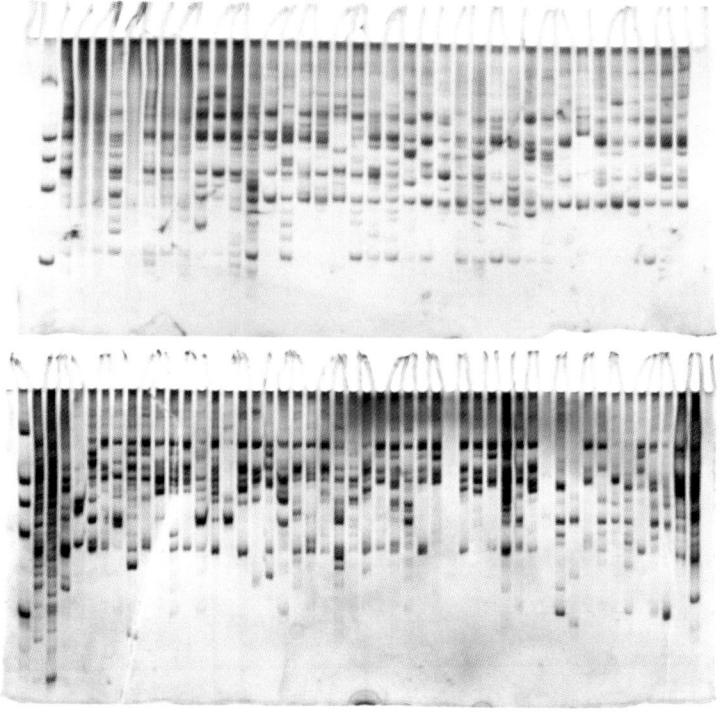

图 2 - 26 部分分子标记试验结果（聚丙烯酰胺凝胶电泳）

旋转仪模拟微重力效应处理小麦种子发现可显著促进萌发，特别是在幼苗生长的最初 1 周内，效果更为显著，种子处理后幼苗活力的提高可部分地归因于生理酶活的增强和胚根及侧根生长的加速。目前，模拟微重力处理苜蓿诱变育种研究还未见报道。

## 三、中国高纬寒地禾本科牧草的航天诱变育种

### （一）羊草的航天诱变育种

中国高纬寒地羊草航天诱变育种研究开始于 2006 年，省农科院草业研究所通过"实践八号"育种卫星搭载野生东北羊草干种子，研究航天诱变生物学效应、突变体的筛选与鉴定等，进行羊草航天育种工作。

**1. 羊草航天诱变生物学效应**

（1）航天诱变羊草的细胞学效应

细胞学观察结果表明：与地面对照组相比，航天诱变可提高羊草根尖细胞有丝分裂，诱发根尖细胞产生微核，诱导染色体发生畸变。①航天诱变可促进羊草根尖细胞的有丝分裂。在 3850 个地面对照种子细胞中，有丝分裂细胞数为 277 个，有丝分裂指数为 7.20%。在 3502 个航天诱变处理的羊草种子细胞

中，有丝分裂细胞数 304 个有丝分裂指数为 8.70%，航天诱变处理有丝分裂指数是对照的 1.21 倍；②航天诱变对羊草种子细胞核有显著的诱变效应，核畸变的主要类型为单核畸变和双核畸变。在太空诱变处理羊草种子根尖细胞有丝分裂时期出现了单微核和双微核两种细胞畸变类型，其中，单微核畸变率为 0.70%，双微核畸变率为 0.60%，核总畸变达到 1.30%。而地面对照组种子细胞在有丝分裂期没有发现微核，畸变率为 0；③航天诱变诱导染色体发生变异。在航天诱变种子根尖细胞中出现染色体单桥、双桥、游离染色体、落后染色体、染色体断片和染色体粘连等畸变类型，染色体单桥率为 0.62%，染色体双桥率为 0.34%，游离染色体率为 0.36%，落后染色体率为 0.37%，染色体断片率为 1.19%，染色体粘连率为 0.80%，染色体总畸变率达到 3.68%。在地面对照组中未发现任何染色体畸变，表明空间环境下羊草染色体发生畸变，其后代群体中有发生变异的可能。细胞分裂指数体现了细胞分裂能力，这种分裂能力是否会影响羊草幼苗、以致后期的生长有待于进一步研究。

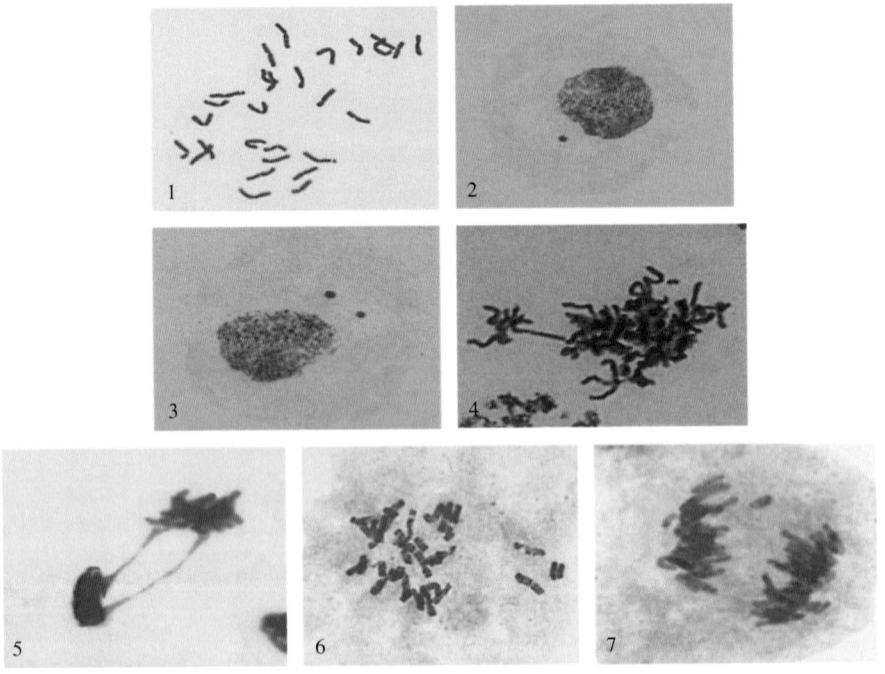

图 2-27　辐射诱变后羊草根尖细胞学图片
1. 根尖染色体　2. 单微核　3. 双微核　4. 染色体单桥
5. 染色体双桥　6. 染色体游离　7. 染色体落后

（2）航天诱变羊草的形态学变异

航天诱变的羊草形态学性状变异研究表明：航天诱变处理后羊草的熟期、发芽能力、株高、分蘖、叶片长度、叶片宽度、穗部特征等出现变异，主要表现为：生育期延长（晚熟）、株高变高、分蘖增加、叶片变宽、变长、鲜重增加等。

a. 生育期变化

航天诱变延长羊草的生育期。航天诱变 $SP_1$ 代从出苗到成熟需 80d，地面对照为 70d，航天诱变比对照多 10d。航天诱变后代出苗速度比地面对照快，其播种后 9d 出苗，而地面对照则需 12d。航天诱变对羊草的营养生长时间的影响不大，航天诱变后代群体的营养生长天数为 30d，地面对照为 31d，两者没有差异。生育期调查发现，航天诱变大大延长羊草后代的生殖生长时间，航天诱变后代群体的生殖生长天数是 59d，比对照多 9d。

b. 种子萌发的影响

航天诱变羊草的种子发芽结果为：地面对照羊草（CK）发芽率为 4.00%，航天诱变羊草（SP）为 14.01%，表明太空诱变在一定程度上打破了种子的休眠，大大地提高了羊草的发芽率。

c. 分蘗及根茎扩展

航天诱变羊草后代的分蘗数与空间扩展（根茎侵占能力）显著增加。航天诱变后代群体的平均分蘗数为 42.38 个/株，对照只有 26.77 个/株，是航天诱变的 63.21%。成熟期测定诱变后代和地面对照的空间扩展情况，结果为：航天诱变后代所占的空间面积（以主枝为中心的圆）平均为 1.93m²，地面对照仅有 0.84 m²，单位时间（d）内的横向扩展长度（横向总长度/生育天数），航天诱变是 1.10cm/d，地面对照是 1.01cm/d。

d. 对羊草叶长、叶宽和株高的影响

航天诱变对羊草的株高、叶长和叶宽均有明显的影响。拔节期、抽穗期和开花期测量了株高、叶长和叶宽。三个生育期内地面对照的株高分别为 35.96cm、52.54cm 和 80.08cm，航天诱变后代的株高分别是 55.64cm、70.81cm、97.42cm，航天诱变的株高明显高于地面对照株高。航天诱变后代和地面对照相比：在拔节期航天诱变比地面对照高 19.68cm，抽穗期高 18.27cm，开花期高 17.34cm，相差高度呈下降趋势。三个生育期内地面对照组的叶长分别为 24.81cm、27.83cm、29.52cm，航天诱变后代的叶长分别为 26.10cm、28.31cm、29.90cm，太空诱变的叶长明显大于地面对照的叶长，表明航天诱变增加羊草叶片的长度。叶宽的结果同叶长，三次测量地面对照的叶宽分别为 0.78cm、0.83cm、0.85cm，航天诱变分别为 0.83cm、0.9cm、0.95cm，太空诱变的叶宽明显大于地面对照的叶宽，因此航天诱变叶面积明显大于地面对照叶面积，SP 的光合作用面积大于 CK 的光合作用面积，促进羊草的生长和发育。

e. 穗长、小穗数及抽穗率的影响

航天诱变可增加羊草的穗长和小穗数，提高羊草的抽穗率和结实率。地面对照的平均穗长为 10.98cm，小穗数 17.5 个，抽穗率 12.31%；航天诱变的穗长为 17.96cm，小穗数 29.6 个，抽穗率 21.61%，航天诱变的穗长比地面对照长 6.98cm，小穗数多 12.1 个，抽穗率高 9.31%。

f. 鲜重、干重的影响

产量测定结果表明航天诱变可明显提高羊草产量。地面对照的鲜重为 1 160.01g/m²，干重 417.62 g/m²，航天诱变的鲜重为 2 380.04 g/m²，干重为 904.40 g/m²，经过航天诱变处理后羊草的生物产量大大高于未经处理的羊草，同时干重与鲜重的比值（航天诱变是 38.01%）也大于地面对照（地面对照为 36.00%）。

**2. 羊草航天诱变突体的筛选**

田间种植 SP₂ 代单株 507 份，穿插种植地面对照单株 123 份，从 SP₂ 代单株中选择出株高变异、晚熟变异、分蘖变异、叶片长度变异、小穗种子数量变异等变异单株材料（表 2 - 23）。

表 2 - 23　航天诱变羊草 SP₂ 代植株的特异表现

| 特异性状 | 数量 | 比例 | 备　　注 |
|---|---|---|---|
| 早熟 | 4 | 0.87 | 平均比对照早 4 天 |
| 晚熟 | 29 | 5.79 | 平均比对照晚 10 天 |
| 高株 | 26 | 5.26 | 平均高于对照 36.2% |
| 矮株 | 3 | 0.52 | 平均低于对照 20.5% |
| 多分蘖 | 17 | 3.35 | 分蘖数增加，空间扩展能力强 |
| 叶长 | 10 | 2.01 | 平均比对照长 3.64cm |
| 种子数增加 | 16 | 3.13 | 种子数是对照的 1.43 倍 |
| 无明显变化 | 401 | 79.07 | |

在 507 份羊草航天诱变 SP₂ 群体中出现频率不同的熟期、株高、分蘖、叶片大小和种子数量等突变。各种突变类型间变异丰富，表现在熟期程度、高分蘖和植株高度不同，叶形出现长叶、宽叶等类型。其中有些突变体同时表现早熟、高植株、叶变长及小穗颜色等多个突变性状，同时也发现了熟期和耐旱性的变异。统计各形状变异率结果为：高植株变异率 5.26%、矮株变异率 0.52%、早熟变异率 0.87%、晚熟变异率 5.79%、多分蘖变异率 3.35%、叶长变异率 2.01%、种子数增加变异率 3.13%，有些单株同时表现多个变异类型，统计羊草航天诱变 SP₂ 代总变异率为 12.55%，其中变异类型最多的是晚熟变异。另外在 SP₂ 代单株群体中发现抗旱单株变异材料。

图 2-28　航天诱变羊草变异植株

1. 对照群体　2. 航天搭载 $SP_1$ 群体　3. 早熟变异　4. 高株变异

### （二）无芒雀麦的航天诱变育种

中国高纬寒地无芒雀麦航天诱变育种研究开始于 2005 年，省农科院草业研究所通过我国第 21 颗返回式科学试验卫星搭载引进无芒雀麦"耐卡"干种子，研究航天诱变生物学效应、突变体的筛选与鉴定等，进行无芒雀麦航天育种工作。

**1. 无芒雀麦航天诱变生物学效应**

（1）航天诱变无芒雀麦的细胞学效应

当年对卫星搭载种子和地面对照种子根尖细胞有丝分裂、细胞核畸变、细胞染色体畸变进行了研究分析，研究发现，与地面对照组相比，空间诱变可有效促进无芒雀麦根尖细胞有丝分裂，诱发根尖细胞产生微核，诱导染色体发生畸变。航天诱变处理无芒雀麦根尖细胞有丝分裂指数为 7.49%，比对照高 0.94%。航天诱变对无芒雀麦种子细胞核有显著的诱变效应，核畸变的主要类型为单核畸变。

（2）航天诱变无芒雀麦的形态学效应

航天诱变处理后无芒雀麦的熟期、株高、茎粗、分蘖、叶片宽度、穗型等出现变异，主要表现为生育期延长（晚熟），株高变高，茎秆变粗、分蘖增加、叶片变宽、叶被蜡质等。

a. 生育期变化

航天诱变延长无芒雀麦的生育期。航天诱变 $SP_1$ 代从出苗到种子成熟经历 102d，比对照多 4d。$SP_1$ 代各个生育期天数分别为：苗期 20d，分蘖期 13d，拔节期 27d，孕穗期 6d，抽穗期 15d，开花期 5d，成熟期 21d。地面对照生育期天数为：苗期 20d，分蘖期 13d，拔节期 27d，孕穗期 5d，抽穗期 15d，开花期 8d，成熟期 23d。生育期调查发现航天诱变对无芒雀麦生殖生长时间没有影响，缩短营养生长时间（航天诱变营养生长期为 47d，地面对照为 51d）。

b. 株高和生长速率

航天诱变增加无芒雀麦 $SP_1$ 代的株高，自拔节期开始无芒雀麦 $SP_1$ 代群体的平均株高都高于地面对照。航天诱变处理后植株的株高（成熟期）变动范围大于对照（$SP_1$ 代变异范围为 90.01～143.50cm，地面对照株高变动范围为 91.50～130.00cm），诱变后代株高变异幅度高于对照，航天诱变对无芒雀麦植株生长有较明显的促进作用。另外，航天诱变可加快无芒雀麦的生长速度，且营养生长速率大于生殖生长速率。

c. 分蘖数

航天诱变无芒雀麦 $SP_1$ 代群体的平均分蘖数和单株分蘖数变动范围都高于对照，调查数据统计 $SP_1$ 代群体的平均分蘖数为 128 个/株，地面对照分蘖数为 103 个/株。$SP_1$ 代单株分蘖变动范围为 46～216 个，对照为 45～175 个。航天诱变处理无芒雀麦的高分蘖植株（100～2 164）所占比例为 27.81%，明显高于对照，在一定意义上表明航天诱变提高无芒雀麦分蘖能力。

d. 茎粗、茎高和茎节数

航天诱变无芒雀麦 $SP_1$ 代群体的平均茎粗和茎节数与对照差异不明显，茎高差异显著，明显高于对照。

e. 叶片性状特征

航天诱变无芒雀麦 $SP_1$ 代群体平均叶片数为 47，叶片数的变异范围31～59，叶片数和变异范围与对照没有差异；叶片长度和宽度明显高于对照，与对照差异极显著（$p < 0.01$），$SP_1$ 代的叶片长度平均为 29.81cm，宽度为 11.50mm，其中长度比对照多 7.31cm，宽度比对照高 31.20%。

f. 穗长和小穗数

在农艺学性状研究中发现，航天诱变 $SP_1$ 代在穗长、穗颜色和小穗数上均发生变异，群体穗部性状表现为：穗长和小穗数高于对照，穗的颜色呈现深紫色或金黄色。

**2. 无芒雀麦航天诱变突变体的筛选**

田间种植 $SP_2$ 代单株 1 500 份，穿插种植地面对照单株 300 份，从 $SP_2$ 代单株中选择出早熟变异、晚熟变异、株高变异、分蘖变异、茎秆变异、叶片长度变异、叶片宽度变异、小穗颜色变异、小穗种子数量变异及抗逆性变异等变异单株材料。

在约 1 500 份无芒雀麦航天诱变 $SP_2$ 群体中出现频率不同的熟期、株高、分蘖、叶片大小、茎秆粗细、小穗颜色和种子数量等突变。各种突变类型间变异丰富，表现在熟期程度、高分蘖和植株高度不同，叶形出现长叶、宽叶等类型。其中有些突变体同时表现早熟、高植株、叶变长及小穗颜色等多个突变性状，同时也发现了熟期和耐旱性的变异。统计各性状变异率结果为：高植株变异率 6.55%、矮株变异率 0.07%、早熟变异率 2.87%、晚熟变异率 0.09%、多分蘖变异率 1.20%、茎粗变异率 1.81%、叶宽变异率 1.35%、叶长变异率

8.95％、茎粗变异率为 2.06％、小穗颜色变异率为 0.85％、种子数增加变异率 1.13％，有些单株同时表现多个变异类型，统计无芒雀麦航天诱变 SP$_2$ 代总变异率为 12.55％，其中变异类型最大的是叶长变异（图 2-29）。

图 2-29　航天诱变无芒雀麦变异单株

1. 高分蘖材料　2. 早熟材料　3. 叶宽材料　4. 高株材料

### （三）垂穗鹅观草的航天诱变育种

中国高纬寒地垂穗鹅观草航天诱变育种研究开始于 2005 年，省农科院草业研究所通过我国第 21 颗返回式科学试验卫星搭载野生垂穗鹅观草干种子，研究航天诱变生物学效应、突变体的筛选与鉴定等，进行垂穗鹅观草航天育种工作。

**1. 垂穗鹅观草航天诱变生物学效应**

（1）航天诱变垂穗鹅观草细胞学效应

由表 2-24 可见，航天诱变可有效促进垂穗鹅观草根尖细胞有丝分裂，诱发根尖细胞产生微核，诱导染色体发生畸变。航天诱变处理有丝分裂指数为 8.55％，对照为 4.78％。航天诱变处理垂穗鹅观草种子根尖细胞有丝分裂时期发现单微核和双微核，单微核畸变率为 12.23％，双微核畸变率为 3.14％，地面对照组种子细胞在有丝分裂期只出现少量的单微核，畸变率为 0.14％。

表 2-24　航天诱变垂穗鹅观草微核变化

|  | 有丝分裂指数（％） | 细胞总数（个） | 单核率（％） | 双核率（％） | 核总畸变率（％） |
|---|---|---|---|---|---|
| 对照 | 4.78 | 3 150 | 0.14 | 0 | 0.14 |
| 航天诱变 | 8.55 | 3 625 | 12.23 | 3.14 | 15.37 |

（2）航天诱变垂穗鹅观草的形态学效应

航天诱变处理后垂穗鹅观草的熟期、株高、分蘖、叶片颜色等出现变异，主要表现为生育期延长（晚熟）、株高变高、分蘖增加、叶片颜色变深等。

a. 种子发芽及幼苗生长特征

在垂穗鹅观草航天诱变种子发芽与幼苗生长研究中发现（表 2-25），航天诱变降低垂穗鹅观草种子的发芽率，促进幼苗的生长发育，航天诱变处理促进幼苗叶的生长，抑制根的发育。航天诱变处理垂穗鹅观草的发芽率为73.01%，地面对照为91.00%，航天诱变处理的发芽率比对照低 17.99%。在幼苗生长阶段内，航天诱变处理的苗长平均长度为 8.49cm，比对照低1.75cm，根的平均长度为 7.94cm，比对照高 0.46cm。航天诱变的根冠比为0.94，地面对照组的根冠比为 0.73，表明航天诱变处理对垂穗鹅观草苗的抑制作用强于根。

表 2-25    航天诱变垂穗鹅观草发芽及幼苗生长

|  | 发芽率（%） | 苗长（cm） | 根长（cm） | 根/冠 |
|---|---|---|---|---|
| 地面对照 | 91 | 8.49 | 7.94 | 0.935 2 |
| 空间诱变 | 73 | 10.24 | 7.48 | 0.730 5 |

b. 生育期变化

航天诱变延长垂穗鹅观草的生育期。航天诱变 $SP_1$ 代垂穗鹅观草的生育期为 94d，地面对照为 89d，生育期延长 5d。

c. 株高和生长速率

航天诱变处理 $SP_1$ 代出现高株和矮株变异，但群体株高增加，在生育期内，自分蘖期开始 $SP_1$ 代群体的平均株高都高于地面对照。

d. 分蘖数

航天诱变垂穗鹅观草 $SP_1$ 代群体的平均分蘖数和单株分蘖数变动范围较对照增加，$SP_1$ 代群体的平均分蘖数为 75 个/株，地面对照分蘖数为 64 个/株。

e. 叶片性状特征

对航天诱变垂穗鹅观草 $SP_1$ 代群体和地面对照群体的叶片数和叶片长度进行了比较分析。航天诱变垂穗鹅观草 $SP_1$ 代群体平均叶片数为 29 个，叶片数的变异范围 18~37 个，叶片数比对照多 16.50%，叶片数的变异范围明显高于对照。调查发现航天诱变垂穗鹅观草 $SP_1$ 代群体的叶片长度和宽度都高于对照，但与对照间差异不显著，$SP_1$ 代群体的叶片长度为 26.70cm，宽度是 0.98cm。

**2. 垂穗鹅观草 $SP_2$ 代突变体的选择**

航天诱变处理垂穗鹅观草 $SP_2$ 群体中出现频率不同的熟期、株高、分蘖、叶色、叶片质地等突变。各种突变类型间变异丰富，表现在熟期程度、多分蘖和植株高度不同，叶形出现有毛、无毛、光滑等类型。其中一个突变体同时表现早熟、高植株和叶片光滑 3 个突变性状，同时也发现了熟期和耐旱性的变异。数量性状变异中，晚熟突变的频率最高，达到了 37.31%，其次是高植株变异，变异频率为 12.57%，分蘖变异的频率最低。大部分的诱变单株均表现出很强的抗寒性和抗病性。

**3. 垂穗鹅观草航天诱变主要变异**

经连续多年的垂穗鹅观草航天诱变育种研究发现：航天诱变处理对垂穗鹅观草熟期影响最大，主要表现为延长垂穗鹅观草的生育期，增加持绿期，增加刈割次数，增加产量（表 2 - 26）。在 111 份 SP$_2$ 代变异单株材料中，晚熟变异有63 份，占总变异的 56.76%。其次是茎秆和叶片质地变化，主要表现为茎秆和叶片质地柔软，但抗倒伏能力没有改变，植株粗纤维含量大大降低（平均是对照的 81.73%）。再次是株高变高，调查发现最高的变异单株株高达到 138.33cm（成熟期），比对照高 17.00cm 左右。另外，航天诱变处理后垂穗鹅观草叶色也发生变异，在变异的单株材料中发现 1 份叶色明显改变的材料，且其叶被蜡质附绒毛。

航天诱变可使垂穗鹅观草产生多种变异，最主要的变异类型是晚熟变异，对其他牧草及植物航天育种具有一定的指导意义。

表 2 - 26　垂穗鹅观草航天诱变主要变异类型及变异率

| 变异类型 | | 晚熟 | 株高 | 叶色 | 叶片、茎秆质地 | 其他 |
|---|---|---|---|---|---|---|
| 航天诱变处理 | 变异数（个） | 63 | 7 | 13 | 22 | 6 |
| （111 个单株） | 变异率（%） | 56.76 | 6.31 | 11.71 | 19.82 | 4.40 |

**（四）披碱草的航天诱变育种**

中国高纬寒地披碱草航天诱变育种研究开始于 2006 年，省农科院草业研究所通过"实践八号"育种卫星搭载引进披碱草"猎犬"干种子，研究航天诱变生物学效应、突变体的筛选与鉴定等，进行披碱草航天育种工作。

**1. 披碱草航天诱变生物学效应**

（1）航天诱变披碱草细胞学效应

在 3 219 个地面对照种子细胞中，有丝分裂细胞数为 235 个，有丝分裂指数为 7.30%。在 3 863 个航天诱变处理的披碱草种子细胞中，有丝分裂细胞数347 个，有丝分裂指数为 8.98%，航天诱变处理有丝分裂指数比对照高1.68%。航天诱变处理披碱草种子根尖细胞有丝分裂时期发现单微核和双微核，单微核畸变率为 0.83%，双微核少于单微核，其畸变率为 0.31%，核总畸变率为 1.14%。地面对照组种子细胞在有丝分裂期只有少数单微核，畸变率为 0.09%。

（2）航天诱变披碱草的形态学效应

a. 种子发芽及幼苗生长特征

在披碱草属航天诱变种子发芽与幼苗生长研究中发现，航天诱变降低披碱草种子的发芽率，抑制幼苗的生长发育，航天诱变处理抑制幼苗叶的生长，促进根的发育。地面对照种子发芽率为 100%，而航天诱变种子仅为 74.03%，比地面对照低 25.97%。在幼苗生长阶段内，航天诱变处理的苗长平均长度为 9.82cm，比对照低 2.53cm，根的平均长度为 6.61cm，比对照低 0.92cm，根冠比为 0.67，地面对照组的根冠比为 0.61，表明航天诱变处理披碱草对幼苗根的促进作用强于苗。

b. 生育期变化

航天诱变缩短披碱草的生育期。其中航天诱变 SP$_1$ 代披碱草从出苗到种子成熟经历 109d，比对照少 6d。SP$_1$ 代出苗至分蘖时间为 23d，分蘖到拔节 19d，拔节至抽穗 22d，开花到种子完熟时间为 45d。航天诱变缩短披碱草的生殖生长时间（航 d 诱变生殖生长期为 45d，对照是 51d），而对营养生长时间影响不大（航 d 诱变营养生长期为 65d，地面对照为 66d），经航天诱变的批碱草其营养生长缩短，在较短的时间内完成种子成熟的生理要求。

c. 株高和生长速率

航天诱变使得披碱草的株高增加，在生育期内，自分蘖期开始披碱草 SP$_1$ 代群体的平均株高都高于地面对照。航天诱变处理植株的成熟期株高变动范围为 90.51～135.50cm，地面对照株高变动范围为 83.52～121.51cm，诱变后代株高变异幅度高于对照，说明太空条件对披碱草植株生长有较明显的促进作用。另外，航天诱变可加快披碱草的生长，且营养生长速率大于生殖生长速率。T 测验结果显示航天诱变 SP$_1$ 代与地面对照组的株高差异不显著。

d. 分蘖数

航天诱变披碱草 SP$_1$ 代群体的平均分蘖数和单株分蘖数变动范围较对照增加，SP$_1$ 代群体的平均分蘖数为 41 个/株，地面对照分蘖数为 24 个/株。SP$_1$ 代单株分蘖变动范围为 17～54 个，对照为 13～47 个。披碱草航天处理低分蘖植株（17～30）所占比例为 32.52%，明显少于对照，在一定意义上表明航天诱变对披碱草的分蘖产生了影响，提高分蘖能力。

e. 茎粗和茎节数

航天诱变披碱草 SP$_1$ 代群体的平均茎粗大于地面对照，SP$_1$ 代群体的平均茎粗为 19.42mm，比对照高 23.22%。航天诱变对披碱草茎节数的影响不大，空间诱变群体和地面对照群体的平均茎节数没有明显差异。

f. 叶片性状特征

调查发现航天诱变披碱草 SP$_1$ 代群体的叶片长度和宽度都高于对照，且与对照间差异显著，SP$_1$ 代群体的叶片长度为 26.72cm，宽度是 1.48cm。

**2. 披碱草 SP$_2$ 代突变体的选择**

2007 年种植 SP$_2$ 代单株 1 200 份，地面对照单株 200 份，从 SP$_2$ 代单株种选择出早熟变异、株高变异、叶色变异、叶片质地变异及抗逆性变异等变异单株材料。

植株形态和熟期突变。在约 1 200 份披碱草航天诱变 SP$_2$ 群体中出现频率不同的熟期、株高、分蘖、叶片大小和茎秆粗细等突变。各种突变类型间变异丰富，表现在早熟程度、多分蘖和植株高度不同，叶形出现长叶、宽叶等类型。其中一个突变体同时表现早熟、高植株和叶变长 3 个突变性状，同时也发现了熟期和耐旱性的变异。数量性状变异中，早熟突变的频率最高，达到了 5.31%，其次是高植株变异，变异频率为 2.57%，分蘖变异的频率最低。大部分的诱变单株均表现出很强的抗寒性和抗病性。

**3. 披碱草航天诱变突变体特性**

披碱草航天诱变的主要突变体为高株和高分蘖两种，高株变异单株后代遗传较稳定，从 SP$_1$ 到 SP$_4$ 遗传变异幅度不大。披碱草航天诱变突变体的后代抗病性、抗旱性等大大增强。

### （五）紫羊茅的航天诱变育种

**1. 紫羊茅（*Festuca rubra* L.）概述**

紫羊茅（Red fescue）原产于欧亚大陆，广泛分布于北半球温寒带地区。在中国分布于东北、华北、华中、西南及西北等省区。自然分布在稍湿润的生境，常成为山区草坡的建群种。在我国内蒙古呼伦贝尔盟、锡林郭勒盟、大兴安岭多有分布，为冷湿地牧场重要草种。南方各省多分布于山地上部，如贵州梵净山上部等形成山地草甸。北京附近常见于林缘灌丛之间。紫羊茅喜湿润，耐阴，具有很强的耐寒能力，不耐炎热。能耐瘠薄土壤，在沙质土壤生长良好，根系充分发育，在黏土、沙壤土均可种植生长；能耐酸性土壤，在土壤 pH 4.5 时，能够生长。根茎型中生禾草，分蘖能力极强，再生性好。在气温达 4℃时，种子开始萌发。生长最适温度约 10～25℃。我国南方，夏季炎热，干旱，影响紫羊茅的生长。在华北、华东地区，4 月初返青，5 月下旬抽穗，6 月上旬开花，7 月中旬种子成熟。绿色期长，约到 11 月上、中旬始枯黄越冬。耐寒性较强，耐旱性稍差。根茎繁殖迅速，再生力强，耐修剪。在中国主要应用于北方地区以及南方部分冷凉地区，因其寿命长，色美，广泛用于机场、庭院、花坛、林下等作观赏用，亦可用于固土护坡、保持水土或与其他草坪种混播建植运动场草坪。

**2. 紫羊茅航天搭载情况**

中国高纬寒地紫羊茅航天诱变育种研究开始于 2006 年，黑龙江省农科院草业研究所将 2 个紫羊茅品种（普通紫羊茅、本杰明）干种子搭载于我国首颗航天育种卫星"实践八号"，开始紫羊茅航天育种研究。经过 4 年的研究现已筛选出一批有益变异突变体。

**3. 紫羊茅航天诱变生物学效应**

（1）航天诱变紫羊茅细胞学效应

"实践八号"卫星搭载处理的 2 个紫羊茅品种，细胞核畸变研究结果表明（见表 2-27）：航天诱变处理使 2 种紫羊茅核畸变率明显高于对照，处理后普通紫羊茅的核畸变率是对照的 10 倍，本杰明处理后核总畸变率最高为 1.07%。

表 2-27 "实践八号"卫星搭载处理对 2 个紫羊茅品种细胞学效应的影响

| 不同处理 | | 观察根尖细胞数 | 微核数 | 核总畸变率（%） |
|---|---|---|---|---|
| 普通紫羊茅 | 航天 | 2 393 | 12 | 0.5 |
| | CK | 1 862 | 1 | 0.05 |
| 本杰明 | 航天 | 2 530 | 27 | 1.07 |
| | CK | 2 737 | 7 | 0.26 |

（2）航天诱变紫羊茅的形态学效应

①种子发芽

航天诱变对紫羊茅种子发芽起到了一定的促进作用，紫羊茅（本杰明）航天诱变处理发芽率为 92.31%，对照为 83.10%，紫羊茅（普通）处理发芽率为 88.50%，对照为 81.42%，航空处理后发芽率明显高于对照；2 个品种发芽指数均高于对照，紫羊茅（本杰明）处理发芽指数为 14.83%，对照为 12.61%，紫羊茅（普通）处理发芽指数为 15.50%，对照为 13.41%。

②分蘖期的株高

本杰明处理分蘖期的株高变动范围为 7.50～31.92cm，对照为 12.01～25.50cm，普通紫羊茅处理的株高变动范围为 8.30～27.42cm，对照为 10.50～24.35cm，航空处理后紫羊茅本杰明株高变动幅度较大，出现了较对照更矮或更高的植株，在 8～12cm 范围植株比例 5.31%，25～30cm 范围植株比例 7.10%。

③分蘖数

紫羊茅本杰明处理分蘖数最多达到 21 个（对照最多为 7 个分蘖），普通紫羊茅处理分蘖数最多达到 19 个（对照最多为 8 个分蘖）。

④叶片数

经过航天诱变后本杰明的植株平均叶片数增加了 2 片，并出现了叶片数 54 片的变异植株（对照植株叶片数最多为 16 片），普通紫羊茅处理后的植株平均叶片数变化不大。

⑤小穗数、小花数及叶片宽度

对航天诱变后单株收获室内考种，结果表明（表2-28）：空间处理后，2种紫羊茅平均小穗数/穗、小花数/小穗均低于对照，有效穗数增加，叶片宽度变窄。

表2-28 "实践八号"卫星搭载处理对2个紫羊茅小穗数、小花数等的影响

| 不同处理 | | 小穗数/穗 | 小花数/小穗 | 有效穗数 | 叶片宽度（mm） |
|---|---|---|---|---|---|
| 普通 | 航天 | 43.10 | 4.81 | 35.05 | 2.71 |
| | CK | 46.00 | 5.12 | 22.67 | 3.43 |
| 本杰明 | 航天 | 43.92 | 4.60 | 37.42 | 3.02 |
| | CK | 45.50 | 5.50 | 24.31 | 3.61 |

⑥生育期和返青率

两种紫羊茅航天诱变后，返青期提前5～8天，成熟期提前2～3天；紫羊茅（本杰明）处理后返青率为76.50%，对照为58.81%，比对照提高30.08%；普通紫羊茅处理后返青率为64.30%，对照为48.58%，比对照提高32.36%。

**4. 紫羊茅航天诱变突变体的筛选及性状描述**

（1）SP$_1$代突变体表型性状描述

航天诱变的2个紫羊茅品种，在SP$_1$代根据田间表型性状直接观测结合单株收获室内考种结果，筛选出了9株优异的变异单株，表现在植株矮化、株高变高、早熟、迟熟、穗型、叶色、叶宽等类型，有的一个突变体表现几种突变类型。其中本杰明中筛选5株，普通紫羊茅中选出4株。将SP$_1$代筛选出的9株优异变异株种成株行，对各株系抽穗期田间农艺性状进行观察，表2-29结果表明：

①发芽率

对变异株种子进行发芽率调查发现BSP$_2$-2、BSP$_2$-5、BSP$_2$-6三个株系发芽率均降低，分别比对照低30.00%、16.71%、26.62%，而BSP$_2$-1、BSP$_2$-4二个株系发芽率比对照分别高16.28%、13.49%；PSP$_2$-2、PSP$_2$-5二个株系发芽率均低于对照，分别比对照低3.50%、17.51%，PSP$_2$-3、PSP$_2$-4二个株系发芽率均高于对照，分别比对照高17.83%、10.71%。

②分蘖数

处理后，9个变异单株分蘖数均增加，本杰明BSP$_2$-4分蘖数最高为21个蘖，对照为5个；紫羊茅（普通）PSP$_2$-3分蘖数为19个，对照为6个。

③生育期

紫羊茅本杰明 $BSP_2-6$ 成熟期比对照提前 5d，$BSP_2-4$ 株系提前 2d，$BSP_2-5$ 成熟期延后 5d、$BSP_2-1$、$BSP_2\sim2$ 成熟期均延后 3～4d；普通紫羊茅 $PSP_2-5$ 成熟期比对照提前 3d，$PSP_2-2$、$PSP_2-3$ 成熟期均延后 3d，$PSP_2-4$ 成熟期延后 5d。

表 2-29　"实践八号"卫星搭载的 2 个紫羊茅品种 $SP_1$ 代优异的变异单株性状表

| 不同处理 | | 发芽率（%） | 分蘖数（个） | 生育期（返青—成熟天数） |
|---|---|---|---|---|
| 普通紫羊茅 | CK | 81.40 | 6 | 92 |
| | PSP₂-2 | 78.61 | 11 | 95 |
| | PSP₂-3 | 93.20 | 19 | 95 |
| | PSP₂-4 | 90.12 | 9 | 97 |
| | PSP₂-5 | 67.20 | 14 | 89 |
| 本杰明 | CK | 83.11 | 5 | 91 |
| | BSP₂-1 | 94.32 | 13 | 95 |
| | BSP₂-2 | 58.20 | 17 | 94 |
| | BSP₂-4 | 96.60 | 21 | 89 |
| | BSP₂-5 | 69.21 | 16 | 96 |
| | BSP₂-6 | 61.01 | 19 | 86 |

④株高

紫羊茅（本杰明）$SP_2$ 代 $BSP_2-5$、$BSP_2-6$ 二个株系株高显著高于对照，其他 3 个株系株高变化不明显；紫羊茅（普通）$SP_2$ 代 4 个株系株高均降低，$PSP_2-3$ 株高（41.30cm）与对照（43.41cm）相比变化不明显，其他 3 个株系株高与对照相比有极显著变化（表 2-30）。

表 2-30　紫羊茅（普通）对照及 $SP_2$ 代株系株高方差分析

| 品种 | 处理 | 均值 | 5%显著水平 | 1%极显著水平 |
|---|---|---|---|---|
| 本杰明 | BSP₂-6 | 44.64 | a | A |
| | BSP₂-5 | 43.06 | a | AB |
| | BSP₂-4 | 38.91 | b | BC |
| | BSP₂-1 | 37.90 | b | C |
| | CK | 37.79 | b | C |
| | BSP₂-2 | 37.62 | b | C |
| 普通紫羊茅 | CK | 43.41 | a | A |
| | PSP₂-3 | 41.30 | a | A |
| | PSP₂-5 | 34.72 | b | B |
| | PSP₂-2 | 32.91 | b | B |
| | PSP₂-4 | 26.22 | c | C |

⑤叶长和叶层高度

紫羊茅（本杰明）对照及 SP$_2$ 代株系叶长、叶层高度比较结果表明（表 2-31）：BSP$_2$-2 叶长低于对照，其他 4 个株系叶长高于对照，其中 BSP$_2$-6 叶长最长为 28.84cm；5 个株系叶层高度均矮与对照，BSP$_2$-6 叶层高度最低为 15.83cm；紫羊茅（普通）SP$_2$ 代株系叶长和叶层高度均低于对照。

**表 2-31　紫羊茅（普通）对照及 SP$_2$ 代株系株高方差分析**

| 品种 | 处理 | 叶片长度 | 叶层高度 |
|---|---|---|---|
| 本杰明 | CK | 25.82 | 17.91 |
| | BSP$_2$-1 | 27.28 | 17.23 |
| | BSP$_2$-2 | 25.12 | 17.62 |
| | BSP$_2$-4 | 27.53 | 16.51 |
| | BSP$_2$-5 | 28.48 | 17.10 |
| | BSP$_2$-6 | 28.84 | 15.83 |
| 普通紫羊茅 | CK | 30.04 | 14.81 |
| | PSP$_2$-2 | 25.41 | 14.52 |
| | PSP$_2$-3 | 24.12 | 13.64 |
| | PSP$_2$-4 | 22.62 | 12.04 |
| | PSP$_2$-5 | 18.50 | 12.33 |

⑥叶片宽度

本杰明 5 个株系叶片宽度均高于对照（3.48mm），BSP$_2$-5＞BSP$_2$-6＞BSP$_2$-4＞BSP$_2$-2＞BSP$_2$-1，BSP$_2$-5 叶片最宽为 4.12mm；普通紫羊茅 PSP$_2$-2 株系叶片变宽为 3.42mm，PSP$_2$-3 株系叶片宽度变窄为 3.01mm，其他 2 个株系叶片宽度和对照（3.12mm）相比无明显变化。

（2）紫羊茅航天诱变 SP$_2$ 代突变体筛选

由于紫羊茅在黑龙江地区种植，当年不能完成整个生育期，导致 2 年才能收到种子进行下一代筛选。

2009 年种植 SP$_2$ 代单株 1 200 份及 SP$_1$ 代筛选的 9 个优异单株，对照单株 500 份，从 SP$_2$ 群体中出现频率不同的株高、穗型、叶形、株型和熟期等突变。各种突变类型间变异丰富，表现在植株矮小、高大；茎直立、半匍匐；茎秆颜色淡紫色、有腊背、微红；叶形出现细叶、宽叶和短叶；叶片颜色出现灰绿、黄绿；熟期明显提前、延后；穗型直立、半外折等突变。上述突变类型中，几个突变性状同时出现在一个突变体中，其中一个突变体同时表现矮秆、细叶、穗直立、茎秆腊背和晚熟 5 个突变性状，一个突变体叶层较矮、熟期较其他株晚 12 天的突变性状，共筛选出 27 株优异突变单株，下一步将进行 SP$_3$

代优异突变株系的筛选。

## 四、中国高纬寒地一年生牧草的航天诱变育种

### (一) 苦荬菜航天诱变育种

苦荬菜叶量大，柔嫩多汁，长势繁茂，茎秆直立品质良好，含有较高的粗蛋白质，较低的粗纤维，富含各种维生素和矿物质，叶量大，鲜嫩多汁，它是优质青绿饲料，味稍苦，适口性好，鹅、小家禽等非常喜食，也是鱼的好饲料。畜禽饲用苦荬菜饲料利用率高，疾病少。尤其在 6—8 月份间是鹅、猪等的优质饲草。近年来，黑龙江省养殖业蓬勃发展，苦荬菜种植面积有所上升，因此苦荬菜新品种选育对黑龙江省畜牧业发展有积极的促进作用。

中国高纬寒地苦荬菜航天诱变育种研究开始于 2003 年，省农科院草业研究所通过第十八颗返回式科学技术与实验卫星搭载从内蒙古赤峰引进的普通苦荬菜干种子，经过系统选育，于 2006 年在 SP₄ 代决选出苦荬菜新品系龙饲2870，2007 年进行品比试验并进行种子扩繁，该品系平均比对照品种苦荬菜产量高 15.71%。2008—2009 年参加黑龙江区域试验和生产试验。

#### 1. 选育方法

农菁 7 号苦荬菜是 2003 年对从内蒙古赤峰引进的普通苦荬菜进行了空间搭载（第十八颗返回式科学技术与实验卫星），经过系统选育，在空间诱变处理的后代 SP₄ 中选出苦荬菜新品种。点播，行距 0.7m，株距 0.5m，秋天选择在哈尔滨能正常成熟、茎秆粗壮、分枝多、叶片宽、无病害的单株收获种子，经过几年的系统选育，2006 年在空间诱变处理的后代 SP₄ 中选出苦荬菜新品系龙饲 2870。2007 年进行品比试验并进行种子扩繁，该品系平均比对照品种苦荬菜产量高 15.71%。2008—2009 年参加黑龙江区域试验和生产试验，区域试验和生产试验平均产量为 63 987.50kg/hm²、65 714.70kg/hm²；2008 年在抽薹期取样，经农业部谷物及制品质量监督检验测试中心（哈尔滨）测定，粗蛋白含量（干基）为 20.94%，粗脂肪（干基）含量为 6.74%、粗纤维（干基）含量为 18.48%。在 2009 年 7 月 2 日委托黑龙江省农业科学院植保研究所在草业研究所试验田对龙饲 2870 苦荬菜牧草进行田间发病情况调查，调查结果为：龙饲 2870 苦荬菜植株未见白粉病发生，叶片上未见其他病斑。并请相关专家于 2009 年 7 月 2 日在哈尔滨、兰西等进行田间鉴评，鉴评结果为龙饲 2870 苦荬菜茎秆直立，平均株高 78.62cm，比对照高 20.01cm，植株田间长势繁茂，整齐一致，叶片为长锯齿形，深绿色。田间未发现其他病虫害。最后，参加鉴评的委员和专家一致认为，该品种生物产量高，饲用价值优良，2009 年 12 月通过黑龙江省农作物品种审定委员会认定。命名为

农菁 7 号苦荬菜。

**2. 主要特征特性**

龙饲 2870 苦荬菜是一年生菊科牧草；叶片较宽，青绿色；茎叶内含有白色乳汁，脆嫩可口，茎直立，分蘖能力强。株高 2.0～2.5cm，瘦果长椭圆形，稍扁有棱，种子千粒重 1.6g 左右。抽薹期粗蛋白含量（干基）为 20.94%、粗脂肪（干基）含量为 6.47%、粗纤维（干基）含量为 18.48%。在适应区，出苗至成熟生育日数 130d 左右，需≥10℃ 活动积温 2 700℃ 左右。龙饲 2870 苦荬菜可作刈割鲜草用，是一种产量高、适口性好的优良饲料，其适应性强、生长期快，是鹅、猪及小畜禽喜食的优良饲料作物。

**3. 产量表现**

（1）区域试验结果

2007 年和 2008 年在哈尔滨、兰西、青冈县、富裕、五大连池进行了龙饲 2870 苦荬菜区域试验产量测定，试验结果见表 2 - 32。试验结果表明，龙饲 2870 苦荬菜在 5 点的平均产量为 63 987.50kg/hm²，比对照品种龙饲苦荬菜高 16.10%。

表 2 - 32　龙饲 2870 苦荬菜区域试验产量测定结果表

| 年 份 | 试验点名称 | 公顷产量—鲜重（kg） | 对照—鲜重（kg） | 增减产（%） | 对照品种 |
|---|---|---|---|---|---|
| 2007 | 黑龙江省农科院草业所 | 68 320.5 | 54 602.0 | 20.1 | 普通苦荬菜 |
| | 青冈县农业技术推广中心 | 65 517.5 | 54 811.4 | 16.3 | 普通苦荬菜 |
| | 兰西县农业技术推广中心 | 59 860.1 | 52 001.2 | 13.1 | 普通苦荬菜 |
| | 富裕县农业技术推广中心 | 63 509.0 | 51 799.4 | 18.4 | 普通苦荬菜 |
| | 五大连池市农业技术推广中心 | 64 094.5 | 51 020.3 | 20.4 | 普通苦荬菜 |
| 平均 | | 64 260.3 | 52 846.9 | 17.7 | |
| | 黑龙江省农科院草业所 | 67 834.0 | 55 889.0 | 17.6 | 普通苦荬菜 |
| | 青冈县农业技术推广中心 | 67 053.3 | 57 651.0 | 14.0 | 普通苦荬菜 |
| 2008 | 兰西县农业技术推广中心 | 62 310.4 | 54 408.0 | 12.7 | 普通苦荬菜 |
| | 富裕县农业技术推广中心 | 58 222.1 | 50 134.1 | 13.9 | 普通苦荬菜 |
| | 五大连池市农业技术推广中心 | 63 154.2 | 54 230.6 | 14.1 | 普通苦荬菜 |
| 平均 | | 63 714.7 | 54 462.5 | 14.5 | |
| 总平均 | | 63 987.5 | 53 654.7 | 16.1 | |

（2）生产试验结果

2009 年在省内不同地区布置了 5 个试验点进行生产试验，试验结果见表 2 - 33。结果表明，龙饲 2870 苦荬菜在 5 点的平均产量为 65 714.60kg/hm²，比对照品种龙牧苦荬菜高 14.60%。

表 2 - 33 龙饲 2870 苦荬菜生产试验产量测定结果表

| 年 份 | 试验点名称 | 公顷产量—鲜重（kg） | 对照—鲜重（kg） | 增减产（%） | 对照品种 |
|---|---|---|---|---|---|
| 2009 | 黑龙江省农科院草业所 | 65 154.0 | 55 589.0 | 14.7 | 普通苦荬菜 |
| | 青冈县农业技术推广中心 | 66 053.0 | 54 651.0 | 17.2 | 普通苦荬菜 |
| | 兰西县农业技术推广中心 | 68 834.0 | 60 889.0 | 11.5 | 普通苦荬菜 |
| | 富裕县农业技术推广中心 | 66 222.0 | 55 134.0 | 16.7 | 普通苦荬菜 |
| | 五大连池市农业技术推广中心 | 62 310.0 | 54 408.0 | 12.8 | 普通苦荬菜 |
| 平均 | | 65 714.6 | 56 134.2 | 14.6 | |
| 总平均 | | 65 714.6 | 56 134.2 | 14.6 | |

#### 4. 品质表现

黑龙江省牧草审定标准为蛋白含量（干基）不低于 18.00%。龙饲 2870 在抽薹期检测粗蛋白含量（干基）为 20.94%、粗脂肪（干基）含量为 6.47%、粗纤维（干基）含量为 18.48%。粗蛋白含量高于黑龙江省牧草审定品质标准，这说明龙饲 2870 苦荬菜是一个优质牧草。

#### 5. 抗病性鉴定

委托黑龙江省农科院植保研究所进行田间病害调查，龙饲 2870 苦荬菜植株叶片上未见任何病斑。鉴定结果认为龙饲 2870 苦荬菜是抗病品种。

### （二）籽粒苋的航天诱变育种

中国高纬寒地籽粒苋航天诱变育种研究开始于 2002 年，省农科院草业研究所通过空间搭载美国引进籽粒苋 k6 干种子，经过系统选育，于 2007 年在 SP$_5$ 代决选出籽粒苋新品系龙饲 2787，经过 2008—2009 两年品种比较试验，比对照籽粒苋平均增产 22.00%。2010 年在黑龙江全省各地区，包括省农科院哈尔滨试验地、兰西县、青冈县、富裕县、五大连池市进行了多点区域试验。

#### 1. 选育方法

农菁 13 号籽粒苋是 2002 年将美国籽粒苋 k6 经空间诱变处理，后代采用系谱选育方法，秋天选择分枝多、植株高大、长势繁茂的单株收获种子，经过几年的系统选育，2007 年在空间诱变处理的后代 SP$_5$ 中选出籽粒苋新品系龙饲 2787，2008—2009 年进行品比试验并进行种子扩繁，经过两年品种比较试验，比对照籽粒苋 k6 平均增产 22.00%。2010 年参加黑龙江区域试验平均鲜草产量 101 280.00kg/hm$^2$，2008 年在抽薹期取样，测定粗蛋白含量（干基）为 21.82%。

#### 2. 主要特征特性

龙饲 2787 籽粒苋是一年生苋科牧草，该品系幼苗直立，茎直立粗壮且分枝多，叶互生，宽大而繁茂，叶片长椭圆形，叶片紫红。在叶腋中多发侧枝，主根粗壮，茎顶有一尺多长的大花穗，籽粒小，黄色，圆形，千粒重 0.30 克左右。抽薹期粗蛋白含量（干基）为 21.82%，在适应区，出苗至成熟生育日数 120d，需≥10℃活动积温 2 300℃左右。龙饲 2787 籽粒苋可作刈割鲜草用，是一种产量高、适口性好的优良饲料，其适应性强、生长期快，是猪及小畜禽喜食的优良饲料作物。

## 第四节　中国高纬寒地牧草的生物技术育种

### 一、生物技术育种

牧草在家畜业、环境保护和土壤保持方面都有重要的作用。因此，它比其他的农作物有较高的经济价值。与其他作物的研究历程类似，牧草育种也经历了由传统育种如系统选育、杂交和诱变育种等逐步向生物技术育种转变的过程。由于牧草种类的复杂性和传统牧草育种遇到的困难，现在人们已经认识到生物技术手段在发展改良牧草品种中的巨大潜力。

生物技术是应用自然科学及工程学的原理，依靠微生物、动物、植物体作为反应器，将物料进行加工以提供产品来为社会服务的现代综合性技术。近年来应用生物技术进行牧草遗传改良方面已经取得了许多成就，包括组织培养、基因工程、分子标记等，这为遗传育种的成功提供了有效的策略。

#### （一）牧草组织培养研究进展

植物组织培养技术在草类植物中的研究和应用起步相对较晚。20 世纪 70 年代初，一些先进的国家先后开始了生物技术应用于牧草的研究，1972 年 Saunders 等从苜蓿未成熟的花药、子房、子叶愈伤组织分化再生植株获得成功，标志着苜蓿组织培养研究的开始。1982 年上海植物生理所杨爂荣用叶片、叶柄、茎段成功地进行了紫花苜蓿的组织培养，正式拉开了我国研究苜蓿组织培养的序幕。但近年来发展迅速，已被广泛应用于草类植物的快速繁育、遗传转化、细胞和分子育种以及次生代谢产物生产等诸多方面。

**1. 无性系的快速繁殖**

应用组织培养进行无性系的快速繁殖可追溯到 20 世纪 60 年代的"兰花工业"，直到现在已成为组织培养应用十分普遍的一个领域，成千上万种植物通过离体繁殖得到无性系，并形成产业，带来了巨大的经济效益。草类植物的无性系繁殖主要利用了其繁殖速度快、繁殖量大、不受地区气候影响、占用土地面积小等特点，可用于解决一些品种繁殖系数低、周期长的问题，特别对于名贵稀有草类的繁殖推广具有重要意义。

（1）稀缺濒危草类的快速繁殖

利用组织培养快速繁殖稀缺濒危草类主要是对名贵中草药的繁殖。近年来随着对许多草类植物的化学成分及药理方面的研究，许多草类植物的药用价值逐渐被提出。如 2003 年金铁锁（Psammosilene tunicoides）已作为稀有濒危物种被列于《中国植物红皮书》中，属国家二级保护植物。甘草（Glycyrrhiza uralensis）作为医药中最常见的药物，早在 1986 年就进行了试管无性繁殖研究工作。香根草具有特殊的生物学特征和强大的根系，在水土保持方面起着重要的作用，主要靠分蘖繁殖，远不能满足实际需要，为提高香根草的繁殖速度，2004 年韩露等对其愈伤组织诱导和快速繁殖进行了研究。麻花秦艽是常用的上品藏药，2006 年徐文华和陈桂琛以其茎尖为外植体进行了离体快速繁殖试验。苦皮藤被国家审批为植源性杀虫剂，其乳油、水乳剂、微乳剂已不断投放市场并收到了巨大的经济效益和社会效益。随着人们对苦皮藤的大力开发利用，自然资源已面临短缺，为有效保护野生资源，2003 年马艳等对其组织培养进行了研究，为其快速繁殖和工业化生产提供了有效途径。

（2）优良品系的无害化快速繁殖

在自然界中，许多草类植物的种子不易获得或存在发芽率很低的问题，因此采用根系无性繁殖。但根系长期的无性繁殖易感染病毒，导致种群退化，产量下降，品质低劣。用南丹参优良株系的茎尖或幼叶进行组织培养快速繁殖，1 株良种苗 1 年可繁殖上万株试管苗，可迅速扩大优良种群。溪黄草是民间常用草药，用种子繁殖后代，性状容易分离；扦插繁殖生根困难而且繁殖系数低，所以导致其很难推广；利用组织培养技术进行无性繁殖既可以保持其优良种性，又可以短期内大量繁殖，使工厂化育苗成为可能。黄芩不仅是一种草本药用植物，国内还被作为盆景进行栽培，但利用种子和扦插繁殖容易感染病毒，导致品种退化；为满足市场要求，培育优良种苗，李永红等进行了黄芩的组织培养与快速繁殖研究。

（3）转基因植株的快速繁殖

随着现代分子生物学的快速发展，运用传统杂交种和基因工程相结合培育草类新品种已成为育种的重要手段。目前，转基因高羊茅、紫羊茅、黑麦草和早熟禾等禾本科草类植物和豆科牧草苜蓿、白三叶等已培育成功，但考虑到转基因植株的遗传稳定性，对转基因植株的大量扩繁多采用无性繁殖的方法，例如，2009 年包爱科对 AVP1 转基因紫花苜蓿抗逆性检测时，使用茎段扦插的方法进行快速扩繁；但转基因草类植物如单子叶的禾本科草类，不能使用扦插的方法，利用组织培养技术可以加快其快速繁殖。

**2. 花药培养和单倍体育种**

花药组织培养主要是诱导形成单倍体植株，可以快速获得纯系，缩短育种时间。自 Guha 和 Mahcshwari 首次从曼陀罗（Datura stramonium）花药诱导出花粉单倍体植株以来，世界各地均开展了花药培养。目前利用花药培养培育的新品种多见于农作物，如水稻、小麦、玉米（Zea mays）等。近年来，先后也出现了草类植物的花药培养，如 2007 年马菊兰对 4 个苜蓿品种的花药培养预处理方法和培养基进行了研究，从而建立了苜蓿花药培养高效再生体系，大大提高了苜蓿育种的效率；2007 年耿小丽以 5 个苜蓿品种为试材，利用花药培养诱导了苜蓿单倍体植株；2004 年段承俐等开展了三七的花药培养，1994 年吴中心等利用花药培养系统选育了烟草抗赤星病品系。

**3. 植物体细胞诱变和突变体筛选**

植物体细胞在离体培养条件下本身容易发生染色体畸变和基因突变，如果采用改变外界条件进行诱变，则诱变的几率更高。这为培育新品种奠定了良好的基础。1993 年周荣仁等用组织培养及逐步增加 NaCl 浓度的方法筛选出能耐 2% NaCl 的烟草愈伤组织，但在 2%NaCl 培养基中继代 29 次后，再移入无盐培养基中培养 11 和 20 代后，耐盐性退化到只耐 1.5% 与 1.0% NaCl 的水平，不能保持提高了的耐盐性。2009 年李红等以紫花苜蓿茎段为材料进行愈伤组织诱导，采用紫外线和 $NaN_3$ 化学诱变处理其愈伤组织，提高了紫花苜蓿的抗碱性。2004 年李波等对紫花苜蓿茎段诱导的愈伤组织进行不同浓度的硫酸二乙酯（DES）诱变处理，在 −7℃ 低温下进行筛选，获得了抗寒性突变体。

**4. 次生代谢产物生产**

植物中含有数量极为可观的次生代谢物质，目前发现的植物天然代谢产物已超过 2 万种，而且还以每年新发现 1 600 余种的速度递增。早在 1979 年，我国学者就提到离体培养的植物组织中可能产生一些物质，尤其是有经济价值的药物。例如，中药草金铁锁根部富含皂甙，对一些炎症和致病性细菌和真菌都有抑制作用，丹参根部含有丹参酮ⅡA、隐丹参酮等脂溶性萜醌类化合物，是我国的传统中药，具有活血祛瘀、通经止痛、清心除烦、养血安神之功效。近年来，次生代谢物质被人类广泛应用，不仅制成药品，还有食品添加剂、风味物质、香料、色素、化妆品、生物杀虫剂和农业化肥等。但由于诸多原因，依靠野生和栽培植物已经远远不能满足日益增长的市场需求。植物组织培养就成为解决这个问题行之有效的方法。紫草系多年生植物，其根部富含紫草宁，1999 年 Yazaki 等研究了在紫草悬浮液中光对紫草宁合成的影响。1989 年郑光植等还开展了三七、人参和西洋参这 3 种药用植物的细胞培养，比较了它们愈伤组织培养及细胞悬浮培养中抗癌皂苷 Rh1 的含量，以期实现其次生代谢物的工业生产。在日本，用培养的人参悬浮细胞生产人参皂苷已形成规模。珍贵中药植物高山红景天的根和根茎中含有以红景天甙为主的次生代谢物质，2007年吴双秀用植物组织和细胞培养技术，对愈伤组织的状态进行调控，得到红景天甙含量高、生长速度快、初步分化的愈伤组织颗粒。

### （二）牧草基因工程研究进展

20世纪70年代末到80年代初，美国等开始了牧草基因工程的研究，1986年首例由 Deak 等利用农杆菌介导法对苜蓿进行转化获得成功，1991年转基因苜蓿植株已移至田间种植。牧草转基因研究已取得突破性进展，包括我国在内的许多国家相继获得了抗性增强的转基因植株。

遗传转化系统是指将外源基因通过某种方法导入植物细胞或原生质体，利用细胞的全能性获得转基因植株，从而有目的地改变植物的某些性状。所以，建立组织培养再生体系是遗传转化的前提，只有良好的再生体系才可以提高转基因的效率。目前为止，对草类植物进行遗传转化的再生体系主要通过愈伤组织、悬浮细胞和原生质体培养建立的。

**1. 愈伤组织为受体的遗传转化**

在草类植物中，以愈伤组织为受体已建立了许多转基因体系。2006年金淑梅等用根癌农杆菌介导法，以愈伤组织为受体，将目的基因 gus 整合进苜蓿基因组中。2005年刘萍等以草坪型黑麦草愈伤组织为受体获得转基因株系 Gsc _ LP5。2004年马生健等用高羊茅种胚离体诱导的胚性愈伤组织作受体进行了基因枪轰击试验，获得了遗传稳定的抗除草剂 PPT 的转化植株。2005年赵军胜等用高羊茅下胚轴来源的胚性愈伤组织进行了遗传转化。采用下胚轴为外植体，已成功地将拟南芥（Arabidopsis thaliana）AtNHX1（2006）和AVP1（2009）基因转化紫花苜蓿，获得了耐盐、耐旱和耐贫瘠性显著提高的紫花苜蓿新品系。

**2. 悬浮细胞为受体的遗传转化**

最初利用组织培养进行的遗传转化，以悬浮细胞为受体比较常见。1992年 Wang 等以悬浮细胞系为受体，获得了转 Hpt 和 Bar 基因的高羊茅。1995年 Spangenberg 等用高羊茅胚性悬浮系为受体进行了遗传转化。1999年 Dalton 等通过基因枪轰击悬浮细胞系，建立了黑麦草的转基因体系；1998年使用硅碳纤维介导了黑麦草、高羊茅、葡匐剪股颖的细胞悬浮系，获得了抗潮霉素的转基因植株。2003年 Bettany 等用高羊茅和黑麦草胚性悬浮细胞为受体，使用农杆菌转导法导入了外源基因 gus。2005年胡张华等用带有质粒 pDBA121（含 Hpt 基因和 Bar 基因）的农杆菌菌株 EHA105 转化高羊茅胚性悬浮细胞，建立了可重复的、高效的农杆菌介导的高羊茅遗传转化系统。

**3. 原生质体为受体的遗传转化**

由于从悬浮细胞培养获得的植株在遗传上存在不稳定的现象，同时也不便于进行转基因工作（张俊卫等，2003）。1992 年 Ha 等用电激法以高羊茅原生质体为受体进行了遗传转化。1997 年 Wang 等以原生质体为受体，获得了转 *Hpt* 基因的黑麦草。1998 年 Inokuma 等以原生质体为受体获得了转 *Gus* 和 *Hpt* 基因的日本结缕草。2003 年 Chai 等以原生质体为受体成功地将 *Hpt* 基因导入匍匐剪股颖。

与传统育种方法相比，植物基因工程在基因水平上改造植物的遗传物质更具科学性和精确性，可定向改造植物遗传性状，提高育种的目的性和可操作性，打破了物种之间生殖隔离障碍。所以通过基因工程手段，培育出高抗、优质牧草新品种，对于我国的草业和畜牧业发展有着重大意义。

### （三）牧草分子标记辅助育种

分子标记技术可有效地确定种的地理起源、分类特征及分布历史，有助于了解种的遗传变异来源以及环境对遗传变异的影响，了解种群的起源和发展。在农业领域有利于育种和引种工作选择适宜的农艺性状，缩短育种周期。目前，用在牧草方面的主要有两种类型的分子标记：蛋白质标记和 DNA 标记。而蛋白质标记主要是同工酶标记。同工酶标记由于其多态性不太丰富，且多态性在不同生产期表现不太稳定，因而其应用受到一定限制，无法满足现代育种的需要。2005 年李景欣等对野生冰草种质资源同工酶遗传进行了多样性分析与评价。目前，分子标记技术常仅指 DNA 标记，在牧草上常用的分子标记有扩增片段长度多态性（AFLP）、限制性片段长度多态性（RFLP）、随机扩增多态性 DNA（RAPD）、简单重复序列（SSR）等。

**1. 常用分子标记类型介绍**

（1）扩增片段长度多态性（AFLP）

扩增片段长度多态性（Amplified Fragment Length PolymorpHism，简称 AFLP），是建立在 PCR 技术和 RFLP 标记技术基础上的，是通过限制性内切酶片段的不同长度检测 DNA 多态性的一种 DNA 指纹分析技术，也是建立在基因组限制性内切酶酶切片段基础上的 PCR 扩增技术。其原理是基于对植物基因组 DNA 双切酶，再经 PCR 扩增后选择限制片段。在使用 AFLP 标记技术进行研究时，由于不同物种其基因组 DNA 的分子不同，基因组 DNA 经限制性内切酶酶切后产生的限制性片段的分子量大小不同。使用特定的双链接头与酶切 DNA 片段连接作为扩增反应的模板，用含有选择性碱基的引物对模板 DNA 进行扩增，选择性碱基的种类、数目和顺序决定了扩增片段的特殊性。扩增产物经过放射性同位素标记、聚丙烯酰胺凝胶电泳分离，然后根据凝胶上 DNA 指纹的有无来检出多态性。

（2）限制性片段长度多态性（RFLP）

限制性片段长度多态性（Restriction Fragment Length PolymorpHism，RFLP），是较早应用于基因标记的一项分子标记技术，该技术是利用限制性内切酶降不同生物体的 DNA 分子后，用特殊探针进行 South-ern 杂交，通过放射自显影来揭示 DNA 的多态性。此技术及其从中发展起来的一些变型技术均包括以下基本步骤：DNA 的提取、用限制性内切酶酶切 DNA、用凝胶电泳分开 DNA 片段、把 DNA 片段转移到滤膜上、利用放射性标记的探针显示特定的 DNA 片段（通过 Southern 杂交）和分析结果。目前 RFLP 标记在植物的分类进化、基因定位、遗传连锁图构建、遗传多样性分析、辅助育种等方面都取得令人瞩目的成绩。

（3）随机扩增多态性 DNA（RAPD）

随机扩增多态性 DNA（Random Amplified PolymorpHicDNA，RAPD），1990 年由美国杜邦公司的 J. G. K. Williams 和加利福尼亚生物研究所 J. Welsh 分别领导的 2 个小组几乎同时发展起来的一种新兴分子标记技术。RAPD 标记技术是通过分析遗传物质 DNA 经过 PCR 扩增的多态性来诊断生物体内在基因排布与外在性状表现的规律的技术。RAPD 利用 PCR 技术从扩增的 DNA 片段上分布多态性，由于片段被引物选择性地扩增，扩增了的片段能在凝胶上清晰地显现出来，这样就可以通过同种引物扩增条带的多态性反映出模板的多态性。RAPD 只需要一个引物，长度为 10 个核苷酸左右，引物顺序是随机的，因而可以在对被检对象无任何分子生物学资料的情况下对其基因组成进行分析。

（4）简单重复序列（SSR）

简单重复序列（Simple Sequence Repeat，SSR），也称微卫星 DNA，是一种由 2～5 个核苷酸为单位多次串联重复的长达几十甚至几百个核苷酸的序列。SSR 广泛分布于真核生物基因组的不同的座位上，每个座位重复单位的数量可能不完全相同，因而形成多态性，即 SSR 分子标记。SSR 指纹的先驱工作是 Ali、Schafer、Epplen 等在 20 世纪 80 年代末进行的。Lieck-feldt 等在 1993 年第 1 次报道了用 SSR 作为单引物对酵母菌基因组的扩增。1993 年 Meyer 等用野生型噬菌体 M13 的核心序列（GAGGGTGGXGGXTGT）以及简单序列（GA）8 等作为 PCR 引物，对使人类致病的病原真菌新型隐球菌 [Cryptococcus neoformans（Sanfelice）Vuillemin] 进行鉴别。随后 SSR 技术在 DNA 指纹图谱的研究中被逐渐推广。SSR 的产生是在 DNA 复制或修复过程中 DNA 滑动和错配或者有丝分裂、减数分裂期姐妹染色单体不均等交换的结果。不同遗传材料重复次数的可变性，导致了 SSR 长度的高度变异性，这一变异性正是 SSR 标记产生的基础（周延清，2005）。

**2. 分子标记在牧草中的应用**

DNA 分子标记具有诸多优越性，此技术已经广泛地应用于植物种质遗传图谱的构建、植物遗传多样性分析与种质鉴定、重要农艺性状基因定位与图位克隆、转基因植物鉴定和分子标记辅助育种等方面，并取得了惊人的成绩，具有广阔的应用前景。这些分子标记已广泛应用于作物种质资源的分析利用，但在牧草遗传学研究中的应用才刚刚开始，因此也成为牧草生物技术研究领域的热点之一（李琼等，2005）。

20 世纪 70 年代初，一些先进的国家先后开始了生物技术应用于牧草的研究，1972 年美国研究苜蓿花药应用于牧草组织培养技术。其他国家也相继开展了不同种类牧草的组织培养、细胞培养、原生质体培养等项技术的研究，20 世纪 70 年代末到 80 年代初美国等开始了牧草基因的研究，并取得突破，1991 年转基因首株植株已移到田间。我国生物技术应用于牧草的研究于 20 世纪 70 年代末开始起步，1979—1980 年黑龙江省畜牧研究所和中国农业科学院草原研究所分别培养出紫花苜蓿花药植株是一个重要标志。在牧草基因工程研究方面刚刚起步，20 世纪 80 年代后期，江苏省农业科学院土壤肥料研究所把外源基因导入了多年生黑麦草和狼尾草等获得转基因植株。此外，中国农业大学、中国科学院遗传研究所等获得苜蓿转基因植株（戴军等，2004）。

AFLP 标记技术虽然是比较理想的技术，但试验成本高，而且受专利保护，在应用推广上比较困难，相关的报道比较少。在根瘤菌的研究中 AFLP 技术应用比较多（陈强等，2003），且有很好的效果，所以在豆科牧草的根瘤菌研究中也有很大的参考价值。而 RFLP 在牧草研究中的应用比较早，在苜蓿（蒿若超等，2007）、狼尾草等研究中都有 RFLP 技术的报道。目前 RAPD 的应用也常限于在牧草遗传多样性上，没有辅助应用其他生物技术，如在辅助选择育种中，孙杰、杨青川对苜蓿耐盐遗传育种的研究，都只是筛选出了多态性高、稳定性好的引物，并没有将耐盐基因进行基因定位（杨青川等，2003）。RAPD 技术还可以更加深入应用在牧草的遗传育种中。中国科学院植物研究所用微卫星重复序列（SSR）作为探针对羊草基因组 DNA 进行了 RFLP 分析（刘杰等，2000），并构建了羊草的遗传指纹图谱。SSR 标记比同工酶标记更适合于牧草群居遗传多样性的研究（孙建萍等，2006）。

在我国北方，苜蓿作为一种重要的牧草，对其研究开始早且深入，杨青川等对 DNA 分子标记在苜蓿的种质鉴定、连锁图构建、种质渐渗、基因定位、杂种优势等方面的应用做了深入调查（杨青川等，2004）。在我国南方，柱花草的研究相对也比较多，蒋昌顺等用生物技术在柱花草上的研究涉及 AFLP、

RAPD、SSR 等分子标记技术，对柱花草种质的遗传多样性，抗炭疽病育种都做了大量研究，为柱花草的种质保存和遗传育种提供了依据（蒋昌顺等，2004—2005）。

### （四）小结

尽管目前牧草生物技术研究中还存在一些亟待解决的问题，如高效组织培养再生体系的建立、遗传操作技术的完善以及信息传导、功能基因克隆，转基因牧草风险评价等。但毋庸置疑的是，牧草的现代生物技术应用具有潜在、巨大的经济和生态功能，我们必须借鉴国内外先进技术和手段，借鉴已在植物基因工程方面取得的研究成果（如水稻等模式），尽快加强牧草有关分子生物学及生物技术的基础研究和应用研究，增加这方面的科研投入，促进我国的草业和畜牧业的发展。

## 二、生物技术在苜蓿育种中的应用

黑龙江省农科院草业研究所从 2006 年第一个博士后进站开始启动苜蓿生物技术育种方面的研究工作。经过 5 年多的研究，也取得了一些成果，并筛选出了紫花苜蓿新类型，为采用生物技术方法培育苜蓿新品种提供了新的材料基础。

### （一）苜蓿再生体系的建立

#### 1. "农菁 1 号" 苜蓿的再生

自 2006 年起，黑龙江省农科院草业所对"农菁 1 号"紫花苜蓿进行了再生性研究（金淑梅，2008）。在借鉴以往工作的基础上（金淑梅等，2006），主要以无菌苗叶片为外植体，进行愈伤组织和胚状体的诱导及植株成苗再生（图2-30）。

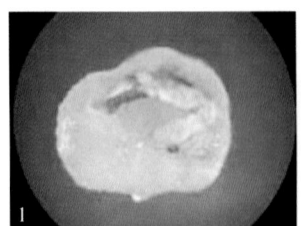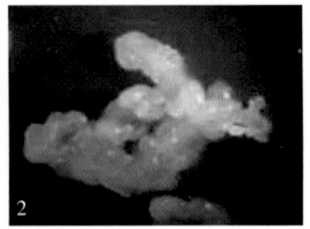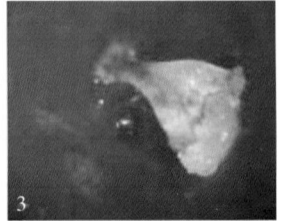

图 2-30 不同外植体产生愈伤组织
1. 叶片　2. 根　3. 下胚轴

#### 2. 肇东苜蓿和 Pleven6 苜蓿的再生

2010 年，在借鉴以往研究经验的基础上又开展了肇东苜蓿和 Pleven6 苜蓿的再生研究（麻晓春等，2010），在愈伤组织诱导和分化同一条件下，同一品种子叶和下胚轴的诱导率和分化率不同，同时两个品种之间也有差异。肇东苜蓿的诱导率和分化率高于Pleven6苜蓿；子叶分化效果好于下胚轴，更适宜作为组织培养的外植体材料。

**3. 天蓝苜蓿的胚培养**

图2-31　天蓝苜蓿胚培养过程

利用组织培养技术可以快速繁殖优良品种、优良类型和珍贵种质资源，脱除各类病毒，幼化复壮植物，有效地培养新品种，创造新型植物种类。可以直接诱导和筛选出具有抗病、抗寒、耐旱、耐盐碱、高蛋白等优良性状的品种，可以保存优质资源、避免基因的丢失和毁灭等。在此开展的天蓝苜蓿胚培养试验即是为下一步的深入研究打基础。

**4. 讨论**

苜蓿组织培养研究已经发展了近40年，我国苜蓿的组织培养也发展迅速，人们已经进行了许多研究来优化其培养程序，使之更适应特定的品种并获得最佳的表现。不同的苜蓿品种，再生能力有很大的差别，组织培养成功与否很大程度取决于苜蓿品种，基因型杂合程度高的苜蓿品种，其体细胞胚形成能力高，再生能力也高。另外，Bingham 等证明苜蓿愈伤组织的植株再生能力是高度遗传的，可通过轮回选择的方法将植株再生能力提高。苜蓿组织培养成功与否与培养基中激素的种类、浓度和不同激素的相互配比也有重要关系。本实验室虽然苜蓿组织培养研究得到了发育良好的再生植株，但是再生频率并不高，所以还需要进一步的摸索。

### （二）苜蓿的转化

#### 1. 拟南芥转录因子基因（*CBF2*）转化苜蓿

（1）*CBF2* 基因的功能介绍

*CBF/DREB*1 转录因子在植物的抗逆反应中起着关键作用。*CBF* 基因家族是一个包括 *CBF*1、*CBF*2、*CBF*3、*CBF*4、*CBF*5、*CBF*6 的小基因家族，这些基因的编码阅读框中均不含有内含子，且阅读框中的核苷酸高度同源。该基因家族的成员在植物抗寒、抗旱及抗盐碱方面起着很大的作用（Haake et al，2002）。由于 *CBF* 基因主要被低温所诱导，因此研究主要集中在提高植物抗寒性方面，而且主要针对 *CBF*1、*CBF*3 展开研究，目前已从拟南芥、水稻、玉米、小麦、黑麦、大豆、西红柿和油菜等几十种植物中分离并鉴定出调控干旱、高盐及低温耐性的 *CBF* 基因，并利用这些基因得到了抗逆性增强的拟南芥、油菜、西红柿、小麦以及杨树等转基因植株。对于 *CBF*2 的研究报道很少，仅有 Jaglo 等报道转拟南芥 *CBF*2 的油菜植株中，EL50 值（导致 50% 组织电解质渗漏出来的冰冻温度）比未转化油菜低 4.6℃（Jaglo et al，2001），对 *CBF*2 在抗盐胁迫方面的研究则更少。转基因结果表明 *CBF* 转录因子家族在双子叶植物、单子叶植物、草本植物及木本植物抗逆品种改良中均具有重要的应用价值（Novillo et al，2004）。

组成型启动子 CaMV35S 可使所驱动的目的基因高效且非特异性表达，这种表达模式不仅造成植物体能量上的过度消耗，而且还可能诱发转基因沉默。拟南芥 rd29A 基因的启动子属于逆境诱导型启动子，含有干旱、高盐、低温诱导表达的 DRE 顺式作用元件，逆境胁迫可在早期瞬时诱导这些元件，从而激活靶基因的表达，增强植物的抗逆性。Kasuga 用 rd29A 启动子代替 CaMV35S 来启动 *DREB*1A 基因在拟南芥中表达，发现转基因植株生长发育受到的影响十分轻微，种子产量与野生型对照植株相似。因此，本书采用从拟南芥中克隆的 rd29A 逆境诱导型启动子来驱动 *CBF*2 基因的表达，以避免由于转基因过量表达给植物带来的不利影响。

本书将从拟南芥中克隆的 *CBF*2 基因导入苜蓿中，对获得的转基因植株进行抗性鉴定，证明 *CBF*2 基因在高盐诱导下的表达能够提高苜蓿的耐逆能力，为深入研究 *CBF*2 基因的抗逆机制及其在作物抗逆育种中的应用奠定了基础。

（2）转化体系

预培养基：MS＋2.0 mg/L 2，4‐D＋0.5 mg/L KT＋3％蔗糖

共培养基：MS＋2.0 mg/L 2，4‐D＋0.5 mg/L KT ＋3％蔗糖

脱菌培养基：MS＋2.0 mg/L 2，4‐D＋0.5 mg/L KT＋150 mg/L Sm＋3％蔗糖

筛选培养基：MS＋2.0 mg/L 2，4‐D＋0.5 mg/L KT＋125 mg/L Sm＋40 mg/L Kan＋3％蔗糖

诱芽培养基：MS＋2.0 mg/L 6‐BA＋0.5 mg/L NAA＋75 mg/L Sm＋30 mg/L Kan＋3％蔗糖

生根培养基：1/2MS＋0.5 mg/L NAA＋50 mg/L Sm＋15 mg/L Kan ＋1.5％蔗糖

（3）共培养法转化"肇东"苜蓿和"Pleven6"苜蓿

以肇东苜蓿和 Pleven6 苜蓿的无菌苗子叶为外植体，置于黑暗预培养，投入到发根农杆菌菌液中，不同浓度下分别侵，侵染后转移到共培养基上黑暗培养。后转入脱菌培养基（附含不同浓度的 Sm）培养 10～15d，然后转接于筛选培养基中培养至出现芽点。将出现芽点的愈伤组织转移到诱芽培养基上，并适当调整卡那和链霉素的浓度，当芽长至 1～2cm 左右时切下转移到生根培养基培养。生根的再生植株移栽，继续生长，然后进行分子鉴定和生理水平检测。

（4）整株感染法转化"肇东"苜蓿和"Pleven6"苜蓿

一般的转化途径都是先用农杆菌侵染外植体，然后诱导愈伤、体胚再生途径或直接生芽再生途径。但外植体经农杆菌侵染后要先后经历农杆菌和抗生素的双重伤害，导致外植体大量死亡，转化率随之大大下降。同时在筛选培养基上诱导脱分化困难，不易于向胚性愈伤方向转变。

本研究采用一种新型的转化方法——整株感染法。选取苜蓿的成熟种子，按一定间隔比例播种于蛭石、草炭土和大地土按 1∶1∶1 混合的花盆中，灌透置于温室内，发芽后再次调整苗间距，待 7～10 d 时苜蓿长出真叶，当真叶长出 3～5 d 内准备第一次感染。

用 1 mL 注射器吸取培养好的菌液直接注射到苜蓿幼苗的生长点上。感染过的苜蓿幼苗继续在混合土中生长，待真叶长大时进行 PCR 检测，将鉴定为阳性的植株移栽，使其继续生长，直至开花结果。

（5）结果与分析

本研究采用发根农杆菌介导的共培养法和整株感染法转化肇东苜蓿和 Pleven6 苜蓿子叶。确立了共培养法转化苜蓿的转化体系，即以苜蓿的子叶作为外植体，预培养 2 d 后用发根农杆菌 R1000 侵染，菌液浓度为 OD600 值

为 0.3~0.4、侵染时间肇东苜蓿为 15 min、Pleven6 苜蓿为 10 min，然后共培养 3d 并用无菌水清洗，再用 150 mg/L 的 Sm 脱菌，然后用 40 mg/L 的延迟筛选，筛选过程中 Sm 浓度从150 mg/L逐渐降低至 50 mg/L，Km 浓度由 40 mg/L 降至 15 mg/L。然后将抗性小苗移栽，在生长到一定状态时进行分子检测和生理指标的检测。

对转化的苜蓿植株进行 PCR、RT-PCR 鉴定，结果显示在其转录水平上外源 CBF2 基因已经稳定表达（图 2-32）。在盐碱、低温、干旱三种胁迫下，植株的可溶性糖、游离脯氨酸和可溶性蛋白含量均有不同程度的变化（图 2-33、图 2-34、图 2-35）。其中可溶性糖的含量在低温胁迫时累积量最大，说明可溶性糖的含量对低温胁迫的应答机制强于对盐碱和干旱胁迫。低温下可溶性糖含量的提高，大大提高了植株的抗寒能力。游离脯氨酸的累积量在干旱胁迫下最大，表明游离脯氨酸对干旱胁迫的应答机制最为灵敏。盐碱胁迫对可溶性蛋白的变化量影响最大。在盐碱胁迫下，紫花苜蓿启动防御机制，通过可溶性蛋白的积累调节细胞渗透势，降低伤害程度，保护原生质，减轻质膜受盐碱胁迫的伤害程度，帮助苜蓿抵御盐碱胁迫。

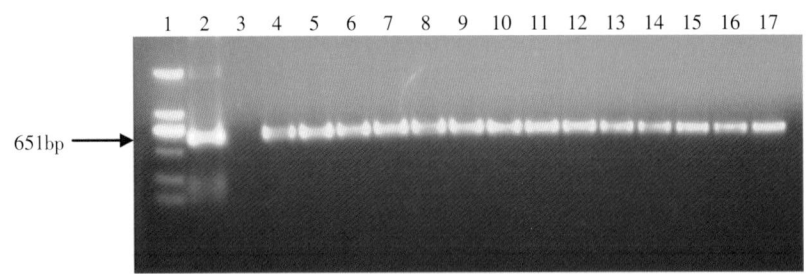

图 2-32　转基因苜蓿的 RT-PCR

1. DL2，000 DNA Marker　2. 阳性对照　3. 阴性对照　4~17. 转基因植株

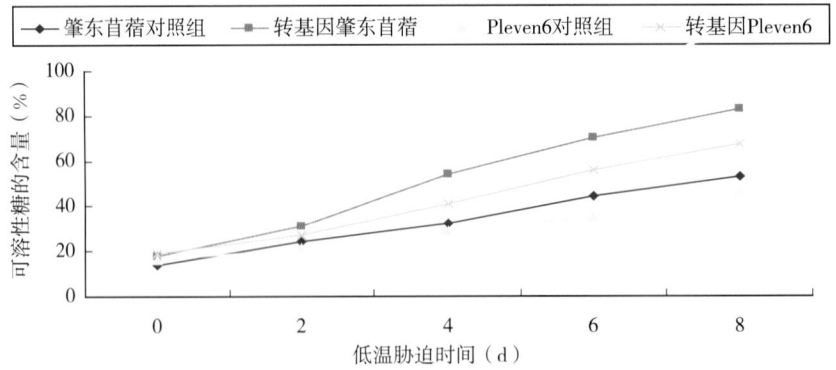

图 2-33　低温胁迫时间对可溶性糖含量的影响

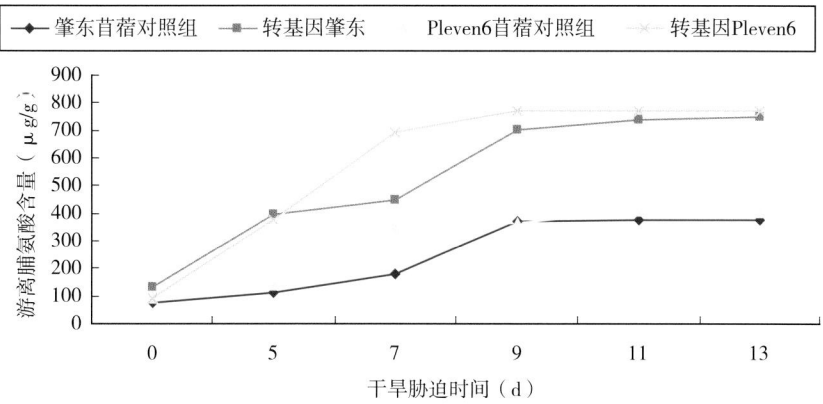

图 2-34　干旱胁迫时间对游离脯氨酸含量的影响

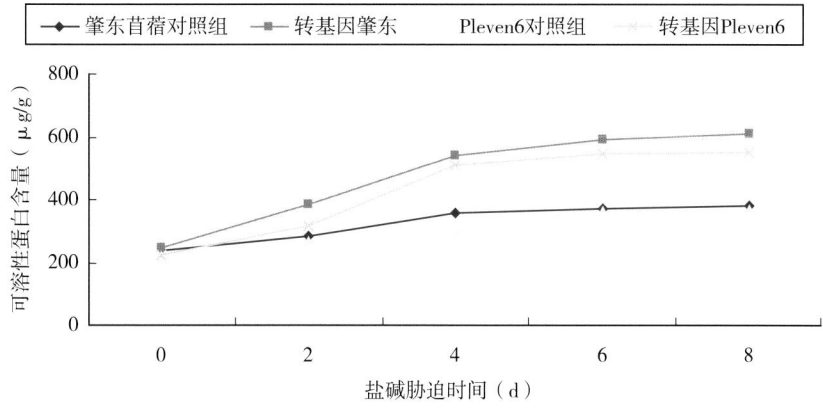

图 2-35　盐碱胁迫时间对可溶性蛋白含量的影响

（6）小结

在进行植物遗传转化过程中选择一种合适的转化方法可以大大提高遗传转化率。叶盘法是一种简单易行和应用广泛的转化方法。对那些能被农杆菌感染、并能从离体叶盘形成愈伤组织再生形成植株的各种植物来说叶盘法都适用。这种方法有很高的重复性，便于大量常规地培养转化植物。用这种方法所得到的转化体，其外源基因大多单拷贝插入，能稳定地遗传和表达，并按孟德尔方式分离。

整株感染法是近几年发展起来的一种新的遗传转化方法，是用农杆菌直接感染植物而进行遗传转化的一种简单易行的方法，这是一种非组织培养的遗传转化新方法。由于整株感染的方法不涉及细胞的脱分化与再分化、不涉及再生植株的生根及移苗等问题，并且在当代与叶盘、基因枪等转化方法相比转化效率更高。也就是说，整株感染法由于避免了由单一转化细胞通过组织培养获得再生植株的过程，这种方法也就避免了基因型对植株再生和转化的限制，所以有望发展成为不受基因型限制的广泛适用的新型植物转化方法。

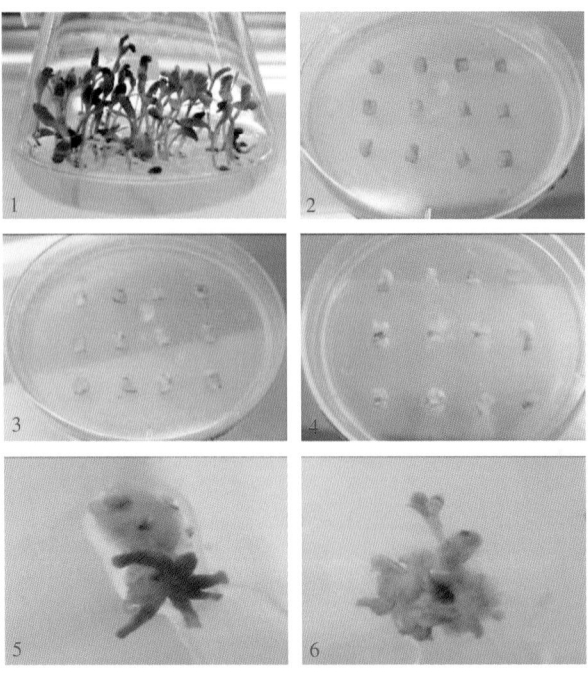

图 2 - 36  共培养法转化苜蓿的过程

1. 7 日苗龄的肇东苜蓿和 9 日苗龄的 Pleven6 苜蓿  2. 预培养 2d  3. 共培养 3d

4. 脱菌培养基上培养 10～15d  5. 分化出芽  6. 正常再生芽进行继代培养

本研究采用了基因工程中应用广泛的叶盘及新型的整株感染这两种方法对苜蓿进行遗传转化，以鉴定 CBF2 基因的功能。虽然目前整株感染法在不同的物种中还存在转化率差异大、重复性差等问题，还需要大量的实验结论作为依托，但综上可见，此方法确实是一种值得生物工作者进一步实践的植物遗传转化方法。

**2. 水稻类金属硫蛋白基因（RgMT）转化苜蓿**

（1）RgMT 基因的功能解析

①RgMT 基因在酵母中的表达及抗性解析

酵母是单细胞真核微生物，具有生长迅速，易于遗传操作，可分泌表达外源蛋白等特点。同时，它能对外源蛋白进行翻译后的加工和修饰，是表达外源蛋白的合适宿主。pYES2 载体是为检测重组蛋白在酵母中诱导表达情况而设计的，该载体含有诱导性启动子 GAL。在葡萄糖存在情况下，蛋白的表达受到抑制，而在半乳糖存在的情况下，启动子会使重组蛋白大量表达。

本实验中，为了研究 RgMT 基因在不同非生物逆境下的功能及其在酵母细胞中的亚细胞定位，以酵母 INCSc1 菌株为宿主，转入 RgMT 基因及 Rg-MT‐GFP 融合基因。通过 Northern 杂交鉴定 RgMT 基因在酵母宿主中受诱导表达。同时利用激光共聚焦显微镜，观察 RgMT‐GFP 融合蛋白的位置，以此揭示 RgMT 基因的功能。

图 2-37　共培养法转化苜蓿再生植株的生根过程

1. 绿色正常芽长到 2cm 左右高度　2. 小苗转入生根培养基中

3、4. 开始生根　5. 移栽到蛭石中的再生苗

6. 移栽到蛭石、草炭土和大地土按 1∶1∶1 混合的花盆中

图 2-38　pYES2 质粒图谱

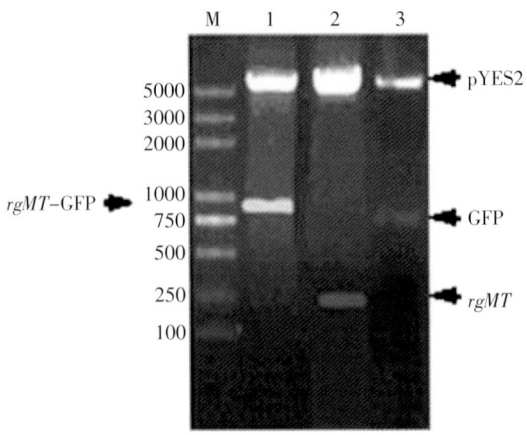

图 2-39 pYES2-*RgMT*、pYES2-*RgMT*-GFP 和

pYES2-GFP 重组质粒酶切鉴定电泳图

M. Marker DL2000 plus 1. pYES2-*RgMT*-GFP 的酶切鉴定

2. pYES2-*RgMT* 的酶切鉴定 3. pYES2-GFP 的酶切鉴定

为了研究 *RgMT* 在不同逆境胁迫下的功能，本实验将含有 pYES2 和 pY-ES2-*RgMT* 质粒的重组酵母菌以不同浓度分别培养于含有 0.8M NaCl、1M NaCl、8mM NaHCO₃、10mM NaHCO₃、10mM Na₂CO₃、12mM Na₂CO₃、50uM CdCl₂ 和 100uM CdCl₂ 的 YPG 固体诱导培养基上。在空白 YPD 培养基上，对照 pYES2 及 pYES2-*RgMT* 重组酵母的生长状态几乎一致，而在各种逆境诱导培养基中，*RgMT* 基因的表达使得表达 pYES2-*RgMT* 基因的酵母菌株表现出了好于对照的生长状态（图 2-40）。这一结果表明金属硫蛋白 *Rg-MT* 基因的表达对酵母在逆境胁迫下的生长发挥重要作用。

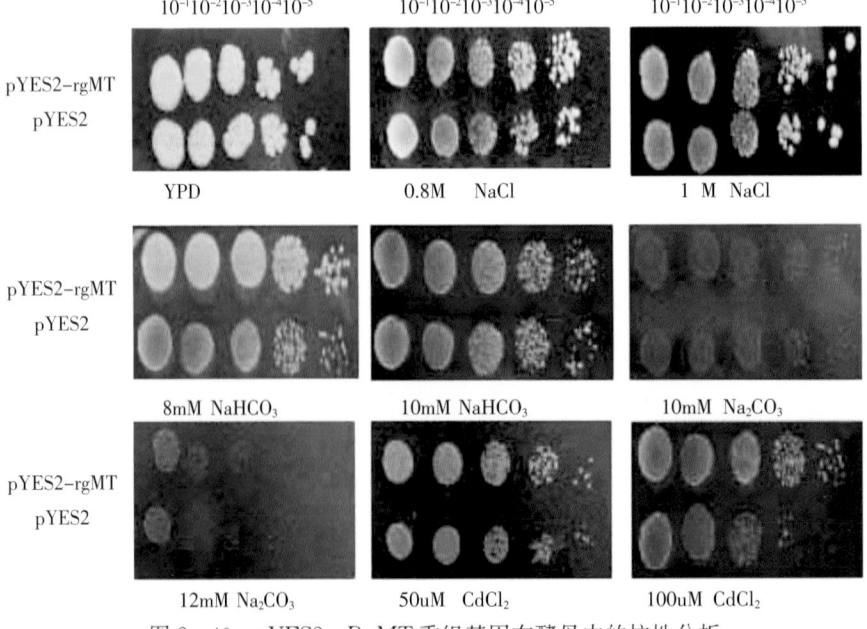

图 2-40 pYES2-*RgMT* 重组基因在酵母中的抗性分析

②*RgMT* 基因在拟南芥中的表达及抗性解析

之前的研究我们已经初步了解了 *RgMT* 基因与几种环境逆境的关系，推测其可能提高植物的耐受性。而在真核单细胞酵母中，转入 *RgMT* 基因的重组酵母对逆境的抗性也有显著提高。为了进一步研究 *RgMT* 基因在高等植物中与环境逆境的关系，我们通过转基因技术获得了转 *RgMT* 基因的拟南芥植株。通过对转基因植物对于逆境胁迫的耐受性研究，深入了解其在生物中发挥的作用，为抗性育种奠定基础。

实验中我们采用农杆菌介导的方法，将携带外源基因 pBI121 - *RgMT* 的农杆菌 EHA105 用真空法转化了即将开花的拟南芥植株。收集的 $T_0$ 代种子播种到含 50mg/1 Kan 的 1/2MS 培养基中，由孟德尔遗传定律知，具有 Kan 抗性的株系种子中既有纯和体又有杂合体，需继续筛选。经过筛选后，得到了具有 Kan 抗性的遗传转化体（图 2 - 41）。

图 2 - 41　转入 *RgMT* 基因的拟南芥植株的筛选

为进一步验证转基因植株的抗性，我们将 1/2MS 空白培养基上萌发 7 d 的幼苗，移至加入到添加了 10 mM、50 mM、80 mM NaCl 的 1/2 MS 培养基上，竖直培养 14 d，对长势进行观察。结果表明 10 mM、50 mM NaCl 胁迫下，野生型与转基因拟南芥的叶形态都较为正常，生长未受到抑制，两者之间没有差异，80 mM NaCl 胁迫下，野生型与转基因拟南芥的叶色变黄野生型拟南芥的生长受到了严重的抑制，叶子干黄，生长缓慢，而转入 *RgMT* 基因的植株，虽然生长也受到了一定的影响，但无论是叶的形态还是根的生长情况都要好于野生型（图 2 - 42）。

为验证转基因植株在 NaCO$_3$ 处理下的抗性，我们将 1/2MS 空白培养基上萌发 7d 的幼苗，移至加入到添加了 3mM，5mM，10mM Na$_2$CO$_3$ 的 1/2 MS 培养基上，竖直培养 14d，对长势进行观察。结果表明，在 3mM Na$_2$CO$_3$ 胁迫

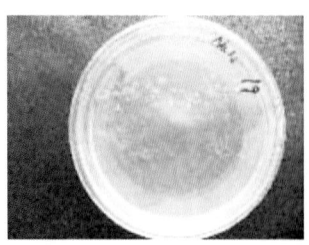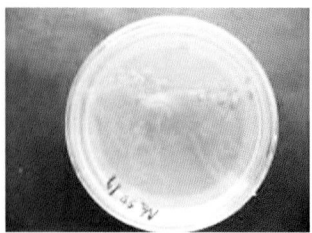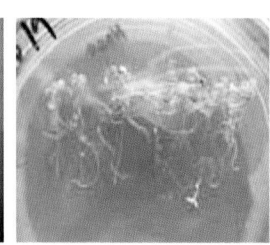

图 2-42 转基因拟南芥在 NaCl 逆境胁迫下的生长

下，野生型与转基因拟南芥生长就受到抑制，野生型的叶片全部变白，转基因株系还微微有些绿色，野生型和转基因株系的根生长也受到抑制，但转基因株系长出了侧根，野生型只有一个直根，从中可以看出转基因株系的抗性略好于野生型，5mM Na$_2$CO$_3$ 胁迫下，野生型与转基因拟南芥，生长受到抑制，野生型的叶片全部变白，转基因植物还有带绿色叶片，野生型和转基因株系的根生长也受到抑制，都没有长出侧根，转基因植物长势要好于对照，根系伸长明显长于对照，在 10mM Na$_2$CO$_3$ 胁迫下，野生型拟南芥的生长受到了严重的抑制，叶子黄，生长缓慢，转基因的植株和野生型在生长上没有差别（图 2-43）。

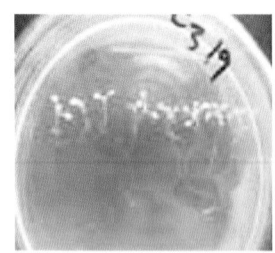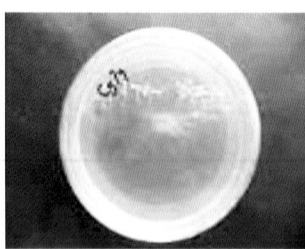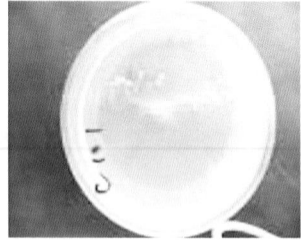

图 2-43 转基因拟南芥在 Na$_2$CO$_3$ 逆境胁迫下的生长

为验证转基因植株在 NaHCO$_3$ 处理下的抗性，我们将 1/2MS 空白培养基上萌发 7d 的幼苗，移至加入到添加了 5mM、10mM Na$_2$HCO$_3$ 的 1/2MS 培养基上，竖直培养 14d，对长势进行观察。结果表明，在 5mMNa$_2$HCO$_3$ 胁迫下，野生型与转基因拟南芥生长就受到抑制，野生型的叶片全部变白，转基因株系还微微有些绿色，野生型和转基因株系的根生长也受到抑制，从中也可以看出转基因株系的抗性略好于野生型，10mM Na$_2$HCO$_3$ 胁迫下，野生型与转基因拟南芥，生长受到抑制，野生型的叶片全部变白，转基因植物还有淡黄绿色叶片，转基因株系的叶片长势要大于野生型，野生型和转基因株系的根生长也受到抑制，都没有长出侧根，两者根长没有特别大的区别，都生长缓慢，后阶段几乎停止生长，转基因植物长势要好于对照，根系伸长明显长于对照

（图 2 - 44）。

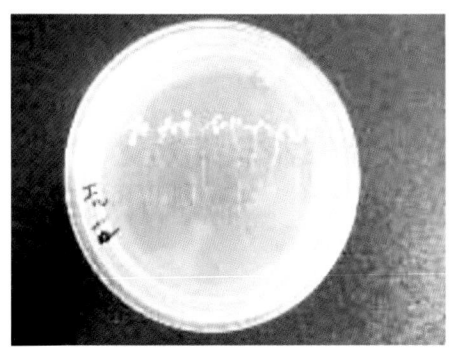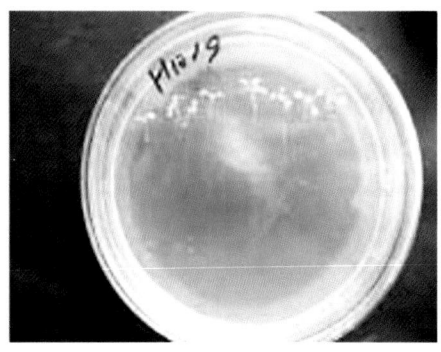

图 2 - 44 转基因拟南芥在 NaHCO₃ 逆境胁迫下的生长

通过统计在正常情况和添加了 25mM、50 mM、100 mM、150 mM CdCl₂ 处理的情况下，野生型拟南芥与转基因拟南芥的根长变化（图 2 - 45），我们可以明显看出：在 25mM CdCl₂ 处理的情况下，野生型拟南芥与转基因拟南芥的长势和未处理的没有什么区别，在这个浓度下，CdCl₂ 没有对植物生长造成表型的伤害，在 50 mM 镉逆境的影响下，野生型与转基因拟南芥生长受到一定抑制，根长不如未处理的长得好，但也有侧根发出，100 mM 的 CdCl₂ 处理的情况下，植株生长受抑制特别明显，叶片长得不如没有处理的健壮，没有发出侧根，转基因的株系各种长势要好于野生型，150 mM CdCl₂ 处理的情况下，植株的部分叶片变黄，根有一定的生长，但没有侧根产生，从图中可以看到，转基因的植株根长要长于野生型植株。

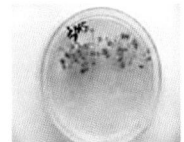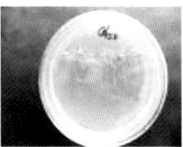

图 2 - 45 转基因拟南芥在 CdCl₂ 逆境胁迫下的生长

③小结

本部分主要是通过金属硫蛋白基因在酵母和拟南芥中过量表达，研究该基因与逆境之间的关系。

酵母是一种真核单细胞生物，与植物有着类似的代谢途径，并且具有繁殖周期短、操作简单的优点。本研究中，以 pYES2 为载体，酵母 INVSc1 菌株为宿主，对金属硫蛋白 *RgMT* 基因的功能及其编码蛋白质的定位进行了解析。pYES2 载体（5.9kb）是专门为检测重组蛋白在酵母中诱导表达而设计的酵母菌表达载体。该载体含有一个可被 RNA 聚合酶 II 识别的较强的诱导型启动子

GAL1，该启动子用于质粒编码蛋白的条件性表达。GAL1 在诱导酵母中重组蛋白表达时，在有 glucose（葡萄糖）存在的情况下，由于 GAL1 不能结合到正确的位点上，从而会抑制重组蛋白的表达；而在 galactose（半乳糖）存在时，启动子会使重组蛋白高效表达。另外酵母菌也能够利用 raffinose（棉子糖）这一碳源维持生长，raffinose 的存在，既不抑制重组蛋白的表达，也不诱导重组蛋白的表达。因此，在本实验中，在培养基中加入 2% glucose 抑制重组蛋白的表达，在培养基中加入 2% galactose 和 1% raffinose 诱导重组蛋白的表达。

结果表明，金属硫蛋白 RgMT 基因与绿色荧光蛋白基因 GFP 共同构建到酵母表达载体 pYES2 上，通过 GFP 蛋白的表达，在共聚焦显微镜下观察，编码的蛋白质定位于细胞质中。将 RgMT 基因构建到酵母表达载体 pYES2 上，得到重组质粒 pYES2-RgMT。实验结果表明，带有 pYES2-RgMT 的重组酵母在受到诱导后，该基因的表达，对逆境的耐性与对照相比，有了一定的增加。酵母与植物细胞有类似的代谢途径，因此可以推测在植物中 RgMT 与逆境也可能有一定关系。这为利用 RgMT 进行耐性育种奠定了良好的基础。

构建了植物二元表达载体 pBI121-RgMT，并通过农杆菌介导的浸润法将之转到拟南芥中。通过 50mg/L Kan 筛选，PCR 和 Northern 杂交鉴定证明得到转基因植株。我们对转 RgMT 基因拟南芥在 NaCl、$Na_2CO_3$、$NaHCO_3$ 和 $CdCl_2$ 胁迫下的种子萌发和种子萌发后再用胁迫处理，观察叶片和根的生长情况的研究表明，转 RgMT 基因拟南芥对环境胁迫有一定的抗性，尤其是在 NaCl 胁迫下长势明显好于对照。

④讨论

耐盐性是一个较为复杂的性状，鉴定一个品种的耐盐性应采用若干性状进行综合评价，在植物生长的整个过程中，种子萌发和幼苗生长是对盐胁迫响应最敏感的两个阶段，因此选择研究在不同逆境下，转基因拟南芥的种子萌发和幼苗生长情况，以期观察转基因拟南芥对逆境的抗性。

在 100mM NaCl、10mM $NaHCO_3$ 浓度下，非转基因种子与转基因株系的生长受到了抑制，转基因种子的长势大于非转基因种子的长势。在 15 mM $Na_2CO_3$ 与 150mM $CdCl_2$ 浓度下，非转基因株系和转基因株系的萌发都受到更大的抑制，但非转基因种子的长势大于转基因种子的长势。在逆境胁迫下，转基因种子的萌发会有不同的表现，有的是转基因植物种子的萌发率高于对照组（Xinxin Zhang，2008），也有得到相反结论的，王春梅（2008）在其实验结果中表明，在高浓度的 NaCl 条件下，转基因植物种子的萌发率低于对照组。本研究中转基因植株在不同逆境胁迫下种子萌发的结果，可能是因为该基因在植物生长的不同时期，发挥的作用不同，影响种子萌发的具体原因，有待于进一步的研究。

（2）转化体系

诱导培养基：30 g/L 蔗糖＋ MS＋2 mg/L 2，4 - D＋8 g/L 琼脂

悬浮培养基：诱导培养基＋琼脂＋100 $\mu$M AS（乙酰丁香酮）

共培养培养基：MS＋2 mg/L 2，4 - D ＋30 g/L 蔗糖＋ 100 $\mu$M AS（乙酰丁香酮）＋8 g/L 琼脂

分化培养基：MS＋1 mg/L 6 - BA ＋0.3 mg/L NAA ＋30 g/L 蔗糖＋8 g/L 琼脂

生根培养基：30 g/L 蔗糖＋l/2MS＋8 g/L 琼脂

（3）共培养法转化"农菁1号"苜蓿

选取苜蓿无菌苗的幼嫩叶片为外植体，切成 0.5cm×0.5cm 大小的叶片，接种于诱导培养基上进行培养。实验使用的农杆菌菌液中加入乙酰丁香酮，共培养时遮光培养 2d。

选取具有卡那霉素抗性、生长健壮、生长势一致的转基因植株，提取基因组 DNA，以各自转基因苜蓿植株基因组 DNA 为模板，进行 PCR 鉴定，再选取 4 株 PCR 鉴定呈阳性的转基因植株进行 Northern 杂交鉴定。

（4）结果与分析

以建立的苜蓿高频再生体系为基础，愈伤组织为转化受体，用根癌农杆菌介导法将 gus 基因转入苜蓿中，利用 GUS 组织化学染色法，研究了影响遗传转化的若干因素，获得了转基因植株。乙酰丁香酮的浓度 100$\mu$mol/L，菌液浓度 $OD_{600}$ 为 0.3～0.5，共培养时间为 3d，卡那霉素浓度为 50mg/L 时转化频率最合适。通过建立的农杆菌介导的愈伤组织转化体系将 RgMT 基因转化到紫花苜蓿中，Kan 抗性植株，Northern blot 检测表明，目的基因已整合进苜蓿基因组中（图 2 - 46）。由此，我们推断外源基因的转录表达将提高转基因苜蓿相关的生理代谢水平。

苜蓿是一种较抗盐的作物，其分布广泛，营养价值丰富，且再生性强，是改良土壤的绿肥。如果能在盐碱地上种植苜蓿，既可以起到绿化作用，又可创造经济价值，还可以改良土壤。植物的耐盐性是一个多基因控制的复杂性状，依赖于多个基因之间的相互作用。因此，转移单个基因可能只获得部分抗性。

植物在逆境条件下体内会发生一系列的生理生化变化，以提高植株抵抗逆境胁迫的能力。盐胁迫下对转 RgMT 基因植株及未转化的非转基因型植株叶片在脯氨酸含量、SOD 活性、叶绿素含量及细胞膜透性等生理指标进行测定，说明盐胁迫下转基因苜蓿的耐盐性优于非转基因苜蓿，转基因苜蓿具有较强耐盐性。

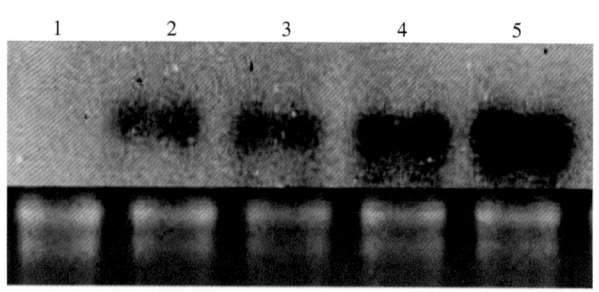

图 2 - 46　转基因苜蓿的 Northernern blot
注：泳道 1 阴性对照，泳道 2~5 转基因植株。

本试验将水稻类金属硫蛋白基因 $RgMT$ 在紫花苜蓿品种"农菁 1 号"中表达以期获得更高耐盐性的植株。在 8mM $NaHCO_3$ 胁迫下，非转基因植株的生长受到抑制，而转基因植株的生长状况相对良好，说明 $RgMT$ 表达载体在转入苜蓿后已进行了表达发挥了作用。

（5）小结

以苜蓿的无选择为淡绿色，结构疏松，表面有突起的愈伤组织作为遗传转化的对象，以农杆菌菌株为介体，$gus$ 基因进行转化条件的优化，设置不同处理，进行 GUS 组织化学染色，优化转化因子。经 GUS 组织化学染色检测可知 $RgMT$ 基因不仅在转化的愈伤组织中得到表达，而且持续的表达，直至植株再生，并整合到植物的基因组中。

### （三）分子标记辅助育种

分子标记（Molecular Markers）是以个体间遗传物质内核苷酸序列变异为基础的遗传标记，是 DNA 水平遗传多态性的直接反映。与其他几种遗传标记——形态学标记、生物化学标记、细胞学标记相比，DNA 分子标记具有的优越性有：大多数分子标记为共显性，对隐性的性状的选择十分便利；基因组变异极其丰富，分子标记的数量几乎是无限的；在生物发育的不同阶段，不同组织的 DNA 都可用于标记分析；分子标记揭示来自 DNA 的变异；表现为中性，不影响目标性状的表达，与不良性状无连锁；检测手段简单、迅速。随着分子生物学技术的发展，现在 DNA 分子标记技术已有数十种，广泛应用于遗传育种、基因组作图、基因定位、物种亲缘关系鉴别、基因库构建、基因克隆等方面。

#### 1. 利用分子标记技术对紫花苜蓿进行种质鉴定

利用 RFLP 和 RAPD 技术研究紫花苜蓿品种资源表明，紫花苜蓿品种的杂合性强，来自不同谱系和具有不同表型的品种可用分了标记来加以区分。Yu K 等利用 RAPD 技术采用混合样品，分析了几个不同的紫花苜蓿品种，并认为此法应作为鉴定品种、系统学研究和选择具有杂交优势亲本的首选方法。Pupilli 等曾利用 RAPD 技术对中国苜蓿审定品种进行了鉴定分析；魏臻武利用 RAPD 标记，检测紫花苜蓿品种（系）的 DNA 分子标记多态性，并构建了 55 个紫花苜蓿品种（系）的指纹图谱，可用于紫花苜蓿品种鉴定。

黑龙江省农科院草业研究所"利用 RAPD 分析苜蓿属的遗传多样性和亲缘关系"，对苜蓿属的 53 个品种间的遗传多样性进行了研究；计算了 51 个紫花苜蓿品种（品系）、1 个黄花苜蓿品种及 1 个蒺藜苜蓿品种间的遗传相似度和遗传距离，并进行了聚类分析，探讨了它们之间的亲缘关系。

**2. 应用分子标记对牧草突变体检测的研究**

黑龙江省农科院草业研究所"牧草不同诱变处理的生物学效应研究"，以高能混合粒子场、$^{60}$Co-γ 射线处理龙牧 803 紫花苜蓿种子和第十八颗返回式卫星搭载龙牧 803、肇东苜蓿种子为试验材料，从形态学、细胞遗传学、分子生物学层次上检测与分析苜蓿经不同诱变方法所致的生物学效应。RAPD 分析结果表明：41 个随机引物中有 31 个引物的扩增 DNA 带一致，10 个引物在对照和不同诱变处理的苜蓿间表现多态性，共获得 393 个位点，多态位点 335 条，多态性百分率为 85.24%。DNA 突变程度随着高能混合粒子场辐照剂量的增加从 3.31% 增加到 7.89%。经卫星搭载的龙牧 803 苜蓿和肇东苜蓿 DNA 突变程度分别为 4.83% 和 6.65%。

黑龙江省农科院草业研究所进行"高能混合粒子场和 $^{60}$Co-γ 射线诱变龙牧 803 紫花苜蓿的损伤效应比较研究"，分别用 109 Gy、145 Gy、195 Gy、284 Gy 和 560Gy 5 个剂量的高能混合粒子场和对应剂量的 $^{60}$Co-γ 射线处理龙牧 803 紫花苜蓿干种子，使用普通龙牧 803 紫花苜蓿干种子作为对照，记作处理剂量 0Gy。将处理后的种子分别进行发芽试验、观察微核数、纸筒育苗后移栽在田间，在田间按单株顺序编号进行定株观察、在现蕾期测定株高、鲜草产量和品质，来比较两种不同诱变方法所造成的辐射损伤效应。结果表明：高能混合粒子场处理的种子发芽势和发芽率明显高于 γ 射线处理，发芽势高于对照（未经处理的材料），发芽率低于对照；γ 射线处理的发芽势等于或高于对照，发芽率低于对照；高能混合粒子场处理的微核率略低于 γ 射线处理，两者均显著高于对照；γ 射线处理的株高和产量随着处理剂量的增高而降低，除 109Gy 外，均低于对照和高能混合粒子场处理；γ 射线处理组的粗纤维含量普遍低于高能混合粒子场处理组；粗蛋白含量普遍高于高能混合粒子场处理组；粗脂肪含量在低剂量条件下（109、145 和 195Gy）γ 射线处理高于高能混合粒子场处理，高剂量（284～560Gy）条件下则低于高能混合粒子场处理。通过 RAPD 分子标记对两种诱变源处理的 109 株单株进行聚类，结果表明无论哪种诱变源处理，聚类结果显示都是随着剂量的加大，DNA 的损伤程度加大，从而单株间的遗传距离增大。

黑龙江省农科院草业研究所进行"实践八号搭载 8 个苜蓿品种生物学效应研究"，利用"实践八号"育种卫星分别搭载的 8 个苜蓿品种的种子，研究细胞学效应、生理生化指标、苗期生长势和 RAPD 分子技术的检测，为苜蓿的航天诱变育种提供实验依据。"实践八号"搭载后，8 个苜蓿品种 SP₁ 代根尖细胞的有丝分裂指数呈上升趋势，并且这 8 个苜蓿品种染色体发生不同类型的畸变，以染色体断片所占比率最大。进行了生理指标测定，结果显示，搭载后 8 个苜蓿品种叶片内 POD 活性、可溶性蛋白含量均升高，SOD 活性均降低。所以 8 个苜蓿分别通过提高自身的 POD 活性和可溶性蛋白含量以及降低 SOD 活性来抵抗逆境对其造成的伤害的。测定了 8 个品种苜蓿幼苗的根长、发芽率、鲜重。结果显示，搭载后 8 个苜蓿品种幼苗根长均受到了抑制，不同的苜蓿品种差异很大。RAPD 随机扩增，筛选得到 21 个引物分别在 8 个品种对照和诱变间扩增带型清晰、重复性好的和多态性高的条带。

**3. 利用分子标记技术进行苜蓿遗传多样性的研究**

李拥军等曾利用种子蛋白 DNA 的 RAPD 技术分析了中国 18 个地方品种和美国 9 个代表品种的遗传多样性，认为中国紫花苜蓿品种的杂合性较高，品种间遗传差异较小，相对来讲遗传差异主要存在于品种内。另外还得出了紫花苜蓿的遗传结构不仅与其异交繁育体有关，还与品种来源有关的结论。

黑龙江省农科院草业研究所进行"γ 射线处理苜蓿种子遗传效应研究"，利用 1 000、1 500、2 000Gy 高剂量 γ 射线分别处理肇东苜蓿、龙牧 801、龙牧 803 3 个品种紫花苜蓿的种子，研究 γ 射线诱变苜蓿的生物效应与机理。在 0～2 000Gy，不同剂量各单株随着辐射剂量的增加多态率都有增加的趋势。M₁ 代与 M₂ 代相比，M₂ 代各单株多态率的变化明显，M₂ 代分离幅度较大。

黑龙江省农科院草业研究所进行"紫花苜蓿品质近红外分析模型的建立及其遗传多样性的研究"，采用二极管阵列近红外漫反射光谱法对 152 个紫花苜蓿样品建立粗蛋白、粗纤维的近红外定量分析校正模型。在化学分析检验数据的基础上，采用偏最小二乘法（PLS）建立分析模型，分别设置 1nm、2nm、5nm 三个不同的间隔波长及其粗样和细样两种粉样效果，并进行准确性和重复性的验证，比较其优劣。实验表明，近红外检测分析用于紫花苜蓿中成分的测量是完全可行的。另对返青的样品进行田间调查，用 RAPD 分子标记研究 DNA 的多态性。分析结果得出，苜蓿品种遗传多态性和处理剂量高度相关。

**（四）利用生物技术进行牧草育种的前景与展望**

世界环境和发展组织对可持续发展的定义是："可持续发展应满足当前的需要，又不得削弱子孙后代满足其需要的能力"。目前，转基因作物已经在以下几方而作出了贡献：有利于保障粮食安全，保证了粮食价格的稳定；保持生物多样性；有利于缓解贫穷和饥饿；减轻农业发展对环境的影响；有利于减缓气候变化，减少温室气体；有利于提高生物燃料生产；有利于获得可持续性经济效益。

生物技术作为农业科技革命新的推进器，正在悄然拓展和创新农业功能，进而为国民经济持续健康发展提供持久而强劲的动力。农业生物技术承载了农业科技革命的重要内容，将推动第一次绿色革命，在这场新的科技革命中，把握农业生物技术发展的最新趋势，不断推进技术创新，促进生物农业产业发展，不仅是战略新兴产业的发展需求，促进经济发展方式转变的需求，也是保障粮食安全的迫切需求。在过去的二十多年里，苜蓿转基因研究在提高牧草种子及饲草产量、改良饲草品种、增强品种抗性及适应性等方面已取得了丰硕的成果，对苜蓿育种的发展起了重要的推动作用。然而，与作物基因工程相比，苜蓿基因工程仍属于一个新生事物，尤其是我国，多数研究开始于 2002 年以后，大多处于阳性转化植株筛选与初步检测阶段，有关转化基因表达及其对性状的影响相对较少。至今尚无转基因苜蓿品种推向商品化。今后，应该广泛借鉴其他植物研究中的生物技术手段，加强研究力度，深入研究程度，使生物技术为苜蓿的遗传改良及产业化生产开辟更为广阔的途径，也使苜蓿基因工程自身的研究成果为其他植物的遗传转化研究积累经验。

# 第五节　中国高纬寒地牧草的良种繁育

## 一、牧草良种繁育的意义和任务

种子是农业生产的基础。优良牧草种子是合理利用改良退化草地、建植人工草地、调整农业产业结构所必需的物质基础，同时足量的优质牧草种子不仅是高产优质牧草的保证，而且是扩大人工草地建植面积的前提。引种并驯化为适应当地高寒气候的优良牧草品种，必将奠定黑龙江省畜牧业发展和退化草地的恢复重建的物质基础。

## 二、牧草的良种繁育

黑龙江省拥有丰富的野生牧草资源，但是对牧草种质资源的研究相对滞后。良种繁育体系，即按育种家种子、基础种子、登记种子和合格种子 4 级种子存在不规范生产。为加快各级种子的繁殖代数、采种年限、生产技术和质量检验都要符合国家的种子法规和检验规程，并由种子管理机构依法进行监督指导和田间检验。黑龙江牧草良种必须完善牧草育种体系，建立牧草区域试验网，强化牧草品种审定制度，继续完善牧草常规育种体系，积极探索育种新技术，将育种新技术与常规技术结合起来，推进培育牧草新品种进程。为此，在高寒地区的特殊气候区域建设牧草良种繁育体系，扩大牧草良种繁殖基地，是加速牧草良种产业化发展的出路。

## （一）豆科牧草的良种繁育

### 1. 豆科牧草的良种繁育的关键技术

（1）苜蓿种子繁育关键技术

种子生产存在明显的地域性，其田间管理措施和技术要求不尽相同，但在气候温暖、光照充足、降水稀少有灌溉条件的地区可获得高产优质的种子。根据豆科牧草紫花苜蓿的生长特点，总结其种子繁育关键技术如下。

①播种技术

播种是苜蓿种子生产中重要的环节之一，具有较为严格的季节性和地域性。为保证生产中苗全苗壮和种子的优质高产，必须认真把好这一关，采取必要的播种技术。

选择适宜播种时期。在种子生产中，适宜的播种时期是种子生产必须慎重对待的环节，特别是在北方旱作条件下，显得更为重要和必要。适宜播期的确定，符合苜蓿生物学特性的要求。主要考虑当地水、热条件是否有利于牧草种子的萌发及定植，确保苗全苗壮；是否能有效避开大风、暴雨或暴晒季节；是否存在杂草危害或在播种前消除杂草，避免杂草危害；是否有利于苜蓿安全越冬等问题。

选择最佳的播种方法。首先考虑播种行距离，苜蓿制种生产适宜的行距取决于当地土壤质地、盐分含量、肥力、有效水分、温度及其他因素。一般而言，砂质土壤行距为 65cm，质地中等的土壤为 50～60cm。第二是播种量的大小，为了能获得较多的种子，苜蓿种子田需要宽行稀播的播种技术。一般而言，宽行条播种量应为 7～15kg/hm²。其次是播种深度。由于苜蓿种子粒小，播种不宜太深，一般以 2～3cm 为宜。最后是镇压处理。播种后镇压能使土壤与种子紧密结合，有利于种子吸水发芽和防止出现"吊根"现象，避免播种质量受损。

②田间管理

适时破除板结：苜蓿播种后至出苗前，根据当地特殊自然天气状况，如降雨或暴晒，土壤表层有时形成一层坚硬而板结的土层，十分坚硬影响已萌发的幼芽出土，严重时甚至造成缺苗断垄或根本不能出苗的现象。一旦发生或如已形成板结层，适时破除板结十分必要。方法是可用短齿耙或具有短齿的圆盘耙进行耙地，破除板结。

杂草防除：苗期苜蓿生长缓慢，很容易遭受杂草危害，必须在种植当年做好土壤封闭处理或苗期杂草防除。另外就是在其利用数年后，由于苜蓿生长衰老，长势减弱，也很容易被杂草危害，特别是一些与种子同期成熟的杂草，洒落的种子对翌年或以后危害更大。如果苜蓿种子里混有杂草种子，就会带来许多危害，不仅降低种子产量和质量，增加清选费用，同时还污染轮作中的其他作物，增加防除成本。所以种子清选是良繁中最后一个环节，也是最最重要的过程。

③农艺措施

间苗：间苗是苜蓿种子生产，保持田间密度合理的一项农艺措施，是在播种之后，苜蓿植株未能保持在 35～50 株/m²，而根据苜蓿在 4 片真叶时即可采用间苗的方法使株数控制在既定的合理密度。由于不同苜蓿品种对疏苗的反应各异，种子产量低的品种对疏苗的反应要比种产量高的品种好些。一般情况下株距 5cm 左右，密度在 35～50 株/m²，能够刺激种子的产量，且是目前生产中广泛应用的栽培技术。

施肥：研究表明，苜蓿对氮肥的需要不如禾本科牧草，而对磷、钾肥的需求则要高于禾本科牧草。因此，苜蓿的种子田应以施磷、钾肥为主，氮肥可在生长前期适量施用。播前应施入足量的有机肥（农家肥）作底肥，施用量为 22.5t/hm² 左右。同时也可施一定量的氮、磷混合肥，施用量为 150～225 kg/hm²，其氮、磷比为 1∶1 或磷肥比例稍多一些。另外，微量元素特别是硼对苜蓿种子生产具有重要意义，硼能影响叶绿素的形成，加强种子的代谢，对子房的形成、花的发育和花的数量都有重要作用。硼作为根外追肥，施用量为 3.75～4.5 kg/hm²。能使苜蓿子房和花发育正常，提高种子产量。

灌溉：研究表明，苜蓿生长期间主要利用 1～2m 土层以上的水分，对种子产量起决定作用的是表土层 60cm 的水分。因此，根据当地的天气及降水状况，调节种子田灌水量、频率和时间，既要避免植株受到干旱胁迫，又要防止徒长。为促进花芽分化，灌溉时间应尽量推迟，以利缓慢而稳定的生长。一般来说，根据当地土壤类型，合理灌溉使土壤含水量维持在田间持水量的 65%，可以获得较高种子产量。但种子成熟后则应当停止灌溉，以利于收获。

授粉：加强授粉是苜蓿种子繁殖获得高产的关键措施。因苜蓿是异花授粉植物，为保证种子的纯度，应注意繁种田的隔离。研究表明，不同苜蓿种子田之间需隔离 300～400m 以上。授粉有多种方式，人工辅助授粉是目前开展最多的一种，可以是机械授粉，即在种子田面积不太大的地块，一般用人工或机具于田地两侧拉一绳索或线网，在苜蓿花期从植株上部掠过即可，一方面植株摇动可促进花粉的传播，另一方面落于绳索或线网上的花粉在移动时可落在其他花序上，从而达到充分授粉。也可以是养蜂授粉。养蜂也是提高苜蓿授粉率的重要措施。研究表明，应用蜜蜂通常需要一段较长的授粉时间以确保种子生产的安全，原因其传粉效率低，于是，研究者开始研究可携带大量花粉的蜜蜂个体选育出来，成为更好地传粉者。据报道，切叶蜂在美国西北部和加拿大的应用得到很大成功。切叶蜂是目前更有效的传粉者，在合适的管理下，增产的效益远大于引用切叶蜂和所需劳力的成本。

④种子收获丸衣化

收种：苜蓿一年当中，不同茬次的花数不同，其中第一茬花最多，故应以头茬花为收种为宜。南方则可用头茬收草，二茬采种。由于苜蓿开花结实参差不齐，所以种子不可能同时全部成熟，容易脱落。为了防止种子脱落损失，研究表明，必须在约有 2/3 的荚果变成深褐色时收割。也可以在下部荚果变成黑色，中部变成褐色，上部变成黄色时进行收获。割下植株后晒干或收获同时喷施落叶剂，之后再用碌子碾压或用脱粒机脱粒。

种子检验：苜蓿种子的品质是保证苜蓿产业的重要物质基础。完好的未经处理的种子通常饱满，呈亮黄色或橄榄绿色。浅褐色的种子一般说明种子生活力下降。种子色淡、黑褐色与种子生理或年龄老化有关。一个评定种子生活力和贮藏性的技术就是四唑评定技术。通常，胚的全部或主要结构染成鲜红色的，为有生活力的种子；胚的主要结构之一不染色或染成浅色斑点者，为无生活力的种子。

种子丸衣化：在农业生产中，国外应用种子丸衣技术历史悠久。我国种子包衣研究起步较晚，早在 1981 年中国农业科学院土壤肥料研究所在农牧渔业部畜牧局的支持下，开展了飞机播种用豆科牧草种子包衣接种根瘤菌技术的研究。具体做法是：将根瘤菌接种剂粘在种子外面，然后再裹上丸衣，使其丸衣化。由于采用丸衣化方法接种根瘤菌，有利于豆科植物幼苗及早感染根瘤菌形成根瘤，明显地提高了幼苗的结瘤率，增加单株根瘤数量和根瘤重，促进苗期生长，使产草量和产种量明显增加。同时，由于种子包裹丸衣增加了体积和重量，有利于飞播和人工播种，落种均匀，提高了播种质量和出苗率。研究表明，采用丸衣化接种根瘤菌是提高苜蓿生产效益的有效措施。

## （二）禾本科牧草的良种繁育

禾本科牧草种子繁育及生产有很强的区域性，气候条件是牧草种子生产的基本因素，必须根据牧草生长发育特点和结实特性对气候条件的要求选择最佳气候区进行牧草种子生产（韩建国，1997）。牧草种子繁育及生产对气候的要求主要表现为：适于种或品种营养生长的太阳辐射、温度和降雨量，诱导开花的适宜光周期及温度，成熟期稳定、干燥、无风的天气。黑龙江地区冬季寒冷、春季有较长时间偏低气温，有利于冷季型禾草越冬春化，光照充足，雨热同期，6 月下旬到 7 月低气温较高、降雨适中，有利于羊草、鹅观草、无芒雀麦、披碱草等种子灌浆、成熟及种子收获，可作为上述牧草种子的生产基地。

禾本科牧草大多属于小种子植物，其种子生产对地域的选择性和收获技术的要求很高，尤其对田间管理技术的要求甚是严格。经过许多草业科技工作者的潜心研究试验，中国高纬寒地禾本科牧草种子的产量近年来在不断提高，但与国外相比差距还很大，今后必须加大这方面的科研投入，结合我国牧草种子田生产的实际情况以及农民现有的管理方式，从良种繁育、田间管理、适地适种等方面着手，寻求不同区域牧草种子生产的最佳管理模式，探索最大种子产量与质量实现的可能途径，并将其作为当前牧草种子生产研究中的一项迫切任务去落实。

进行牧草种子繁育及生产，首先要解决种子产量问题，多年生禾本科牧草潜在种子产量相当高，但多数禾本科牧草存在结实率低、落粒性强以及收获过程中的损失等问题，使得其实际产量非常低，因此田间管理技术的提高则成为牧草种子生产中的主要措施，黑龙江省农科院草业研究所自 2004 年开始以羊草、无芒雀麦、垂穗鹅观草等为研究对象，对播种时间、肥料种类、施肥量、施肥时间、杂草控制、病虫害防治、收获时间、生长调节剂等有关方面进行了大量研究，整合各项技术和管理措施，获得了一些研究成果，收到显著地经济效益。禾本科牧草种子繁育及生产中采取以下技术措施可以收到良好的效果。

**1. 播种**

（1）苗床的准备

禾本科牧草种子细小，苗期生长缓慢。通过苗床准备，主要采用耕地、耙地和镇压等技术措施，为播种均匀及种子发芽出苗提供良好的土壤环境条件，而且还可避免杂草的入侵和其他品种的混杂。耕地：耕翻深度为 20～25cm，盐碱地块则注意实行表土浅翻轻耙或深松土。耕地遵循的原则是"熟土在上、生土在下、不乱土壤"。耙地：耙地可平整地面、耙碎土块、耙出杂草根茎等作用，最终达到保墒。镇压：镇压可平整地面、压碎土块。

（2）种子休眠处理

羊草等禾本科牧草种子内部含有脱落酸（ABA）等物质，抑制种子的萌发，降低发芽率，在播种前进行种子处理可有效提高发芽率。种子休眠处理方法主要有：10％的双氧水消毒、300ug/g 的 PEG（聚乙二醇）、pH 为 8 的 NaOH、300ug/gIAA（吲哚乙酸）和 300ug/g $GA_3$（赤霉素）等，处理后可显著提高牧草种子的发芽率（表 2-34）。

表 2 - 34　不同处理羊草种子的发芽率

| 处理时间（分钟） | CK | H$_2$O$_2$ | PEG | NaOH | IAA | GA$_3$ |
| --- | --- | --- | --- | --- | --- | --- |
| 0 | 36.67[A] | — | — | — | — | — |
| 2 | — | 41.11[A] | 38.89[A] | 24.43[A] | 37.45[B] | 37.33[a] |
| 5 | — | 44.44[a] | 40.44[a] | 30.00[c] | 46.70[ab] | 43.22 |
| 8 | — | 51.82 | 45.66 | 39.55 | 48.55 | 55.87 |
| 10 | — | 60.47 | 44.28 | 42.33 | 52.05 | 59.24 |

（3）播种方法和方式

多数禾本科牧草具有较强的分蘖能力，侵占性强，种子生产田的播种方式有条播和撒播。条播行距应在 60cm 以上。在田间地力较差，生长期内杂草非常严重的情况下，可采用撒播方法，可有效抑制杂草，降低管理成本。

（4）播种时间和播种量

禾本科牧草种子发芽时需要较高的温度和充足的水分。在黑龙江地区播种时间以春末雨前为宜，一般不超过 6 月下旬。过晚幼苗太小，气温高，易灼伤死亡。种子生产田播种量因品种而异，羊草一般为 30～45kg/hm$^2$、扁穗冰草 20～30 kg/hm$^2$，无芒雀麦、鹅观草、披碱草等 15～20 kg/hm$^2$。如播量过小，抓不住苗，易受杂草危害，播量太大，营养枝增加，抑制生殖枝的生长，影响种子产量。

（5）播种深度

禾本科牧草种籽的覆土深浅，对出苗的生长发育均有明显影响，一般以 1.5～2.5cm 为好。

**2. 田间管理**

（1）施肥

在禾本科牧草种子生产中，施肥是提高种子产量最重要的农业措施之一，其中氮肥是影响禾本科牧草种子产量的关键因素，施氮肥可以有效地增加种子产量。氮素是影响生殖枝花序分化与发育的重要因素之一，一般来说，小穗数目是由栽培环境和品种特性共同影响的，但单棱期和二棱期保证有较高的氮素营养水平可以促进生殖枝花序分化，增加小穗数/生殖枝和小花数/小穗，使牧草的花序提前发生和发育成熟。磷肥对禾本科牧草种子产量也有一定的促进作用，改善磷肥的供应状况，可以增加禾本科牧草的种子产量。磷肥具有促进植物生长发育，加速生殖器官的形成和果实发育的作用，磷肥不足对种子产量的影响是巨大的，因此在施用氮肥的同时还应补适量的磷肥。李志华（1998）对燕麦的研究结果表明，氮、磷混施优于氮肥、磷肥单施，使燕麦种子产量提高了 155.18%，并且认为氮、磷混施比氮、磷单施使花序长、籽粒数、籽重增大效果更好。氮磷肥作用是通过改变土壤中氮磷含量影响牧草种子产量的。不同时期施肥对禾本科牧草种子产量存在一定的影响，无芒雀麦秋季施肥的直接影响主要是增加当年果后每平方米短营养枝数，而春季施肥一方面也是增加当年果后每平方米短营养枝数，使第二年每平方米生殖枝数增加；另一方面更重要的是为无芒雀麦返青后提供充分的营养条件，提高上年果后短营养枝越冬存活率，使果后短营养枝茎尖生长点生殖器官分化顺利完成，促进叶片正常发育，增加生殖枝数、小穗数、小花数以及小花结实率，增加种子产量。

以羊草为例的研究结果表明：氮肥是影响羊草种子产量高低的关键因素，随着施氮量的增加羊草种子产量逐渐增加。磷肥对羊草种子产量有一定的促进作用。另外，施肥时间对羊草种子产量也有一定的影响（表 2-35）。羊草种子生产田可施用磷酸二铵复合肥，在抽穗期施 $75kg/hm^2$，可获得最大的种子产量（图 2-47）。

表 2-35　不同施肥期农菁 4 号羊草的种子产量及组分

| 施肥期 | 生殖枝数/m² | 抽穗率（%） | 小穗数/生殖枝 | 小花数/小穗 | 种子数/小穗 | 折算种子产量（kg/hm²） |
|---|---|---|---|---|---|---|
| 不施肥 | 69.47 | 14.87 | 13.00 | 2.35 | 1.23 | 202.70 |
| 返青期 | 84.43 | 27.27 | 21.00 | 4.12 | 2.43 | 266.71 |
| 拔节期 | 89.03 | 40.43 | 18.33 | 7.37 | 2.93 | 265.31 |
| 抽穗期 | 72.40 | 26.27 | 15.67 | 3.77 | 1.63 | 317.02 |

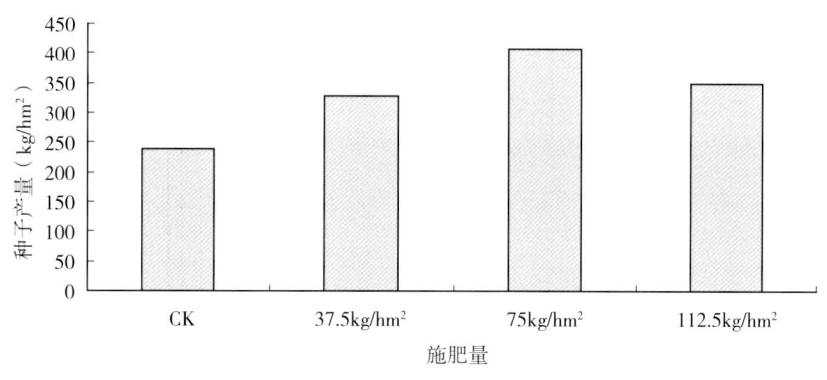

图 2-47　不同施肥量对羊草的种子产量的影响

（2）灌溉

牧草种子田的灌溉管理与牧草生产截然不同。适时适量灌溉可以提高牧草有效分蘖数和种子产量。灌溉量过高，将促进植株营养体生长，种子产量降低，灌溉不足，造成水分胁迫，同样会使种子产量降低。种子生产对灌水的需求取决于土壤质地、土层深度、降雨量、蒸发量、气温、生长期持续时间，以及耕作方式，不同气候区域与不同土壤类型等。不同时期灌溉对禾本科牧草影响不同，牧草种子田应重视分蘖期、拔节期和抽穗期灌水，结合追肥或单独进行，同时还应该重视灌浆期灌水，促进籽粒形成，提高千粒重，但灌水过多，容易引起植株倒伏，降低种子产量。

禾本科牧草种子生产中，分蘖、拔节和灌浆期是需水关键时期，这些时期缺水，生长量下降，氮、磷、钾吸收降低，越冬期缺水，生长和养分吸收降低较少。高羊茅不同生育期灌溉对种子产量和产量组分的试验研究结果为：在高羊茅4个生育时期（返青、拔节、抽穗、灌浆期）均是灌溉处理使种子产量最高，最高产量达 3 460 kg/hm²，灌溉还提高了生殖枝数、小穗数、小花数、种子数、千粒重。羊草在抽穗期灌水 20～30kg/m²，可增产种子产量 30.80%。

（3）杂草防控

禾本科牧草幼苗纤细、生长缓慢，很容易遭受杂草危害，必须在种植当年做好土壤封闭处理或苗期杂草防除。播前或播后及时消灭杂草，可采用人工除草及化学除草方法，以播前灭草效果为最好。播前一周用都尔 1 250ml/hm² 除草剂处理土壤，以灭除杂草种子，出苗后用 600 ml/hm² 的 2，4－丁酯或 900 ml/hm² 的 2，4－D钠盐灭双子叶杂草和阔叶类杂草。及时的防除杂草不仅可以提高种子产量和质量，还可以降低清选费用。

（4）病虫害防治

危害禾本科牧草种子的病害有麦角病、瞎籽病和黑穗病等，主要害虫有蚜虫、蓟马、盲蝽等。病害防治可用奔菌灵（30～50kg/hm²）和唑菌酮（15kg/hm²）化学药剂处理种子，杀死病原菌的孢子，虫害可用溴硫磷（500g 乳剂/hm²）。

（5）生长延缓剂的使用

生长延缓剂是通过抑制植物体内赤霉素代谢途径，致使植物生长延缓的一些化合物，针对禾本科牧草倒伏严重的情况，国外已将矮壮素（CCC）、多效唑（PP333）等用于禾本科牧草种子生产中，很好地解决了在禾本科牧草施氮增加生殖枝密度时，植株增高，易于倒伏减产的问题。另外，生长延缓剂降低败育率，促使种子的成熟期趋于一致，减少落粒损失，提高种子产量。生长调节剂能明显提高禾本科牧草的种子产量，但其使用还存在一定的局限性。浓度过低，抑制效果不明显，浓度过大又会导致牧草死亡。

（6）更新和疏枝处理

多数禾本科牧草属根蘖、根茎、或根茎分蘖性禾草，生长年限过长，根茎纵横交错，形成坚硬草皮，通气性变差，可用深松、浅翻轻耙等进行更新和疏枝处理，增加土壤通气状况，以保持较长时间种子产量。

（7）残茬火烧处理

火烧牧草种子田的残茬可以除去田间杂草、病虫害、消除残茬，使生殖枝数量增加，种子产量提高。种子收获后进行放牧、刈割和火烧都可以提高下茬高羊茅、黑麦草的种子产量。

**3. 收获**

种子收获在种子生产过程中是一项时间性很强的工作，必须给予极大的重视。适时的收获可避免种子损失，收获时间太早，种子含水量太高、重量轻、活力低，收获时间太晚，会造成种子脱落，降低产量。种子收获后的干燥、清选工作对提高种子质量，保证种子价值具有很重要的意义。

（1）收获时间

禾本科牧草种子的主要成分有水分、糖类、脂肪、蛋白质以及少量矿物质、维生素、酶和色素等，种子的形成过程实际是种子从小到大的形态建成和营养物质在种子中变化与积累的过程。随着种子发育成熟，溶解态的养分转化为非溶解态的干物质，在种子中积累，同时，激素含量下降，酶活性下降，水分大量散失，种子开始进入休眠状态，最终发育为成熟种子。不同发育期种子生理生化测量指标主要有种子鲜重、干重、含水量、种子叶绿体色素、浸出液电导率、可溶性糖、淀粉及酸性膦酸脂酶等；同时，种子质量一般以种子发芽率、生活力、千粒重、病虫感染率以及发芽势等衡量。不同发育期种子生理生化变化对收获后种子质量有着重要影响。

不同收获时间对牧草种子产量有较大影响，毛培胜等（2003）对不同生长年限老芒麦研究得出：随着老芒麦种子的成熟，收获种子产量逐渐增加，盛花期后 26～27d 收获可以获得较高的种子产量，延迟收获种子产量则呈下降趋势；高羊茅种子的适宜收获期为 23～31d，之后由于落粒种子产量下降。羊草的最佳收获时间为蜡熟期—完熟期间进行，在盛花期后 25d 收获可获得最大种子产量及质量。在黑龙江地区一般在 7 月 20 日前后。

（2）收获方法

大面积种植时可用联合收割机收获，一般刈割高度在 30～40cm，这样可减少割下的茎、叶和杂草，减少收获时的困难，降低种子湿度，减少杂草的混入。

（3）种子的干燥

种子的干燥一般采取自然干燥法，将种子置于晾晒场上，利用日光暴晒、通风、摊晾，已达到降低种子含水量。

# 第六节　寒地多年生苜蓿的选育程序

通过多年的试验证明，多年生苜蓿在种植当年不能充分表现其综合性状，如不能正常结实、刈割次数和刈割产量不准确、观察不到越冬性强弱等多个性状。如我们在苜蓿育种过程中发现，将苜蓿种子 $F_1$ 代或 $M_1$ 代按单粒播种到田间，时间为 4 月底至 5 月初，种植当年一般不结实或结实不好，第二年以收获种子为主，第三年进行刈割测产和品质检测等，同时获得了三年的表型观测数据和两年的返青期数据，在第三年的秋季将全部材料处理掉，进行秋整地，达到播种状态，以利下一年春季播种，具体做法如下：

## 一、采用系谱法进行单株选择

第一年：群体大小，根据试验要求确定群体数量，如果是诱变处理的 $M_1$ 代通常每个诱变处理的群体为 3 000 株左右；如果是野生采集的种子、杂交种的 $F_0$ 种子和创新材料等可根据种子量大小和组合的重要程度自行确定，一般在 50 株左右。

种植密度：所有育种材料均采用系谱法、按单株种植，行距 100cm，株距 100cm。

数据记载：种植的第一年只进行田间管理和表型数据观测。

第二年：根据育种目标，从返青后开始进行田间调查，在 6 月初首蓿现蕾期进行单株测产，当年可测产三次，将调查的株高、分支数等表型数据和测产数据、品质数据等输入 Excel 表，以单株鲜草产量为主序，利用降序排列，淘汰不良单株，保留符合育种目标的单株。

第三年：根据育种目标，从返青后开始进行田间调查，根据上一年的产量数据和当年的田间表现，至 8 月份按确定好的单株收获种子，收获种子后，将地上部分进行刈割，当年还可以观测到再生性和秋季测产。测产后，及时整地，将植株翻掉，将试验地整平耙细，为明年播种做准备。

第四年：建植第二代群体，通过第一代的田间数据、产量、品质和种子产量等综合性状确定入选单株，每个入选单株的第二代群体最低保证 50 株，这是群体比较大的世代，按系谱法进行单株种植，行距 100cm，株距 100cm，田间种植和处理方法同第一代。

第五年：根据育种目标，从返青后开始进行田间调查，在 6 月初首蓿现蕾期进行单株测产，当年可测产三次，将调查的株高、分支数等表型数据和测产数据、品质数据等输入 Excel 表，以单株鲜草产量为主序，利用降序排列，淘汰不良单株，保留符合育种目标的单株。

第六年：根据育种目标，从返青后开始进行田间调查，根据上一年的产量数据和当年的田间表现，先观测株系群体，可按株系先淘汰，再选优良株系内的单株，至 8 月份按确定好的单株收获种子，收获种子后，将地上部分进行刈割，当年还可以观测到再生性和秋季测产。测产后，及时整地，将植株翻掉，将试验地整平耙细，为明年播种做准备。

第七年：建植第三代群体，方法和第二代相同。

第八年：根据育种目标，从返青后开始进行田间调查，在 6 月初首蓿现蕾期进行单株测产，当年可测产三次，将调查的株高、分枝数等表型数据和产量、品质数据等输入 Excel 表，以单株鲜草产量为主序，利用降序排列，淘汰不良单株，保留符合育种目标的单株。

第九年：根据育种目标，从返青后开始进行田间调查，根据上一年的产量数据和当年的田间表现，先观测株系群体，可按株系先淘汰，再选优良株系内的单株，至 8 月份按确定好的单株收获种子，收获种子后，将地上部分进行刈割，当年还可以观测到再生性和秋季测产。测产后，及时整地，将植株翻掉，将试验地整平耙细，为明年播种做准备。

## 二、产量鉴定试验

第十年：建植第四代群体，可根据材料的稳定性来决定是否进入株系种植还是继续进行单株种植，如果需要继续进行单株种植，程序参照第三代的单株选育方法；如果获得的株系已经遗传稳定可进入产量鉴定，种植方法是：随机区组设计，三次重复，小区面积为 $7.2m^2$ ＝长 6m×宽 1.2m，区间道为 1m，平播，行距 0.15m，密度为 700 株/$m^2$，种植当年观测表型数据。

第十一年：小区测产，每个小区按 $1m^2$ 取样，在现蕾至初花期测定鲜干草重，当年测三次，需要测品质时要留烘干样，以备检测用；同时择地预繁种子。

## 三、区域鉴定试验

第十二年：产量鉴定中优选出的品系，进行区域试验，根据国家和省内的区域试验要求布点数量选择适宜区进行布点，从预繁种子中将入选品系种子提出来，用作区域试验，种植方法同产量鉴定。择地预繁种子。

第十三年：小区测产，每个小区按 $1m^2$ 取样，在现蕾至初花期测定鲜干草重，当年测三次，需要测品质时要留烘干样，以备检测用；同时择地预繁种子。

## 四、生产鉴定试验

第十四年：将区域试验优选出的品系进行生产试验，根据国家和省内的区域试验要求布点数量选择适宜区进行布点，生产试验面积在$30m^2$以上，平播，15cm 行距，密度为 700 株/$m^2$，对比法设计，种植当年观测表型数据。同时择地预繁种子。

第十五年：小区测产，每个小区按 $1m^2$ 取样，在现蕾至初花期测定鲜干草重，当年测三次，留烘干样送有资质或指定检测部门进行品质检测，请指定的植保单位进行病害鉴定，以同时申请品种审定委员会进行田间检测，出具专家田间鉴定意见等，以备品种登记时用。

# 第三章　中国高纬寒地
# 牧草栽培技术

　　受寒冷自然条件的限制，东北地区黑龙江的传统畜牧业发展仍然依靠天然草地有限的牧草自然生产力，因而畜产品的产出是有限的。因此，大力发展人工草地，提高草地生产力，提高牧草产量，增加对草地畜牧业的物质和科技投入，实行集约化经营，是解决草地过度放牧利用、冬季严重缺草的有效途径。为有效遏制寒地天然草地退化和生态环境恶化，减轻天然草地载畜压力和人口负荷，恢复草地生产能力，改善生态条件，维系草地资源的可持续发展，可行的办法之一就是建植和培育高产、优质、稳产的多年生人工草地。为此，以寒冷地区适宜草种的种子生产为前提，选育适宜寒地优良牧草并建植、推广人工草地是解决寒地草地高效生产和持续发展矛盾、推动寒冷地区经济发展、提高农牧民生活水平的一条重要途径。

## 第一节　中国高纬寒地主要豆科牧草栽培技术

### 一、多年生豆科牧草栽培技术

#### (一) 苜蓿栽培技术

　　苜蓿是重要的饲料作物，对土壤和气候的适应性极广。但在不同的栽培管理条件下，其生产力水平差异很大。苜蓿植株高大，且根系发达，若使其丰产性能得以充分表现，必须根据苜蓿生长发育特点，运用综合的农业栽培技术。现概述如下：

　　**1. 整地**

　　紫花苜蓿对土壤要求不严，但种子小，幼苗较弱，顶土力差，适合在土层深厚疏松且富含钙质的土壤上生长，包括黑钙土、栗钙土、灰钙土、生草灰化土都适合苜蓿生长。在苜蓿生长期间，苜蓿对积水最为敏感，因此，种植苜蓿的土地必须排水通畅。研究表明，苜蓿最适宜生长的 pH 为 6.5～7.5，不适宜在强酸和强碱土中生长，而喜中性或偏碱性土壤。为此，播种苜蓿的土地需要土壤耕作，以改变耕层土壤的物理状况，使土壤水、肥、气、热状况得到改善，为苜蓿生长发育创造良好的土壤环境。主要的耕作措施如下：

（1）犁地

犁地的主要工具是犁，其种类很多，大体上可归纳为两类，既有壁犁和无壁犁。不同的犁对土壤的翻整效果不同，因此对于生荒地和生草地需要距螺旋形犁壁的犁，能将伐片翻转 180 度，翻土完全，消灭杂草及野生植物的作用强，但碎土作用较弱。对于杂草少质地轻松的土壤，适宜使用圆筒形犁。对于熟地的一般耕作之用可以选择半螺旋形犁壁和熟土形犁壁犁。其中复式犁是有壁犁的一种形式，实践证明，用复式犁分层翻垡，可做到耕层上部较散碎，覆盖完全，耕作质量好。另外一种则是无壁犁，其深度比有壁犁深，可达 30～40cm，其主要原则是犁地时只松土不翻垡，能有效保持熟土在上、生土在下、不乱土层和土壤水分损失少的作用，特别适于干旱地区或干旱年份。但是无壁犁松土后不能掩埋杂草和肥料，对防除病虫害的作用较差。因此，无壁犁又常需与灭茬、耙地等翻耕一次等作业相结合，改变土壤中三相比例从而作用和影响耕地效果。

（2）旋耕

研究证明，在 0～50cm，作物产量随着耕深增加呈现增加趋势。历年来，我国农民非常重视加深耕层作业，概括其作用：①疏松下层土壤，扩大了土壤的容水量，既增加了土壤的底墒。②疏松下层土壤，加强了土壤的透气性，提高土壤中的有效养分。③疏松下层土壤，促进了植物的根系发育，扩大植物的根部营养面积。④疏松下层土壤，利于消灭杂草和病虫害。⑤疏松下层土壤，有利于逐步熟化下层土壤。但是，深耕不能超过一定范围，超过这个耕深范围，产量不一定能增产，有时甚至减产。主要原因是由于土壤中氧气分布呈现由上到下逐层减少规律。深度达 50～60cm 后氧气缺乏，好气性细菌就停止活动，有机肥料不能进行分解，作物难以利用，甚至产生一些有毒害物质。因此，通常使用旋耕机，根据上述原则和考虑耕深需要较大牵引力需要经济费用等问题，耕深不宜超过 50cm。

（3）浅耕灭茬

浅耕灭茬是作物收获后犁地前的一项耕作作业。目前浅耕灭茬的工具有去壁犁、圆盘灭茬器或圆盘耙。它的主要作用是消灭当年残茬和杂草，疏松表层土壤，减少蒸发和接纳降水，减少耕地阻力，其目的是为翻耕创造良好的条件。为了保证灭茬的效果和减少灭茬时的耗费，浅耕灭茬的最好时间是尽可能的早，最好与作物收获同期进行。由于各地的气候条件不同，灭茬深度应根据各地土壤气候条件和田间杂草的种类而定。一般情况下，浅耕灭茬深度控制在 5～10cm 就可以达到防止土壤有效水分的蒸发和减少杂草的目的。

（4）耙地

苜蓿播种之前，耙地是土壤耕作的主要措施。它起着平整地面、耙碎土块、混拌土肥、疏松表土以及轻微镇压的作用。由于各地土地情况不同，耙地的主要任务以及所应用的机具也不同。为播种创造良好的地面条件，要求耙平地面，耙碎土块，耙实土层，耙出杂草的根茎，达到保墒的目的。

（5）耱地

耱地又称盖地或耢地，耱地的工具可用柳条、荆条或树枝等枝条编制而成，也可以用长条木板做成，是抗旱保墒的重要农具之一。通常在犁地耙地之后进行，用以平整地面，耱碎土块，为苜蓿播种创造良好条件。特别是在质地轻松、杂草少的土地上，有时在犁地后以耱地代替耙地。有时也在镇压过的土壤上进行耱地有利于保墒。也可以苜蓿播种后进行耱地，已达到覆土和镇压的作用。

（6）镇压

镇压能使土壤表土变紧，促使耕层间形成紧密的间隔层。达到平整土面，压碎大土块的作用。目前镇压的工具主要有石磙、机引平滑镇压器、V型镇压器和石质、铁质的局部镇压器。通常在下列情况下采用：①在干旱地区或干旱季节，土壤有效水分通过土壤空气与大气交换而损失，采用镇压。特别在北方干旱地区，播种后需要及时镇压。②在播种牧草系列种子时，由于籽粒很小，同时在砂土等疏松的土壤上机械播种时，采用播前播后镇压既有利于保证播种深度，又促使种子与土壤紧密接触，满足发芽所需的水分。③为防止种子发芽后易于发生吊根现象。即幼苗根部在土壤中不能有效接触到土壤，被吊在土壤的空隙中，造成幼苗枯死。所以播前要全面镇压，播后还要进行播种行的全部镇压。

（7）免耕

目前通常使用免耕机，通过管道给土壤施入液体肥料，并向耕层鼓入空气使土壤疏松，在不破坏表层土壤的情况下达到播种的目的。该法特别适用在水土流失严重地区。

**2. 播种**

播种是紫花苜蓿生产中的重要的环节，是苗齐、苗全、苗壮和高产、稳产的重要保证。为了保证播种的质量，播前要进行种子处理包括使苜蓿形成足够的根瘤而进行的播前菌接种措施。

（1）种子及其处理

研究表明，紫花苜蓿种子硬实率通常在$5\%\sim15\%$，新收种子硬实率可达$25\%\sim65\%$。播前晒种$3\sim5d$，比对照发芽率提高$19.70\%$。夏播或秋播当年收获的苜蓿种子种植时，为了提高发芽率应进行擦破种皮处理。采用万分之一钼酸铵或万分之三的硼酸溶液浸种，可提高发芽率$11.51\%$和$8.01\%$。

为了增加种子携带有效根瘤菌数，播种前可对苜蓿进行根瘤菌接种或种子丸衣化处理以保证形成足够的根瘤，有助于苜蓿苗齐、苗壮和提高固氮能力。对于有机质含量很高的土壤一般不必接种，因为土壤中已含有的根瘤菌足以满足苜蓿生长需要。但是在有根瘤菌的地块和土壤，接种是必要的。在整地不好的情况下，接种亦是有益的。因此，购买根瘤菌或预先接种的苜蓿种子，特别是种子丸衣已成为越来越多苜蓿种植者最佳选择，是一项防止土壤中缺乏有效根瘤菌的廉价而保险的措施。

目前，种子丸衣和商品泥炭制剂中的菌种的寿命是有限的，所以应重视根瘤菌接种剂的质量和使用规程。如果接种剂过了有效使用期后接种无效，高温、干旱和接触化肥以及种子化学处理，都会降低接种根瘤菌的生活力。如果，土壤含氮量高也会抑制根瘤形成。因此，生产中如果没有预先接种，可用干馏法或鲜瘤法进行接种。

干瘤法：在豆科牧草开花盛期，选择健壮的植株，将其根部轻轻挖起，用水洗净，再把植株地上茎和叶部切掉，然后放于避风阴暗、凉爽、不易受日光照射的地方，使其慢慢阴干，到牧草播种之前，可将上述干根取下、弄碎，并进行拌种，每两亩播种用的种子可用 5～10 株干根即可。也可以用根干重 1.5～3 倍的清水，在 20～35℃的条件下，经常搅拌，使其繁殖，经 10～15d 后，便可用来处理种子。

鲜瘤法：用半斤晒干的菜园土或河塘泥，加一酒杯草木灰，拌匀后盛入大碗中并盖好，然后蒸半小时至一小时，待其冷却，将选好的根瘤 30 个或干根 30 株捣碎，用少量冷开水或米汤拌成菌液，与蒸过的土壤拌匀，如土壤太黏，可加适量细砂。以调节其疏松度，然后安置于20～25℃的温室中保持 3～5d，每天略加冷水翻拌，即可制成菌剂。拌种时每亩用 50g 左右即可。用根瘤接种，应注意以下几点。

①根瘤菌拌种时，适宜在阴暗、温度不高、且不过于干燥的地方进行，拌后立即播种和覆土。

②根瘤菌拌种时，为了防除某些病害，必须进行种子消毒处理，以杀死附于种子上的病菌。当根瘤菌剂与用化学药品拌过种的种子接触时，应随拌随播。

③已接种的种子，不能与生石灰或大量浓厚肥料接触。

④对于大多数的根瘤菌，适生于中性或微碱性土壤，过酸的土壤对根瘤菌不利，选择应在播种前施用石灰。

⑤对于大多数的根瘤菌，其不适于干燥的土壤，因此接过种的种子不能播于太干旱的土壤里，特别是干燥与高温相结合，是影响拌种效果的一个重要因素。过湿或排水不良的土壤，也不利于牧草生长。因此，适宜的土壤条件是豆科牧草高产的因素，也是体现根瘤菌固氮能力的重要条件。

（2）田间管理

①杂草防除

杂草防除是紫花苜蓿田间管理工作中一项非常重要的工作。在许多地方能否有效地防除杂草，是能否建立一个良好的紫花苜蓿冠层的关键。当前根据我国的实际情况，特别注意苜蓿苗期的杂草防除，对于某些地区来说，二年以后的紫花苜蓿地的管理中也不容忽视杂草的防除，否则会降低紫花苜蓿的产量和品质。

杂草通过与苜蓿争水、争肥和争光而降低紫花苜蓿的产量。同时还会降低牧草和种子的品质。有些杂草还能产生有毒物质或生长抑制物质，影响苜蓿的生长使产量下降，研究表明，对于杂草，一年生杂草对紫花苜蓿的危害最为严重，而多年生杂草由于早期生长较为缓慢，所以对紫花苜蓿幼苗的危害不及一年生杂草严重。当紫花苜蓿成龄并茂盛生长时，由于它的遮阴能够有效地清除杂草幼苗。

目前，杂草防除方法很多，首先靠播前和播后的栽培和管理技术措施来控制杂草。如调节播期可以有效地防止杂草危害，因为这种调节，适宜的水热条件，紫花苜蓿生长速度特别快，能够有效地抑制杂草的滋生。如果在播种时，杂草严重，也可以实行短期休闲或秋播，即在翻耕已经长出的杂草后再行播种。同时保护播种也能减轻杂草对紫花苜蓿幼苗的危害。此外，还可以用中耕等方法消灭田间杂草。对有些地区，无论是苜蓿种植当年注意杂草防除，还是以后年份各茬次的苜蓿地管理，除草始终是重要的管理内容。

现在世界上许多国家已把除草剂应用在紫花苜蓿生产中，特别是成龄紫花苜蓿地的杂草防除方面已获很大的成功。其中土壤处理剂能有效地防除稗草、苋、藜等苜蓿田间杂草。茎叶处理剂多为禾本科及阔叶杂草的选择性除草剂。要全面控制苜蓿地杂草需混合施用，目前常用的混配药剂为2，4 - D或与拿捕净混施，每公顷2 000g。因苜蓿对2，4 - D也较敏感，所以应在苜蓿刈割后、出芽前使用。此外，禾草克、稳杀得、拿扑净、盖草能可有效防除一年生禾本科杂草。特别是普施特的杂草谱广，对防除阔叶杂草和禾本科杂草均有效，且可播前、苗前、苗后茎叶处理，灵活性强，可广泛采用。

②施肥

合理施肥是紫花苜蓿高产、稳产和优质的关键。为了满足苜蓿正常生长发育对营养的需要，往往通过施肥来补充土壤养分。施肥能够加快苜蓿的再生，增加刈割次数。高产苜蓿所摄取的营养物质比玉米或小麦多。一般来说，紫花苜蓿应在初花期收获，产量最高。由于紫花苜蓿在未成熟前其体内多数营养元素含量高，所以高产必然会带走更多的营养元素，即产量愈高，紫花苜蓿从土壤中带走的营养元素愈多。在生长季中，紫花苜蓿从春季到秋季一直不断地进行着生长，它的营养需要与环境条件有着密切的关系。

由于苜蓿与根瘤菌共生，根瘤菌固定大气中的氮以供自身需要，所以长期以来人们认为苜蓿不需要施氮肥。研究表明，补施氮肥只是在无效结瘤而引起缺氮情况下才有效，在有效结瘤情况下补施氮肥，会增加生产费用。在土壤条件适于有效共生体建立的情况下，接种比施氮肥对保证苜蓿氮素的需要更为经济。一般来说，在施氮量较小的情况下，紫花苜蓿植株中不会积累大量的硝态氮。对于有机质含量低的土壤，在播种之前施用少量氮肥有助于根瘤菌形成前的苜蓿幼苗生长。有的试验表明，对苜蓿和禾草混播牧草，施用氮肥增加了苜蓿—鸭茅组成的产量和粗蛋白含量，但植被成分未受影响。给紫花苜蓿—禾本科牧草施钾肥能够增加紫花苜蓿在草层中的含量，然而在重施氮肥的情况下，施钾不能克服禾草占优势的倾向。

紫花苜蓿的含磷量虽然只有 $0.20\%\sim0.40\%$，但它在紫花苜蓿的生命活动中起着很重要的作用。正在生长的苜蓿植株中，磷在生长旺盛的分生组织中含量较高。在酸性土壤中磷呈不溶状态的磷酸铁或磷酸铝形式存在。在 pH＝6 的土壤中呈可溶性的磷酸钙形式存在。随着 pH 的增加，它的可溶性减弱。所以施用石灰对于土壤磷的可溶性有明显影响。由于土壤磷性质复杂以及施用磷肥的效应较低，所以测定磷酸盐比较困难。酸性土壤施用石灰可以降低磷的固定。施用磷肥的数量在很大程度上取决于土壤有效磷的含量及紫花苜蓿产量的高低。磷在土壤中不易被淋溶，且紫花苜蓿的摄取量也比较少。苜蓿在其生长的早期对磷的吸收较多，干物质重达到成株总干重 1/4 时的幼苗植株，其含磷量可达成株总磷量的 3/4。磷的活动性强，同氮一样，当磷不足时，老组织中的磷能够移到幼嫩组织中去，因此缺磷常从老叶开始。成熟时大量茎叶中的磷被转运往种子，所以施磷肥有助于成熟。苜蓿植株的含磷量不高，其 1/10 开花期含磷量尚不足 $0.25\%$，健壮植株达 $0.30\%$。在较湿润的季节，磷的浓度还要低些。因而苜蓿对磷的需要量不大。据估算每 10 吨苜蓿大约吸收 22.68kg 磷。苜蓿缺磷降低干物质产量，但施用磷肥，尤其在缺磷土壤上施磷虽能使干物质产量提高，却很少提高粗蛋白含量，但有的试验表明能使紫花苜蓿粗蛋白含量增加 $1.00\%$。磷肥为迟效肥料，施用后即被还原，可供牧草吸收利用的仅占 $10\%\sim20\%$。所以为了苜蓿高产，磷肥的施用量应远高于苜蓿对磷的吸收量。磷肥在播种前、播种期间和播种后均可施用，即施磷可以在播种时同种子一起浅施，也可以深施。追施磷肥效果更好，这样磷被固定的情况较小。紫花苜蓿的临界含磷量为 $0.25\%$。

钾是紫花苜蓿植株中含量较高的一种元素。苜蓿对钾的需要量较其他元素多。对于苜蓿的产量和质量来说，钾是关键性的肥料元素。为了获得高产优质的紫花苜蓿干草，必须特别注意施用钾肥。一般认为，高产紫花苜蓿需钾与氮之比应为 1：1。当撒施氯化钾时，由于施量高，往往会发生某些暂时危害，所以施用时一定要分期施入。钾肥可以作为种肥施入，但施量不能高，否则就会危害幼苗。在成年苜蓿地上撒施钾肥有效，除了砂土外追施的钾主要积聚在表土层中。钾能延长苜蓿株丛的寿命，使株丛茂密旺盛。苜蓿在播前、播后皆可施用钾肥。在土壤湿度较好的情况下，早春施钾对苜蓿越冬后再生有促进作用。刈割前施钾肥，有利于苜蓿的再生和下茬的高产优质。钾肥应分期施用，至少每年应施 1 次，一般每年 2 次为宜。在砂质土壤上，特别是当生长季节长和产量高的情况下，每年应施 2 次以上。

硫是蛋白质的重要组成部分，苜蓿蛋白质含量高。因此，苜蓿的需硫量也比禾本科草多。苜蓿若缺硫，会出现缺苗、株体低矮和发育不良。

硼肥可使苜蓿产量明显提高，并能使饲草品质得到改进。对苜蓿来说，土壤中硼的含量临界水平是 0.3mg/kg。采用根外追肥的方式施入。

苜蓿如果进行追肥，其施用时间一般是在分枝、现蕾以及每次刈割后进行。为了提高苜蓿的抗寒能力，应在秋季追施磷肥。生长期间主要追施磷、钾肥，在播种当年也可以追施一定数量的氮肥。可以一次施入，也可以分期施入，一般以分期施入效果好。在苜蓿种子生产中往往应用根外追肥的方法施肥，这种施肥方法主要是施磷肥及微量元素如硼和锌。实验表明，根外追肥不但能增加苜蓿产草量和种子产量，而且还能提高干草的品质。

③灌溉

水分是苜蓿生长发育中最重要的物质之一，灌水是提高苜蓿产量的重要措施。虽然紫花苜蓿抗旱性强，但其对水分的要求比较严格，水分充足时能促进其生长发育，提高产量。苜蓿从孕蕾到开花这段时间里需要大量的水分，是苜蓿灌溉的重要时期。在生长季节较长的地区，每次刈割后进行灌溉，可获得最大的增产效果。研究表明，苜蓿不同品种之间其需水量差异很大，应根据当地具体情况选择适宜的苜蓿品种。当水分供应充足时，紫花苜蓿的叶色呈现淡绿，如果叶包变深说明缺水情况开始出现，这时就应灌溉，否则就有可能减产和降低干草品质。

**3. 收获**

刈割是苜蓿的主要利用方式，刈割时期要根据产量、茎叶比、可消化物质总含量、对再生草的影响及单位面积获得的总的营养物质而定。提高苜蓿的品质（营养价值）总是与较低的产草量联系在一起。苜蓿的形态发育和刈割制度是决定其产量和品质的重要因素。所以人们应根据苜蓿的形态来协调其产量和品质的关系。从花蕾期、初花期、盛花期、结荚期进行刈割的产量效应看，盛花期刈割其产量低于初花期刈割，原因主要是前者由于根中碳水化合物含量低和冬季根受损和根还未来得及很好恢复的情况下造成的。

从每年刈割 2 次、3 次的产量效应看，刈割 3 次虽然产草量最高，但其后植株发育较差，株数减少。苜蓿饲草的具体刈割次数与温度和雨量气候因子有关。最后一次刈割应该保证以后新发茎枝的良好生长，促进营养物质特别是糖类在根中的积累和贮藏，促进基部和根上越冬芽成熟。从留茬高度对产草量和植株存活的影响情况看，在机械允许的最低留茬高度收割可获得最高的产量。在正常情况下留茬高度为 5～6cm，高则残秆足以妨碍新茎的生长和下次的刈割。只要正确掌握刈割时期，在留茬高度允许的范围内留茬低比留茬高要好，这一措施考虑到了苜蓿的营养再生和根系贮藏养分的积累，对于苜蓿的越冬成活是极为重要的。

返青后到盛花期苜蓿的干草产量一直增加，盛花期后由于叶的脱落而使干物质产量下降。产量的增加与茎的增加及叶蛋白的下降相关。叶的营养成分大于茎，随着植株的成熟，茎的质量比叶的质量下降更快。苜蓿的成熟度可以通过苜蓿单株茎的形态发育情况来判断。营养体、蕾、花和荚果都是判断苜蓿生长发育阶段的指标。

在安排收割计划时必须考虑牧草的产量、质量等因素。随着苜蓿的成熟，顶端优势被打破，新的茎枝从根颈或茎基部的芽上长出，这要求根具有足够的碳水化合物。但每次刈割的间隔时间也不可能考虑照顾到全部因素。一般作干草或青贮用的，应在初花期收割第一茬，这对饲草和养分的产量以及草丛的持久性都是最好的；而以获取蛋白质和能量作为补充饲料的，常常牺牲产量而坚持在现蕾阶段收割以获得更好的品质。

**4. 储藏**

目前，黑龙江地区苜蓿草刈割后多采取田间自然干燥，在收割晾晒 1 天后，当上层草含水量达到 30%～40%时，可利用晚间或早晨的时间进行一次翻晒和并垄，这时田间空气温度相对较大，进行翻晒时可以减少苜蓿叶片的脱落，同时将两行草垄并成一行，以保证打捆机饲喂速度效率。

在晴天阳光下晾晒 2～3d，当苜蓿草的含水量在 18%以下时，可在晚间或早晨进行打捆，以减少苜蓿叶片的损失及破碎。在打捆过程中，应该特别注意的是不能将田间的土块、杂草和腐草打进草捆里。调制好的干草应具有深绿色或绿色，并有芳香的气味。

草捆打好后，应尽快将其运输到仓库里或贮草坪上码垛贮存。码垛时草捆之间要留有通风间隙，以便草捆能迅速散发水分。底层草捆不能与地面直接接触，以避免水浸。在贮草坪上码垛时垛顶要用塑料布或防雨设施封严。草捆在仓库里或贮草坪上贮存 20～30d 后，当其含水量降 12%～14%时既可进行二次压缩打捆，两捆压缩为一捆，其密度可达 350kg/m³ 左右。高密度打捆后，体积减小了一半，更便于贮存和降低运输成本。

### （二）草木樨栽培技术

草木樨属豆科，草木樨属，一年生或二年生草本，一种优良的绿肥作物和牧草。草木樨耐旱、耐寒、耐瘠，对土壤要求不严，除低洼渍水、重盐碱地和酸性土壤不利生长外，砂土、陡坡、沟壑、砂荒等瘠薄地都可栽培，但以石灰性黏壤土生长最好。饲用时可制成干草粉或青贮、打浆。草木樨根深，覆盖度大，防风防土效果极好。

#### 1. 整地与施肥

草木樨适应性强，对土壤要求不严，但它性喜阳光，最适于在湿润肥沃的沙壤地上生长。草木樨种子小，顶土力弱，整地要求精细，地面要平整，土块要细碎，才能保证出苗快，出苗齐，若适当施些有机肥，则可提高产量，如每亩施 20kg 的磷肥，效果会更好。

#### 2. 播种

草木樨种子含硬实较多，播种前应进行种子处理，一是用机械脱去或擦破种皮，另一是采取冬播，种子经过冬季，使种皮腐烂。春播宜在 3 月中旬到 4 月初进行，无论春播或夏播，都会受到荒草的危害，秋播时墒情好，杂草少，有利出苗和实生苗的生长。冬季寄籽播种较好，它即可省去硬实处理，节省劳力，翌年春季出土后，苗全苗齐，且与杂草的竞争力强，可保证当年的稳产高产。草木樨种子细小，应浅播，以 1.5～2.0cm 为宜。播种方法可条播、穴播和撒播。条播行距：20～30cm 为宜，穴播以株行距 26cm 为宜好，条播每亩播种量为 0.75kg，穴播为 0.5kg，撒播为 1kg。为了播种均匀，可用 4～5 倍于种子的沙土与种子拌匀后播种。

图 3-1　草木樨花期

**3. 田间管理**

在苗高 13～17cm 时，结合中耕除草和追肥进行匀苗。当 70% 左右的种荚由绿变为黄褐色，即可及时收获种子。

## （三）白三叶栽培技术

白三叶（*Trifolium repens*）为多年生长寿型牧草。植株光滑。根系浅，集中分布于表土 15cm 以内。主茎短，含许多节，节上长出葡萄茎后，主茎即停止生长；葡萄茎长 30～60cm，实心，节能生根长叶。掌状三出复叶；小叶倒卵形或心形，中央有 "V" 形白斑，边缘有细齿；托叶细小，膜质，包于茎上，叶片大小和长度受外界影响，变异较大。形成的草层厚 10～40 cm。花梗至叶腋抽出，比花柄稍长。头形总状花序，小花数 20～40 朵，多的可达 150 朵；花冠通常为白色，偶尔呈粉红色。花冠宿存。异花传粉。荚细小，长约 0.4～0.5cm，每荚含种子 3～4 粒。种子心形。千粒重：0.5～0.7g，硬实率高，可以通过家畜消化道自然传播。白三叶喜温暖湿润气候，生长最适温度 20～25℃，温度低于 10℃时，生长缓慢。耐热、耐寒能力强，耐旱能力一般，无灌溉条件时，正常生长的年最低降雨需要 600mm。白三叶与多年生黑麦草、鸭茅等混播的草地，可为家畜提供近乎全价的饲草。与禾本科牧草混合青贮，效果良好。白三叶固土能力强，枝繁叶茂，地面覆盖度大，保土作用大，可用于园林绿化和水土保持植物在山坡地栽培。营养生长期较耐荫蔽，宜在林地树间种植，可护土并增进土壤微生物繁殖，促进林木生长。

**1. 整地**

白三叶对土壤要求不严，在一般的耕地、堤坝地、房前屋后的零星地都可以，但以肥沃湿润弱碱性土壤生长最佳。山地种植利用鲜草的，宜选择较为背阴或土壤较为湿润的地段种植。其具有耐阴性，也可选择果园或林下种植。由于白三叶种子细小，幼苗顶土力差，因而播种前务必将地整平耙细。无杂草和残茬。以有利于出苗。酸性土壤还应施用石灰。在土壤黏重、降雨量多的地域种植，应开沟作畦以利排水。

**2. 播种**

（1）种子处理

白三叶种子硬实率较高，播种前要用机械方法擦伤种皮，或用浓硫酸浸泡腐蚀种皮等方法，进行种子处理后再播。硫酸浸泡方法是：浸泡 20～30min，捞出用清水冲洗干净，晾干播种。

（2）播种时间

春、秋均可播种。在哈尔滨地区春播在 4 月中下旬为宜，气温稳定在 15℃以上时种植。春播过迟，易受旱热、杂草为害。秋播不得超过 8 月底，秋播过迟，当年株体矮小，不分枝，严重影响次年产量。

（3）播种方式

可条播，也可以撒播、混播和单播。种子田要单播、条播，行距 30～40cm；收草或放牧地，可撒播和条播，行距 20～30cm。播种后要耱地镇压。可与猫尾草、多年生黑麦草等禾本科牧草混播。

（4）播种量

单独条播播量为 7.5～11.5kg/hm²，播种深度 1～2cm。如种子纯度差，或因贮藏过久发芽率降低时，可适当增加播种量。当与禾本科混播时，混播比例为 1∶2，白三叶播量为 3.75～6.0 0kg/hm²，如果土壤墒情差，整地质量低，播种量要大，覆土要深，反之则小、浅，播种过深，会使贮存于种子中的营养物质消耗殆尽而难以出苗。

**3. 田间管理**

播种后出苗前，若遇土壤板结时，要及时耙耱，破除板结层，以利出苗。苗期生长慢，为防杂草危害，要中耕松土除草 1～2 次；发现害虫危害，要及时防治。生长二年以上的草地，土层紧实，透气性差，在春、秋两季返青前和放牧刈割后的再生前，要进行耙地松土，并结合松土追肥，每亩施过磷酸钙 20～25kg，或磷二铵 5～8kg，以利新芽新根生长发育。白三叶对土壤水分要求较高，有灌溉条件的，在土壤干旱时，或结合追肥进行灌溉。混播草地，因牧草前后期生长速度不同，出现争光、争水、争肥不协调生长时，或因偏施氮肥，使白三叶生长受到抑制时，应通过偏施磷钾肥，借刈割或放牧来调整生长，控制禾本科牧草生长，避免白三叶受抑制或从混播草地中消失。

**4. 收获利用**

（1）饲用价值

白三叶一般在初花期刈割，哈尔滨地区种植，当年可刈割 2～3 次，亩产鲜草 2 000～3 000kg，由于具有匍匐茎，尽管由于高温影响越夏，造成点片枯死，但很容易恢复。白三叶适口性很好，为各种畜禽所喜食，是一种优质的青饲料。白三叶的营养成分见表 3-1，鲜草粗蛋白含量丰富，要搭配禾本科牧草饲喂，防止单食白三叶发生鼓胀病。

表 3-1　白三叶不同时期的营养成分

单位：%

| 时期 | 状态 | 粗蛋白 | 粗脂肪 | 粗纤维 | 无氮浸出物 | 粗灰分 | 钙 | 磷 |
|---|---|---|---|---|---|---|---|---|
| 开花期 | 鲜草 | 27.10 | 3.43 | 20.71 | 38.17 | 8.70 | 0.66 | 0.33 |
| | 干物质 | 28.70 | 2.70 | 12.50 | 47.10 | 13.12 | 1.72 | 0.34 |
| 结实期 | 鲜草 | 24.50 | 2.23 | 27.11 | 36.61 | 9.66 | 0.75 | 0.19 |
| | 干物质 | 17.31 | 1.41 | 14.80 | 44.30 | 10.01 | 1.82 | 0.32 |

（2）利用

①放牧

白三叶具有耐践踏、扩展快及形成群落后与杂草竞争能力较强等特点，故多作放牧用。一般用来放牧的草地，最好是白三叶和禾本科牧草混播，禾本科和白三叶产草量以2：1较为理想，即可保持单位面积内干物质和蛋白质的最大产量，且可防止膨气病的发生。放牧时轮牧较好，每次放牧后应停止2～3周以利再生，留茬高度不低于5～7.5cm。秋季生长茎叶应予保留，以利越冬。地冻时禁止放牧，以免匍匐茎遭践踏而受损伤。

②青刈

白三叶刈割后，鲜草可直接少量饲喂各种家畜，或与禾本科牧草以1：2的比例混合饲喂家畜，以免发生膨气病。

③青贮

白三叶在初花期刈割但蛋白质含量高而糖分含量较低，满足不了乳酸菌对糖分的需求，单独青贮时容易腐烂变质，为了增加糖分含量，可采用与禾本科牧草或饲料作物混合青贮，如添加1/4～1/3的水稗草、青贮玉米、苏丹草、甜高粱等，当地若有制糖的副产品如甜菜渣、糖蜜、甘蔗上稍及叶片等，也可混在白三叶中进行混合青贮，比例为1：1.3。白三叶也可在天气晴好初花期刈割后，晾晒于田间，白三叶含水量降到45%～50%时，进行半干青贮。

④调制干草

白三叶在现蕾期刈割，可采用日晒为主要手段调制干草，晾晒至鲜草水分含量在17%以下时，即可收回堆垛，作为青干草备用。或以烘干为主要手段，人为控制调制环境，干草质量高，养分损失少。

# 二、一年生豆科牧草栽培技术

## （一）箭筈豌豆栽培技术

### 1. 整地

对土壤的要求不严格，除盐碱地外，一般土壤均可种植，比普通豌豆耐瘠薄。能在微酸性土壤上生长，在强酸性土壤或盐渍土上生长不良，适宜的土壤pH为5.0～6.8，适当施用一些磷肥作底肥。

### 2. 播种

箭筈豌豆既可作绿肥又可作牧草利用，鲜草、干草适口性好，具有较高的营养价值。箭筈豌豆根系发达，茎叶繁茂，护土和固沙能力强，是优良的水土保持和固沙植物。花多而美，花期较长，也是良好的蜜源和绿化观赏植物。春箭筈豌豆喜凉爽，抗寒性较强，适应性较广。对温度的要求不高，种子在2～

3℃时开始发芽，发芽的最适温度为 26～28℃，生存最低温度 -12℃。一般北方春播收种用，每亩播种量 4～6kg；收草用，每亩播量 6～8kg。

**3. 田间管理**

箭筈豌豆出苗后管理简便，在灌溉区应重视分枝盛期和结荚期的供水，对子实产量影响甚大。箭筈豌豆成熟后易炸荚，当 70% 的豆荚变黄褐色时，早晨收获。用以调制青干草时在结荚期刈割产量较高；用作青饲的以盛花期刈割为宜。在形成营养器官时要求的最低温度为 5～10℃，适宜温度为 14～18℃。种子成熟阶段的适宜温度 16～22℃。北方自春至秋（不迟于 8 月上旬），均可播种。一般收种用，应当在 4 月初播种。

图 3-2　箭筈豌豆与燕麦混播

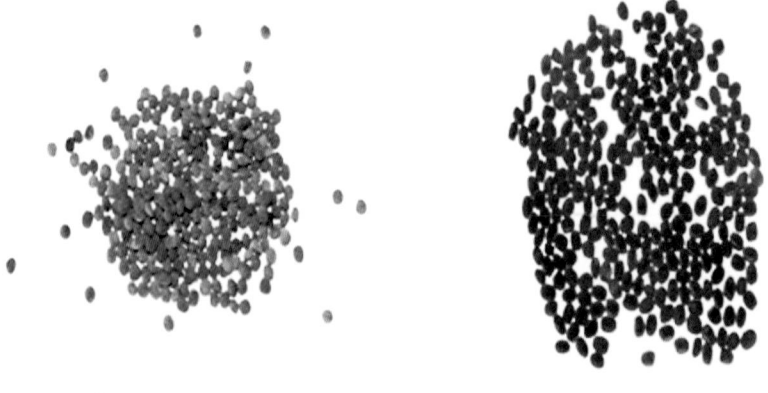

图 3-3　箭筈豌豆种子颜色

# 第二节　中国高纬寒地主要多年生
# 禾本科牧草栽培技术

多年生禾本科牧草以其产草量高、品质好、适口性好、抗逆性强、分布广等特点，而在草地畜牧业中扮演着重要的角色，它是牧草的重要组成部分，在栽培的牧草中占绝大多数，它既是各种家畜主要牧草及饲料，也是天然草原补播改良、水土保持、防风固沙或建立人工草地所不可缺少的牧草，它与豆科牧草合理组合建成的混播草地可提供高产和营养全面的牧草，青饲、青贮、制作干草或直接放牧均可。因此其高产栽培利用技术的研究，可以延长牧草的利用年限、提高产草量，可以为畜禽提供大量的优质青绿饲料，同时促进草业和畜牧业的协调发展。

## 一、羊草栽培技术

羊草［*Leymus chinensis*（Trin.）Tzvel.］为禾本科多年生草本植物。具有非常发达的地下横走根茎，根深可达 1.0～1.5m，主要分布在 20cm 以上的土层中。茎秆直立，呈疏丛状，具 3～7 节，株高 50～100cm。叶片较厚且硬，灰绿或灰蓝绿色。穗状花序顶生，颖果长椭圆形，深褐色，种子细小，千粒重 2g 左右。羊草抗寒、抗旱、耐盐碱、耐土壤瘠薄，适应范围很广。多生于开阔平原、起伏的低山丘陵、河滩及盐碱低地。在冬季−40.5℃可安全越冬、年降水量 250mm 的地区生长良好。羊草根茎发达，根茎上具有潜伏芽，有很强的无性更新能力。早春返青早，生长速度快，秋季休眠晚，青草利用时间长。生育期可达 150d 左右。生长年限长达 10～20 年。

**1. 整地**

羊草对地力要求不严，除低洼内涝外均可种植。草原地带过牧退化草原和退耕还牧地都适合种羊草。羊草也适合在盐碱地种植，但必须注意暗碱和地面碱化的程度。碱性过大的碱斑地，非经改良不能播种。

**2. 播种**

（1）种子处理

由于羊草种子成熟不一，有秕粒和杂质，播前必须严加清选。清选方法以风选和筛选为主，清除空壳、秕粒、茎秆、杂质等，纯净率达 90％以上进行播种。

（2）播种期

可分为春播或夏播。春旱区在 3 月下旬或 4 月上旬抢墒播种；非春旱区在 4 月中、下旬播种。杂草较多的地播种前要除草，在 5 月下旬或 6 月上旬播种。

（3）播种方法

可条播、撒播。除大面积飞机播种采用撒播外，其余均用条播。条播行距10～20cm，播种深度1～1.5cm。羊草种子体轻而长，流种不畅，所以用播种机播种前要把播种机的播种舌和开沟器的分种管拿掉，作业中经常疏通排种管，以防堵塞。与豆科牧草混播，又以隔行混播为好。播种后镇压1～2次。

（4）播种量

羊草种子发芽率较低，又易伤苗，所以要正确掌握播种量。根据羊草种子成熟情况和实际发芽率，以每亩播种2.5～3.0kg为宜。整地质量较差，杂草较多，种子品质不良，可增至3.5～4.0kg。

**3. 田间管理**

（1）施肥

羊草利用年限长，产量高，需氮肥多，无论基肥还是追肥，都要以氮肥为主，适当搭配磷肥和钾肥。每亩施有机肥2 500～3 000kg翻地前均匀撒入。土壤贫瘠的砂质地和碱性较大的盐碱地，多施一些有机肥料，不仅提高土壤肥力，改善土壤结构，还缓冲土壤的酸碱性，对羊草生长更为有利。在施足基肥的条件下，播种当年施氮肥100 kg/hm²，钾肥75kg/hm²，可一次施入或每次刈割后多次施入，刈割后的追肥掌握在割后的3～5d进行。

（2）灌溉

在有灌溉条件的地区，应在每次刈割后及时进行灌溉。春季播种时保证土壤墒情，以利于出苗，秋季少雨时，入冬前应要浇足封冻水，可有效增加第二年产量。

（3）除杂

播种当年生长缓慢，易受杂草危害，因此播种当年要特别注意播前除草和中耕除草工作。羊草幼苗易被杂草抑制，及时消灭杂草，对抓苗和保苗都有重要意义。人工除草和机械除草都要抓住有利时机，在羊草已扎根，而杂草尚在幼小时进行。在羊草长出2～3枚真叶时用齿耙耙地灭草率可达90%以上。生育后期还要割除高大杂草，免受草害，获得草层厚密，产草量高的效果。

（4）翻耙更新

退化型羊草地，翻耙更新改良，是恢复草地生命力，提高产草量的基本措施。多年利用的羊草草地，根茎盘根错节，通透不良，株数减少，株高变矮，产量逐年下降。

**4. 收获利用**

（1）饲用价值

羊草根茎分蘖能力强，茎直立，生长迅速，再生性强，叶量多、营养丰富、适口性好，各类家畜一年四季均喜食。刈割后其再生草可放牧利用。花期前粗蛋白质含量一般占干物质的 11％以上，分蘖期高达 18.53％，且矿物质、胡萝卜素含量丰富。每 kg 干物质中含胡萝卜素 49.5～85.87mg。羊草调制成干草后，粗蛋白质含量仍能保持在 10％左右，且气味芳香、适口性好、耐贮藏。羊草产量高，增产潜力大，在良好的管理条件下，在黑龙江中等肥力的土壤条件下，一年可刈割 2～3 次，鲜草产量 15 000～19 500kg/hm²，鲜干比约 3：1，可晒制干草5 000～6 500kg/hm²。种子产量 900～1 200 kg/hm²。

（2）利用

羊草干草是家畜重要的饲草来源，必须适期刈割，精心调制。刈割过早产量低、品质好，而刈割过晚产量高、品质劣。更要考虑不同时期地上、地下部可溶性总糖量和蛋白质含量的变化。适宜调制干草的时期是孕穗期至开花期，收割后的羊草在原地进行自然晾晒，尽可能避开阴雨天气，尽量摊晒均匀，及时多次翻晒通风，使牧草充分暴露在空气中，加快干燥速度，牧草含水量降至 12％时即可拢起堆垛贮藏。

①放牧

羊草是优良牧草，可供放牧用。在 4 月下旬至 6 月上旬，羊草拔节至孕穗期的 40 天左右为放牧适期。此时正是羊草生长快，草质嫩，适口性好，牲畜急需补青的时期，放牧后应保持 5～8cm 的留茬高度。牲畜早春在羊草草地放牧，吃得好，抓膘快，但必须合理放牧，以防引起退化减产。通常以放牧羊、牛、马为主，幼嫩时期尚可放牧猪和鹅。要划区轮牧，严防过重放牧。每次放牧至吃去总产量的 1/3 左右即可。也可在冬季利用枯草放牧牛、羊、马。

②刈割调制

羊草干草是家畜重要的饲草来源，必须适期刈割，精心调制。刈割过早产量低、品质好，而刈割过晚产量高、品质劣。适宜调制干草的时期是孕穗期至开花期，收割后的羊草在原地进行自然晾晒，尽可能避开阴雨天气，尽量摊晒均匀，及时多次翻晒通风，使牧草充分暴露在空气中，加快干燥速度，牧草含水量降至 12％时即可拢起堆垛贮藏。堆垛时，中间必须尽力踏实，四周边缘整齐，中央比四周高，搭上防雨布。绿色的羊草干草，1 头奶牛日喂量可达 15～20kg。切短喂或整喂效果均好。羊草干草也可制成草粉或草颗粒、草块、草砖、草饼，供作商品饲草。

③饲用

青刈可在拔节至孕穗期收割，每次刈割留茬高度为 5～6cm，直接喂马、牛、羊。绿色干草是牛、马、羊重要的冬春储备饲料。

## 二、无芒雀麦栽培技术

无芒雀麦（*Bromus inermis* Leyss.）是高产优质的多年生禾本科牧草。具短根茎，多分布在 15cm 以上的土层中，茎圆形，直立，粗壮光滑，株高 100～150cm，茎具节，5～7 节。叶片带状，长 15～20cm，圆锥花序，小穗披针形，种子黑褐色、扁平，千粒重为 4g 左右。无芒雀麦叶片宽厚，质地柔软，产草量高，营养价值高，再生能力强，耐牧性强，适宜于青饲，调制干草和放牧利用。由于抗寒性强，返青早，枯死晚，是北方寒地的优良早春晚秋绿饵。无芒雀麦根系发达，固土力强，覆盖良好，是优良的水土保持植物。返青早，枯死晚，绿色期长达 210 多天，因耐践踏，再生性好，也是优良的草坪地被植物。无芒雀麦最适宜在冷凉干燥的气候条件下生长，不适应高温、高湿环境。耐干旱，在降水量 400mm 左右的地区生长良好。耐寒，能在－30℃的低温条件下越冬，若有雪覆盖，在－48℃低温情况下。越冬率仍可达到 85％以上。我国北方人工草地一般连续利用 6 年，在管理水平高时，可维持 10 年以上的稳产高产。

**1. 整地**

无芒雀麦选地不严，退化草地、退耕牧地、山坡草地、边旁隙地、林间草地等均可种植。在房宅周围和圈舍近旁等肥水充足的地方种植更为适宜。在冲刷沟壁、渠堤被面、固定沙丘、路基斜面等处种植，不仅提供饲草，还保持水土，提高生态效益。也适宜作为草坪草，可在居民区的开旷地、群众游乐场所、集会广场、运动场、街道两旁和庭院等处种植。播种前耕翻平整土地，施足底肥。

**2. 播种**

（1）种子处理

无芒雀麦的颖果，常在穗上由小枝相互粘连，影响播种，所以播种前要重新脱打至成单粒，去除杂质后播种。

（2）播种时间

春播和秋播均可，但以春播为多。当地温达 8～10℃时种子即可正常发芽，秋播不宜过迟，一般越冬时达到分蘖期为好，以利越冬。如果土壤太干，则应灌溉后再播。对草荒严重的地，要先诱芽出苗，经播前除草后再播种。

（3）播种方式

可全翻耕条播、撒播。其中以条播为宜，行距 30～40cm，播深 2～3cm，播后及时镇压。还可同其他牧草混播，亦可补播。可与白三叶、紫花苜蓿、箭舌豌豆等豆科草种混播，借助豆科牧草固氮作用，促进无芒雀麦良好生长。可1：1 或 2：2 隔行间种，或 1：1 混种。无芒雀麦竞争力强，混播时很快压倒豆科牧草，所以要适当增加豆科牧草的播种量。与紫花苜蓿混播时，播种量为无芒雀麦 0.5kg，紫花苜蓿 0.75kg。混合播种或各自单播均可。播种机具可用专用牧草播种机，或通用的小麦播种机，种子可加填充物。也可单播，但播量一定要调准。

（4）播种量

单独条播播量为 22.5～30 kg/hm²，撒播的播种量比条播稍大，为 30～37.5 kg/hm²。

**3. 田间管理**

（1）施肥

无芒雀麦是需肥较大的多年生禾本科牧草，对氮肥反应敏感，施用氮肥能大大提高其产量和质量，播种前应施足基肥（有机厩肥 15 000～22 500 kg/hm²，过磷酸钙 225kg/hm²）。播种时施种肥（硫铵 75 kg/hm²），并在拔节、孕穗或每次刈割后再追施氮肥（尿素 150kg/hm²），刈割后的追肥掌握在割后的 3～5d 进行。每年秋季应施一定量的磷、钾肥作为维持肥料，多施磷、钾肥可以增强无芒雀麦的抗病、抗旱、抗寒能力。在冬季和第二年春季返青后，追施一次速效氮肥 150 kg/hm²，促进分蘖生长；在肥力低，保肥力差的土壤种植应多施有机肥作底肥，少施、勤施化肥，无芒雀麦对磷肥极其敏感，当施入磷肥（$P_2O_5$）150kg/hm² 作为种肥时，干草产量可提高 1.7 倍左右。在缺磷的土壤上，应施用过磷酸钙 225～300 kg/hm² 与有机肥拌匀耕翻作基肥。

（2）灌溉

在有灌溉条件的地区，应在每次刈割后及时进行灌溉。在干旱季节应保证必要的灌溉，否则生长不良，草产量降低，以喷灌较好，秋季少雨时，入冬前应进行灌溉，可以很好地提高第二年产草量。

（3）除杂

无芒雀麦较易抓苗，但播种当年生长缓慢，易受杂草危害，因此播种当年要特别注意中耕除草工作。据试验，种植第二年的无芒雀麦，前一年中耕除草一次，鲜草产量 26 035.54kg/hm²，而未中耕除草的为18 978.01kg/hm²，减少 27.1%。通常要在分蘖至拔节期间，及时中耕除草 1～2 次，后期再拔一遍高大杂草。无芒雀麦单播地用 2，4 - D 除草，效果良好。

（4）病虫鼠害防治

无芒雀麦病虫害较少，主要感染叶锈病。若感染叶锈病时应及时刈割利用，并注意合理施肥和灌溉，即可达到防治的效果。若感染严重，发病后及时割草、减少下茬草的病源、割草后可用粉锈宁、代森锌百菌清喷雾。

（5）翻耙更新

无芒雀麦生长到第 4 年以后，根茎积累盘结，使土壤表面紧实，有碍土壤透水、通气，影响产量，需要进行耙地松土、切破草皮，改善土壤和通透状况，促进分蘖，以保持产量。

**4. 收获利用**

（1）饲用价值

无芒雀麦草质柔软，生长迅速，再生性强，在黑龙江中等肥力的土壤条件下，一年可刈割 2～3 次，鲜草产量 22 890～26 750kg/hm²，鲜干比约 3∶1，可晒制干草 7 630～8 910kg/hm²，产草量依水分条件和土壤肥力及管理水平而变化。环境适宜可发挥高产潜力。鲜草和干草牛、羊等均喜食。刈割后其再生草可放牧利用。抽穗期茎叶干物质分别含粗蛋白 16.02%，粗脂肪 6.30%，粗纤维 30.03%，无氮浸出物 44.71%，粗灰分 7.02%，还有丰富的钙、磷成分。其草地可以用来放牧，也可以割草，晒制干草，干草的营养价值较高。

（2）利用

①青饲

无芒雀麦在东北地区每年可刈割 2～3 次，青饲宜在拔节期刈割，每次刈割留茬高度为 5～7cm，最好能与豆科牧草混合饲喂。最后一次利用应在初霜前。

②放牧利用

农区种植无芒雀麦应轻牧，宜在株高 25～30cm 时进行，最好不要放牧。放牧利用的无芒雀麦应采取与其他禾本科牧草及豆科牧草混播的方式种植，混播草场要进行划区轮牧，确定放牧时期，第一次放牧应在拔节期开始，结束放牧时间应在牧草生长结束前 30d 停止放牧，放牧后应保持 5～8cm 的留茬高度，在放牧过程中应合理搭配畜群，有效利用草场。

③调制青干草

适宜调制干草的时期是孕穗期至开花期，收割后的无芒雀麦在原地或运到地势高干燥的地方进行自然晾晒或放在架子上晾晒，尽量摊晒均匀，及时多次翻晒通风，使牧草充分暴露在空气中，加快干燥速度，牧草含水量降至 12% 时即可拢起堆垛贮藏。堆垛时，中间必须尽力踏实，四周边缘整齐，中央比四周高，搭上防雨布。在选择使用自然晒制时要掌握好天气变化，尽可能避开阴雨天气。条件允许时向规模化、机械化干燥方法过渡。无论采用何种干燥方法，均要尽量减少人为或机械造成的营养损失。由于刈割、搬运、翻晒、堆垛等一系列手工和机械操作，不可避免地造成细枝嫩叶的破碎脱落，严重时可损失 20%～30%。因此，要选择合适的刈割时间，尽量减少翻动和搬运，减轻损失。

青干草的品质鉴定：收割适时的青干草，颜色青绿、气味芳香，叶量丰富，茎质地较柔软，消化率较高；含水量控制在 12%。若含水量在 20% 以上，贮藏时应注意通风；优良青干草具有较浓郁芳香味，如果有霉烂及焦灼的气味，则品质低劣。

④青贮利用

无芒雀麦制作青贮料应在孕穗期刈割，当青草含水量降至 65%～75% 时，将草装入窖中。青贮窖要求结实坚固，内壁光洁，不透空气。装窖时要尽量压紧，为保证压实，必须分层填装，分层镇压，先装一部分原料，立即摊平、压实，装满后，上面覆盖一层塑料薄膜后，再埋上 40～50cm 厚的土使中间凸起呈馒头状。待原料下沉稳定后，将表面的草泥抹光，防止空气进入。饲养前应检查青贮料的品质，品质良好的青贮料，应具有香甜的气味，颜色呈绿色、淡褐色，酸碱度（pH）在 4.2 左右为宜。当贮藏经过 40～50d 后。便能完成发酵过程，饲用时就可开窖使用，不受季节限制。

### 三、垂穗鹅观草栽培技术

垂穗鹅观草（*Roegneria nutans* Keng）为禾本科鹅观草属多年生丛草本。须根稠密，基部分蘖密集而形成根头；秆质硬，细瘦，高 50～70cm，具 2～3 节。叶条形，长 5～20cm，宽 1～3cm，内卷。穗状花序下垂，长 4.5～6.5cm，穗轴常弯曲作蜿蜒状，小穗长 10～15mm，含3～4 花，草黄色，颖披针形，具 3 脉。在哈尔滨地区 4 月中旬返青，6 月中旬开花，花期长，一直延续到 7 月，7 月中旬种子成熟，全生育期 100～110d。该草分蘖力强，再生性好，耐寒性强，冬季气温下降到～37℃也能安全越冬，耐土壤瘠薄，具有抗旱能力，在 pH 7～7.8 的土壤中能生长。

**1. 整地**

垂穗鹅观草对地力要求不严，但种子轻，整地务必平整、精细、上虚下实，以利出苗。有灌溉条件的地方播前应先灌水，以保证出苗整齐。无灌溉条件地区，整地后进行镇压，以利保墒。

**2. 播种**

（1）播种时间

在黑龙江省西北部干旱地区，通常有两个播种期：春播应在 4 月中下旬，此时缺少雨水，影响出苗，需做好灌溉准备。同时因幼苗生长缓慢，易成草荒，应拔除杂草；秋播应在 8 月中旬以前，此时水热条件适中，温度适宜，播种后出苗快，保苗率高。

（2）播种方式

主要有条播和撒播。条播行距 10～20cm，播种深度 1～1.5cm。可与紫花苜蓿、沙打旺、野豌豆、白三叶等豆科牧草混播，借助豆科牧草固氮作用，促进垂穗鹅观草良好生长。混播以禾本科牧草为主作物，豆科牧草的播种量为单播的 1/3～1/2，可有效提高混播群体的产量和饲草品质。播种机具可用专用牧草播种机或通用的小麦播种机。

（3）播种量

单播条播播量为 22.5～30.0 kg/hm²，公顷保苗数 270 万株，播种深度 1～1.5cm。制种公顷播量为 15.0kg/hm²。

**3. 田间管理**

（1）施肥

垂穗鹅观草是需肥较大的多年生禾本科牧草，消耗地力强，基肥以有机肥为主，也可加适量化肥（尿素 5kg），在缺磷的土壤上，每亩施用过磷酸钙 15～25kg 与有机肥拌匀耕翻作基肥。追肥则在冬季和早春施用，一般每次每亩 5～7kg 尿素。

（2）灌溉

在有灌溉条件的地区，应在每次刈割后及时进行灌溉。在干旱季节应保证必要的灌溉，否则生长不良，草产量降低，以喷灌较好，秋季少雨时，入冬前应进行灌溉，可以很好地提高第二年产草量。

（3）除杂

垂穗鹅观草较易抓苗，但播种当年生长缓慢，易受杂草危害，因此播种当年要特别注意中耕除草工作。草少时可用人工除草，在分蘖前中耕除草一次，秋冬及早春返青时要中耕除草，草多时可用 2，4-D 丁酯除去杂草。

**4. 收获利用**

（1）饲用价值

垂穗鹅观草是天然草场优等上繁草，全株无臭、无味、无刚毛、刺毛，质地柔软。该草茎叶茂盛，富含无氮浸出物，粗蛋白质含量偏低，粗纤维含里偏高，营养价值中等，返青早，在黑龙江省 3 月下旬即可返青，5 月中旬株高可达 50cm。该草分蘖力强，植株高大，在开花期叶和花序占全株总重量的 22.7%～26.5%，是天然草场放牧利用的优等牧草。垂穗鹅现草与垂穗披碱草组成的天然草场平均干草产量 1 875～3 000kg/hm²。单纯垂穗鹅观草的草场群落，干草产量 2 250kg/hm² 左右，与鹅观草、芨芨草等组成的各类草场干草产量 900～1 350 kg/hm²。

（2）利用

垂穗鹅观草作为饲草利用时，在其整个生长阶段都可刈割，刈割时期，因饲喂的对象而异。饲喂牛、羊，在初穗期刈割；饲喂兔、鹅、鱼，则在植物生长至 30～60cm 时刈割。留茬高度一般在 5～8cm 为宜，低则伤害根茎，影响再生，高则影响产量。越冬前最后一次刈割留茬应在 7～8cm 以上，以利越冬。

①青饲

垂穗鹅观草适口性好，是牛、羊、猪、兔、禽和鱼等的最好青饲料。一般现割现喂，以防1次刈割太多，造成浪费。每年可刈割3～4次，每次刈割留茬高度为5～7cm，最好能与豆科牧草混合饲喂。

②放牧利用

单播垂穗鹅观草最好不要放牧。放牧利用的垂穗鹅观草应采取与其他禾本科牧草及豆科牧草混播的方式种植，混播草场要进行划区轮牧，确定放牧时期，同一块地，每30～40d放牧1次，放牧后应保持5～8cm的留茬高度，每次放牧的采食量，以控制在产草量的60%～70%为宜。在放牧过程中应合理搭配畜群，每次每亩可放牧牛2～3头，或羊5～6只，放牧4～5小时。每次放牧之后，都要追肥和灌溉。

③青贮利用

垂穗鹅观草青贮，可解决盛产期雨季不宜调制干草的困难，作青贮利用时，在抽穗期刈割，割下后切成长为10cm左右的草段。青贮发酵时的水分控制在70%以下。一般垂穗鹅观草割下时的含水量为80%，为了降低水分含量，可采用"预干法"，即将割下的草切碎后摊放在场地上晾晒至水分降至70%以下。窖贮、塔贮、袋贮均可。通常在密封30～40d后即完成发酵，可以开封饲喂。

## 四、偃麦草栽培技术

偃麦草（*Elytrigia repens*）为禾本科偃麦草属多年生草本植物，须根系，具有横走根茎，多分布在12～14cm深的土层里。茎秆直立，具3～5节，疏丛生，株高60～80cm，在良好的栽培条件下可达130～150cm。叶片灰绿色，叶片长10～20cm，宽5～10mm，扁平，质地柔软。穗状花序直立，种子千粒重3g左右。抗寒性强，能耐−39℃的低温。耐寒、耐旱、耐湿，亦较耐旱，轻度盐渍化土壤亦能生长。据试验，偃麦草可以在含盐量0.6%的盐土地上全部成活，在0.4%以下含盐量的盐土中可以获得较好的产草量。偃麦草在哈尔滨种植，4月上旬返青，5月下旬拔节，6月下旬抽穗，8月上旬种子成熟，是生育期最长而成熟期最晚的草种之一。生育期140～150d，全年生长期270d左右。偃麦草其根茎发达，竞争与侵占能力极强，也是绿地建植、固土护坡和公路绿化的优良草种之一。

**1. 整地**

偃麦草对地力要求不严，但种子轻，整地务必平整、精细、上虚下实，以利出苗。有灌溉条件的地方播前应先灌水，以保证出苗整齐。无灌溉条件地区，整地后进行镇压，以利保墒。

**2. 播种**

（1）播种时间

春播和秋播均可，但以春播为多。当地温达5～10℃时种子即可正常发芽，秋播不宜过迟，秋播应在8月中旬以前，此时水热条件适中，温度适宜，播种后出苗快，保苗率高。如果土壤太干，则应灌溉后再播。对草荒严重的地，要先诱芽出苗，经播前除草后再播种。

（2）播种方式

可全翻耕条播、撒播。其中以条播为宜，条播行距30～45cm，播深2～3cm。播后及时镇压。根茎分蘗能力强，以单播为宜。撒播时播种量不要过大，影响分蘗。稀植的植株生长健壮，分蘗数增多，利于种子生产。播后应进行镇压，及时浇水以利出苗。

（3）播种量

单独条播播量为75～90kg/hm²，撒播的播种量比条播要大，为90～105kg/hm²。

### 3. 田间管理

（1）施肥

在施足基肥的条件下，出苗后在分蘗期追施一次氮肥，追施尿素或复合肥75kg/hm²，以后每次刈割后，都应追施75kg/hm²尿素或复合肥，促进再生，刈割后的追肥掌握在割后的3～5d进行。播种当年9月上旬再追施氮肥100kg/hm²、磷肥75kg/hm²，可推迟枯萎10～15d，下一年提前返青10d左右。

（2）灌溉

在有灌溉条件的地区，应在每次刈割后及时进行灌溉。春季播种时保证土壤墒情，以利于出苗，秋季少雨时，入冬前应要浇足封冻水，可有效增加第二年产量。

（3）除杂

播种当年生长缓慢，易受杂草危害，因此播种当年要特别注意中耕除草工作。草少时可用人工除草，在分蘗前中耕除草一次，秋冬及早春返青时要中耕除草，草多时可用2，4-D丁酯除去杂草。

### 4. 收获利用

（1）饲用价值

偃麦草草质鲜嫩，含纤维素少，并具有甜味，再生性强，在黑龙江中等肥力的土壤条件下，一年可刈割2～3次，干草产量5 530～7 277kg/hm²。鲜草和干草牛、羊等均喜食。刈割后其再生草可放牧利用。营养丰富，品质好，家畜喜食，饲用价值高，干物质含粗蛋白（干基）含量为12.99％，粗纤维（干基）含量28.21％，粗脂肪（干基）含量4.52％，无氮浸出物40.61％，灰分8.57％。

（2）利用

①放牧

偃麦草是优良牧草，可供放牧用。在5月上旬至6月下旬，偃麦草拔节至孕穗期的 30d 左右为放牧适期。此时正是偃麦草生长快，草质嫩，适口性好，牲畜急需补青的时期，放牧后应保持 5～8cm 的留茬高度。但必须合理放牧，以防引起退化减产。

②刈割调制

偃麦草干草是家畜重要的饲草来源。适宜调制干草的时期是孕穗期至开花期，收割后的偃麦草在原地进行自然晾晒，尽可能避开阴雨天气，尽量摊晒均匀，及时多次翻晒通风，使牧草充分暴露在空气中，加快干燥速度，牧草含水量降至 12％时即可拢起堆垛贮藏。堆垛时，中间必须尽力踏实，四周边缘整齐，中央比四周高，搭上防雨布。

③饲用

青刈可在拔节至孕穗期收割，每次刈割留茬高度为 5～6cm，直接喂马、牛、羊。绿色干草是牛、马、羊重要的冬春储备饲料。

④固土护坡、庭院绿化

偃麦草根茎分蘖能力强，根茎发达，竞争与侵占能力极强，在 10～15 cm 的土壤中形成纵横交错的根系网络，1 株的根系可占 2～3m² 的面积，1m² 的根量平均为 3.7 kg。绿化需进行平播，播种量 10～15g/m²，播后覆土 1～2cm，播后覆土镇压，进行喷灌，出苗前保持土壤湿润；绿化用时，株高长到 30cm 时，进行第一次修剪，留茬高度 6.0～8.0cm，最后一次修剪在霜前进行，留茬高度 8.0～10.0cm，修剪后施肥，可延长其青绿期，以保证安全越冬。10 月下旬至 11 月上旬（气温在 0℃左右时），要浇足封冻水，可有效延长第二年草坪的绿色时期。

# 第三节　中国高纬寒地主要一年生
# 牧草栽培技术

在人们的传统观念当中，草是不需要种植和管理的，所以牧草的产量潜力往往发挥不出来，要想将牧草的生产潜力发挥出来，就要像种植大田作物一样种植牧草。

## 一、小黑麦栽培技术

### (一) 概述

小黑麦（*Triticum secale*）是用普通小麦（*T. aestivum*）和黑麦（*Secale cereale*）属间杂交和杂种染色体加倍、人工合成的一个新的物种，同时具有双亲的优良性状，染色体组分为四倍体（AARR，28 个染色体）、六倍体

（AABBRR，42 个染色体）和八倍体（AABBDDRR，56 个染色体）。1935 年起已成为国际上的通用名称。中国在 70 年代育成的八倍体小黑麦，表现出小麦的丰产性和种子的优良品质，又保持了黑麦抗逆性强和赖氨酸含量高的特点，且能适应不同的气候和环境条件，是一种很有前途的粮食、饲料兼用作物。

### （二）形态和特性

小黑麦外部形态介于双亲之间，须根系和分蘖节较小麦发达，增强了植株的耐旱耐瘠能力。茎分蘖节成球状体，贮藏营养物质多，分化健壮新器官的潜力也比小麦强；各节长度和直径一般大于小麦。叶片较小麦长而厚，叶色较深，被茸毛，叶鞘有蜡粉层。麦穗比小麦大，小花数多，每一小穗有 3～7 朵小花，一般基部 2 朵小花结实，芒较小麦长。颖果较小麦大，红色或白色，角质或半角质。果皮和种皮较厚，因而休眠期长于小麦，一般遇雨不易在穗上发芽，且对胚和胚乳有较强的保护作用。耐寒性较强，在海拔 2 400m 的西南高寒地区能安全越冬。耐瘠、耐旱、耐干热风和耐阴力强，在气候条件多变、水肥条件较差的高寒地区，能显示其稳产优势，产量高于小麦，抗病性也较小麦强。

### （三）价值和用途

小黑麦作青饲料作物利用，具有产量高，营养丰富的特点。黑龙江省条件下，刈割 2～3 次鲜草产量最高，鲜草品质最佳。小黑麦茎叶多汁，含糖量高。在抽穗期茎秆含糖 17%～18%，蛋白质含量为 13%～18%。饲用小黑麦含叶量大，质地柔软，秸秆营养丰富，其中含有丰富的胡萝卜素及多种维生素。小黑麦秸秆营养价值高于小麦和燕麦，蛋白质和糖分含量高于小麦和燕麦，做青贮时，收割期以乳熟或灌浆期为宜，鲜草可达 15 000～23 000kg/hm²。

青刈小黑麦在黑龙江省 5 月份可连续进行收割青饲，饲用小黑麦适口性好，牛羊喜食，缓解黑龙江省 5 月、6 月份草食家畜青草不足的矛盾，小黑麦青贮在黑龙江省一般 7 月上中旬进行，比玉米、高粱青贮提前 2 个月左右。因此种植小黑麦是解决黑龙江省大部分地区牛、羊等草食家畜冬季无青贮难题的最有效途径。

### （四）栽培要点

#### 1. 整地

精细整地是保证小黑麦播种质量的关键，应达到地面平整无坷垃。有灌溉条件的地方，播前应先灌水，以保证出苗整齐。无灌溉条件的地区，整地后进行镇压，以利保墒。

**2. 播种**

（1）播种期

春播在 3 月下旬至 4 月上旬播种，应尽量提早，争取早出苗。秋播在 7 月下旬至 8 月上旬播种。

（2）播种方法

以单种为宜，采取平播方式，行距 15cm 进行播种，播种量为 225kg/hm² 种子。

（3）田间管理

①苗期管理

不论春播、夏播，苗期管理首先是清除杂草。在三叶期喷施 2，4－D 防除阔叶杂草。

②施肥

有条件的要施有机肥，氮、磷、钾肥用量应根据饲料用途合理确定，饲草生产以施氮肥为主，制种需氮、磷、钾肥配合施用，全生育期每亩需纯氮 10kg、磷 8kg、钾 3kg。

③防病

小黑麦对白粉病免疫，高抗叶锈、条锈、秆锈及病毒病，生长期病虫害少，绿叶持续期长，整个生长期内不需要喷洒农药，是优质绿色青饲作物。

（4）刈割

小黑麦抗寒性强，再生性好、耐刈割，早春和晚秋枯草季节可多次刈割，能在枯草期持续提供宝贵的优质青饲。

小黑麦分蘖期收割青饲，其植株粗蛋白含量高达 25％～30％，赖氨酸含量超过 0.6％，属高蛋白青饲料，可直接用于饲喂牛羊，也可加工高蛋白优质草粉；扬花后 10～15d 收割青贮，粗蛋白、赖氨酸含量可分别达到 15％和 0.5％，各种营养含量几乎比青贮玉米高出一倍；灌浆期收割晒制干草，饲草粗蛋白含量仍达 10％以上，赖氨酸含量也可维持在 0.3％。小黑麦饲草产品的氨基酸、维生素等营养成分构成均衡，饲料回报率高，因而成为全价型优质饲料作物。

收割期：饲草小黑麦用途不同，收割期也不同。生产青饲可在早春拔节前多次刈割，直接用于喂饲牛羊或加工优质草粉，但每次刈割后应立即浇水施肥以促进生长；生产青贮可在小黑麦扬花后 7～10d；生产干草可在小黑麦灌浆中期收割，在田间晾晒 2～3d，饲草含水量降至 20％～25％时打捆，贮存备用；制种、收获籽粒粮用或作精饲料宜在籽粒完熟时收获。

## 二、燕麦栽培技术

### (一) 概述

燕麦是禾本科早熟禾亚科燕麦属 (*Avena sativa* L.)，又名雀麦、野麦，一年生草本植物，属内染色体组分为二倍体、四倍体、六倍体 3 个种群。燕麦一般分为带稃型和裸粒型两大类。世界各国栽培的燕麦以带稃型的为主，常称为皮燕麦。我国栽培的燕麦以裸粒型的为主，常称裸燕麦。裸燕麦的别名颇多，在我国华北地区称为莜麦；西北地区称为玉麦；西南地区称为燕麦，有时也称莜麦；东北地区称为铃铛麦。同时燕麦具有较高的抗盐碱能力，目前被广泛认为是盐碱地改良的替代作物。

### (二) 形态和特性

株高 60～120cm，须根系，入土较深。幼苗有直立、半直立、匍匐 3 种类型；抗旱、抗寒者多属匍匐型，抗倒伏、耐水肥者多为直立型。叶有突出膜状齿形的叶舌，但无叶耳。圆锥花序，有紧穗型、侧散型与周散型 3 种。普通栽培燕麦多为周散型，东方燕麦多为侧散型。分枝上着生 10～75 个小穗；每一小穗有两片稃片，内生小花 1～3 朵，裸燕麦则有 2～7 朵。自花传粉，异交率低。除裸燕麦外，子粒都紧包在内、外稃之间。千粒重 20～40g，皮燕麦稃壳率 25%～40%。燕麦是长日照作物。喜凉爽湿润，忌高温干燥，生育期间需要积温较低，但不适于寒冷气候。种子在 1～2℃开始发芽，幼苗能耐短时间的低温，绝对最高温度 25℃以上时光合作用受阻。蒸腾系数 597，在禾谷类作物中仅次于水稻，故干旱高温对燕麦的影响极为显著，这是限制其地理分布的重要原因。对土壤要求不严，能耐 pH=5.5～6.5 的酸性土壤。在灰化土中锌的含量少于 0.2ppm 时会严重减产，缺铜则淀粉含量降低。

### (三) 价值和用途

我国裸燕麦含粗蛋白质达 15.61%，脂肪 8.54%，还有淀粉释放热量以及磷、铁、钙等元素，与其他 8 种粮食相比，均名列前茅。燕麦中水溶性膳食纤维分别是小麦和玉米的 4.7 倍和 7.7 倍。燕麦中的 B 族维生素、尼克酸、叶酸、泛酸都比较丰富，特别是维生素 E，每 100g 燕麦粉中高达 15mg。此外燕麦粉中还含有谷类食粮中均缺少的皂甙（人参的主要成分）。蛋白质的氨基酸组成比较全面，人体必需的 8 种氨基酸含量的均居首位，尤其是含赖氨酸高达 0.68g。

燕麦叶、秸秆多汁柔嫩，适口性好。裸燕麦秸秆中含粗蛋白 5.20%、粗脂肪 2.21%、无氮抽出物 44.62%，均比谷草、麦草、玉米秆高；难以消化的纤维 28.20%，比小麦、玉米、粟秸低 4.91%～16.42%，是最好的饲草之一。其籽实是饲养幼畜、老畜、病畜和重役畜以及鸡、猪等家畜家禽的优质饲料。

### (四) 生产和分布

燕麦是世界上重要的粮食作物之一，俄罗斯、美国、加拿大、法国、德国是燕麦主产国，其中俄罗斯居世界首位。我国燕麦主要分布在北方的牧区或半农半牧区，如山蒙古、青海、甘肃等地，河北、黑龙江、安徽、江苏、四川等省也有少量栽培。燕麦的单产水平一般不高，平均约 2 250kg/hm²，高产的可达 5 250kg/hm² 以上。

### (五) 生长发育

**1. 发育**

春化阶段短，一般在 2～5℃温度下 10～16d 即可完成。属长日照作物，对日常反应敏感，延长日照可促进发育。

**2. 生育期**

北方春播一般 80～125d，南方秋播为 230～250d。

**3. 生育进程**

燕麦生育时期可分为出苗、分蘖、拔节、孕穗、抽穗、开花、成熟等。在播种土层 3～4℃是春播，10～15d 出苗。自分蘖开始进入穗分化，共经历初生期、生长锥伸长期、枝梗分化期、小穗分化期、小花分化期、四分体形成期和花粉粒形成期等阶段。拔节时正值小花分化，也是营养生长和生殖生长并进时期。

### (六) 环境要求

**1. 温度**

燕麦喜凉爽但不耐寒。温带的北部最适宜于燕麦的种植，种子在3～4℃就能发芽，幼苗能忍受－3～4℃的低温，在麦类作物中是最不耐寒的一种。我国北部和西北部地区，冬季寒冷，只能在春季播种，较南地区可以秋播，但须在夏季高温来临之前成熟。

**2. 水分**

燕麦对水分的要求比大麦、小麦高。种子发芽时约需相当于自身重 65%的水分。燕麦的蒸腾系数比大麦和小麦高，消耗水分也比较多，生长期间如水分不足，常使子粒不充实而产量降低。

**3. 土壤**

在优良的栽培条件下，各种质地的土壤上均能获得好收成，但以富含腐殖质的湿润土壤最佳。燕麦对酸性土壤的适应能力比其他麦类作物强。

## (七) 栽培技术

### 1. 轮作

宜选用苜蓿、草木樨、豌豆、蚕豆等豆科作物为前作。土壤瘠薄的地块，可连续采取轮歇压青休闲的轮作制。

### 2. 整地

深耕保墒，土壤平整细碎，水分充足，是保证燕麦高产的关键措施。整地因前作不同而不同，但均需深耕。深耕有积蓄土壤水分，促进根系发育，防止倒伏的效果。

### 3. 选用良种

黑龙江地区可选用白燕 2 号、白燕 6 号、白燕 7 号种植，在轻度盐碱地上白燕 6 号产量较好。

### 4. 播种

燕麦小穗中子粒发育不一致，小穗基部的种子大而饱满，发芽势强，质量好，宜选用大而饱满的种子作为播种材料。北方春播燕麦一般于 4 月上旬至 5 月上旬播种，南方秋播燕麦于 10 月下旬至 11 月中旬播种。春播燕麦分蘖期短，有效分蘖少，应适当增加播种量，一般每公顷播 150～225kg，秋播的生育期较长，可适当减少播种量。可采用宽窄行或宽幅条播，行距 20～25cm，播幅 10～15cm，覆土深度 3～5cm。

### 5. 肥水管理

燕麦对氮肥反应敏感，但氮肥不能施用过迟，且应与磷、钾肥配合施用。每生产 100kg 燕麦子粒，需要氮素 6kg、磷 3.5kg、钾 9.5kg。施肥原则为重施基肥、分期追肥，基肥占总施肥量 80% 以上，全层施用。播种时，每公顷施用 250～375kg 复合肥作种肥（$N-P_2O_5-K_2O$：15－20－10，总养分≥45%）。根据土壤条件和植株生育状况，分别于分蘖期、拔节期和抽穗期进行追肥，一般可采取每公顷追 75kg 复合肥。

### 6. 病虫害防治

燕麦的主要病害是坚黑穗病、散黑穗病和红叶病；局部地区有秆锈病、冠锈病和叶斑病等。多使用抗病良种及采取播前种子消毒、早播、轮作、排除积水等措施防治。主要害虫有黏虫、地老虎、麦二叉蚜和金针虫等，可通过深翻地、灭草和喷施药剂等防治。野燕麦是世界性的恶性杂草，可通过与中耕作物轮作，剔除种子中的野燕麦种子，或在燕麦地播种前先浅耕使野燕麦发芽，然后整地灭草，再行播种等方法防治，也可采用化学除莠剂。

**7. 收获**

燕麦成熟不一致，穗上部快于穗下部，同一小穗中，基部第一朵花先成熟。一般下部小穗进入黄熟期即可收获。作为青饲料栽培的燕麦，宜于抽穗开花时刈割。

## 三、谷稗栽培技术

谷稗为禾本科稗属一年生草本植物，株高达 1.9～2.5m，茎直立粗壮，叶片长而宽厚，颜色为墨绿或黄绿色。须根发达，少分蘖。圆锥花序大而紧凑，直立或微弯，绿色。是一种产量高、适口性好的优良饲料，适应性强、生长期快，是牛、羊等畜禽喜食的优良饲料作物。

### （一）整地

精细整地是保证谷稗播种质量的关键，应达到地面整平耙细。有灌溉条件的地方，播后应灌水，以保证出苗整齐。无灌溉条件的地区，整地后进行镇压，以利保墒。

### （二）播种

**1. 播种期**

在 5 月初到 5 月中旬为适宜播种期。

**2. 播种方法**

采取条播方式，行距 50～60cm 进行播种，播种量为 10kg/hm²，栽培密度在 90 000～120 000 株/kg² 为宜，播种深度 1～2cm。

### （三）田间管理

生长发育期，应中耕除草 2～3 次，同时进行断垄、间苗和培土。有条件的要施有机肥，氮、磷、钾肥用量应根据饲料用途合理确定，饲草生产以施氮肥为主，制种需氮、磷、钾肥配合施用。收获种子或在秋天进行一次刈割时，杂草危害严重时采用除草剂阿特拉津，能杀灭 80% 以上的杂草，对阔叶杂草可用 2，4 - D 丁酯防除。多施氮肥，促进茎叶繁茂。也可随时刈割，株高 80～100cm 时就可刈割，留茬 20cm，每次刈割后应及时浇水、施肥和除草。

## 四、苦荬菜栽培技术

苦荬菜是一年生牧草，种子小而轻，顶土能力弱，播种前土地要整平耙细，用作鹅等小畜禽青饲料。

## （一）整地

精细整地是保证苦荬菜播种质量的关键，应达到地面整平耙细。有灌溉条件的地方，播后应灌水，以保证出苗整齐。

## （二）播种

**1. 播种期**

在 5 月初适宜播种。

**2. 播种方法**

采取条播方式，行距 $50\sim60$ cm 进行播种，播种量为 $10$ kg/hm$^2$，栽培密度在 500 万～550 万株/kg$^2$ 为宜，播种深度 $1\sim2$ cm。

## （三）田间管理

**1. 施肥**

有条件的地方播种前施有机肥，没有有机肥的，在播种时适量施氮、磷、钾肥，全生育期每公顷施纯氮 150kg、磷 120kg、钾 45kg。株高 $80\sim100$ cm 时就可刈割，留茬 20cm，每刈割一次后要及时追肥和灌水。

**2. 田间管理**

苦荬菜宜密植，如过稀则不仅影响产量，而且会使茎秆老化，品质及适口性降低。苗高 $4\sim6$ cm 时要及时中耕除草，同时进行断垄、间苗和培土。苦荬菜的病虫害较少，主要虫害有蚜虫，可用蚜敌或其他杀虫药喷施，喷药一周后方可刈割饲喂。

## 五、籽粒苋栽培技术

籽粒苋原产低纬度地区，因此是喜温作物，播种期要求平均地温在 16℃ 以上，而生长最适温度为 $20\sim30$℃，根据种子发芽率试验，最适发芽温度为 30℃ 左右。最适宜生长温度为 $20\sim30$℃，当气温在 25℃ 以上，生长最迅速，此气温正值东北地区的 $7\sim8$ 月份，籽粒苋在这个时期进入生长高峰，生长最快。籽粒苋属于抗旱性强的作物，其本身需水量也较玉米作物低，因此在大旱之年，籽粒苋仍能生长，仅产量有所降低而不致旱死。它是高温短日照作物，对光照反应较敏感。生育期中如遇到短日照，植株低矮时就能开花结实。籽粒苋喜光性强生育期要求充足的光照，种植过密，田间通风透光不良，光合作用会减弱，植株低矮纤细，影响产量。

## （一）整地

播前精细整地，施足底肥。条播覆土 $1\sim2$ cm，用脚轻轻镇压。

## （二）播种

播种时要求土温 14℃ 以上，春播一般在 5 月上旬播种，亩播量 0.5kg，行距 33cm、株距 10～15cm，每公顷保苗 22.5 万～30 万株。

## （三）田间管理

生长期追施尿素和磷肥每公顷各施 150kg。开花期追磷钾肥可提高种子产量。开花初期刈割，留茬 30cm，35 天割 1 次。它一般无明显的病虫害，但在前茬为大豆田或菜田的易感染病害，表现为烂根或顶芽停止生长等，但发病株比例一般仅 1%～5%，如见病株，及时拔掉埋入土内即可。如在茎基部发现烂根较普遍，及时采用 0.1% 甲基托布津喷洒，虫害一般不发生。

# 六、黑麦草栽培技术

## （一）植物学特征

禾本科（Gramineae）黑麦草属（Lolium）一年生或多年生草本。本属约有 20 种，其中多年生黑麦草（L. perenne）和多花黑麦草（L. multiflorum）是具有经济价值的栽培牧草。叶在芽中呈折叠状，叶鞘光滑，叶耳细小，叶舌短而不明显。穗状花序，小穗含小花 6～11 朵，无外颖。无芒，内稃与外稃等长。种子千粒重 1.5～2.0g。多花黑麦草在 13 世纪前栽培于意大利北部，故又称意大利黑麦草。植株较粗壮，叶较阔而长，在芽中成卷曲状，叶耳大而明显，小穗含小花较多，有芒。

## （二）生物学特征

黑麦草须根发达，但入土不深，丛生，分蘖多，种子千粒重 2g 左右，喜温暖湿润土壤，适宜土壤 pH 为 6～7，该草在昼夜温度为 12～27℃ 时再生能力强，光照强，日照短，耐湿，但在排水不良或地下水位过高时不利于黑麦草生长，可在短时间内提供较多青饲料，是家禽的良好牧草。

## （三）饲用价值

茎叶干物质中含粗蛋白质 13.70%，粗脂肪 3.81%，粗灰分 14.80%，草质好柔嫩多汁，适口性好，各种家畜均喜采食。适宜青饲、调制干草或青贮，亦可放牧。是饲养马、牛、羊、猪、禽、兔和草食性鱼类的优质饲草，青饲料为孕穗期或抽穗期刈割；调制干草或青贮为盛花期刈割；放牧宜在株高 25～30cm 时进行。

## （四）栽培管理

### 1. 整地

山坡地、大田都可种植黑麦草，播种时间9月上旬至11月上旬。可散播也可条播。条播行距11～20cm，覆土1～2cm，每亩播种量1～1.5kg。散播时遇田块干旱时可灌水，使土壤潮湿后再排水，以有利于黑麦草发芽和出苗整齐，把细土覆盖在黑麦草种子上，以利出苗，防止渍害。

### 2. 播种与施肥

播种期黑麦草喜温暖湿润的气候，种子发芽适期温度13℃以上，幼苗在10℃以上就能较好的生长。因此，黑麦草的播种期较长，既可秋播，又能春播。秋播一般在9月中旬均可，播种量在一定面积范围内，播种量少，合理密植，能够充分发挥黑麦草的个体群体生产潜力，才能提高单位面积产量。可亩播种量1～1.5kg最适宜。播种方法黑麦草种子细小，要求浅播，为了使黑麦草出苗快而整齐。有条件的地方，可用钙镁磷肥150kg/hm²，增施氮肥是充分发挥黑麦草生产潜力的关键措施，每次刈割后都需要追施氮肥，一般尿素75kg/hm²。随着氮肥施用量提高鲜草总产量增加，日产草量也增加，草质也明显提高，质嫩，粗蛋白多，适口性好。黑麦草鲜草生产不怕肥料多，肥料愈多，生产愈繁茂，愈能多次反复收割。要求每亩黑麦草田施25～30kg过磷酸钙作基肥。留种田一般不施氮肥为宜，若苗生长特别差，应适当补施一点氮肥。收割黑麦草再生能力强，可以反复收割，因此，当黑麦草作为饲料时，就应该适时收割。黑麦草收割次数的多少，主要受播种期、生育期间气温、施肥水平而影响。秋播的黑麦草生长良好，可以多次收割。另外，施肥水平高，黑麦草生长快，可以提前收割，同时增加收割次数；相反，肥力差，黑麦草生长也差，不能在短时间内达到一定的生物量，也就无法收割利用。适时收割，也就是当黑麦草长到25cm以上时就收割，若植株太矮，鲜草产量不高，收割作业也困难。每次收割时留茬高度5cm左右，以利黑麦草残茬的再生。黑麦草长至35～40cm高时进行刈割，留高2～3cm，到次年6月底前轮流刈割4～5次，亩产可达5 000～10 000kg，每次刈割后应追施10kg速效氮肥对水浇泼一次。

## 七、菊苣栽培技术

### （一）植物学特征

菊苣（*Cichorium intybus* L.）为菊科多年生草本植物，别名苦苣、苦菜、卡斯尼、皱叶苦苣、明目菜、咖啡萝卜、咖啡草。根肉质、短粗。茎直立，有棱，中空，多分枝。叶互生，长倒披针形，头状花序，花冠舌状，花色青蓝。高40～100cm。茎直立，单生，分枝开展或极开展，全部茎枝绿色，有条棱，被极稀疏的长而弯曲的糙毛或刚毛或几无毛。基生叶莲座状，花期生存，倒披针状长椭圆形，包括基部渐狭的叶柄，全长15～34cm，宽2～4cm，基部渐狭有翼柄，大头状倒向羽状深裂或羽状深裂或不分裂而边缘有稀疏的尖锯齿，侧裂片3～6对或更多，顶侧裂片较大，向下侧裂片渐小，全部侧裂片镰刀形或不规则镰刀形或三角形。茎生叶少数，较小，卵状倒披针形至披针形，无柄，基部圆形或戟形扩大半抱茎。全部叶质地薄，两面被稀疏的多细胞长节毛，但叶脉及边缘的毛较多。头状花序多数，单生或数个集生于茎顶或枝端，或2～8个为一组沿花枝排列成穗状花序。总苞圆柱状，长8～12mm；总苞片2层，外层披针形，长8～13mm，宽2～2.5mm，上半部绿色，草质，边缘有长缘毛，背面有极稀疏的头状具柄的长腺毛或单毛，下半部淡黄白色，质地坚硬，革质；内层总苞片线状披针形，长达1.2cm，宽约2mm，下部稍坚硬，上部边缘及背面通常有极稀疏的头状具柄的长腺毛并杂有长单毛。舌状小花蓝色，长约14mm，有色斑。瘦果倒卵状、椭圆状或倒楔形，外层瘦果压扁，紧贴内层总苞片，3～5棱，顶端截形，向下收窄，褐色，有棕黑色色斑。冠毛极短，2～3层，膜片状，长0.2～0.3mm。花果期5～10月。

### （二）生物学特征

菊苣属半耐寒性植物，地上部能耐短期的−2～1℃的低温，而直根具有很强的抗寒能力，植株生长的温度以17～20℃为最适，超过20℃时，同化机能减弱，超过30℃以上，则所累积的同化物质几乎都为呼吸所消耗。但是，处于幼苗期的植株却有较强的耐高温能力，生长适温为20～25℃，此阶段如遇高温0℃以上，会出现提早抽薹的现象。土壤宜选择肥沃疏松的沙壤土种植。菊苣对土壤的酸碱性适应力较强，但过酸的土壤不利于其生长。

### （三）饲用价值

菊苣干物质中粗蛋白质为15％～32％、粗脂肪5％、粗纤维13％、钙1.5％、磷0.24％，可鲜喂青贮或制成干粉，用于喂牛、羊、猪、兔、鸡、鸭等动物。

### （四）栽培管理

早在20世纪70年代，荷兰的Fran-ken就指出菊苣的生长以及产量的高低受到菊苣播种时间、地面温度和刈割时间的影响。菊苣在播种后应保持田间表土湿润，在出苗后应及时除杂草，同时灌溉浇水并追施速效肥，以氮肥为主，促进幼苗快速生长。在施肥的同时也要随时注意田间排涝降渍，防止因田间持续积水而造成烂根死苗。在幼苗期易受杂草侵害，要加强杂草防除，在菊苣长大长高后，就可以竞争性抑制杂草生长，故无杂草危害之忧。据 2008 年试验，菊苣抽薹期株高 40~50cm 时产量较高，留茬 10cm，可刈割 3 次，产量达到 50 700 kg/hm²。

## 八、高丹草栽培技术

### (一) 植物学特征

高丹草是一年生禾本科牧草，根据杂种优势原理，用高粱和苏丹草杂交而成，高丹草综合了高粱茎粗、叶宽和苏丹草分蘖力、再生力强。植株高大、根系发达、茎叶多汁，叶量丰富。

### (二) 生物学特征

高丹草为一年生禾本科植物，植株高大，茎秆粗壮，根系发达，茎叶多汁，叶量丰富，各种家畜均喜食。高丹草分蘖力强，每株 1~6 个，稀植时可达 8~22 个。在低温 10℃时即可播种，耐低温性强，生长速度快，再生能力强，整个生育期（不刈割）株高可达 4.0~4.5m，营养生长期刈割 2~4 次，中等水肥条件下，据 2008 年试验，留茬 20cm，产量达到 96 300 kg/hm²。抗倒伏、耐旱、抗寒、抗病虫害，并具有一定抗盐碱能力，适应性广，易于管理，在我国各地均可种植。

### (三) 饲用价值

高丹草的粗蛋白质含量高达 13％以上，具有的褐色中脉特性，使其营养物质消化率大为提高；光周期敏感，营养生长期长，北方为 165d 左右，可多次收割，叶片宽大，叶多质嫩，茎秆味甜，适口性特好，可鲜食，也可青贮或调制成青干草。

### (四) 栽培管理

高丹草对土壤要求不严格，一般沙壤土，黏土或酸性土壤均可种植，播前应将土壤深耕，整平耙细，施足有机肥，以满足早期需要。主要利用高丹草的茎叶作饲料，因此对播种期无严格限制，当地表温度达到 12℃~15℃时即可播种，黑龙江省的种植结果表明，5 月上旬至 5 月中旬播种都能正常生长，早播总产高，晚播总产量低，播种深度在黏土上为 2~3cm，沙土上为 5cm，播种量每亩 0.75~1kg，播种量过大，不仅会增加成本，单位面积苗棵太多，营养面积减少，苗棵较细容易倒伏，同时易感染锈病，条播、穴播均可，条播行距一般为 30cm，但在无灌溉条件的旱地种植，行距为 60cm，穴播株距 10～20cm，出苗后间苗定苗，移稠补稀，为了保持或恢复土壤肥力，提高产量和青饲料品质，减少养分消耗，幼苗期较脆弱，难于与杂草竞争，因此，当幼苗长至 20cm 左右时应及时清除杂草，以确保幼苗生长，可中耕 1～2 次对个别大型杂草应进行人工灭除，当出现分蘖后即不怕杂草危害，要及时喷洒农药灭虫。

## 九、杂交狼尾草栽培技术

### (一) 植物学特征

杂交狼尾草（*Pennisetum alopecuroides* L.）禾本科狼尾草属多年生草本植物。是美洲狼尾草与象草的杂种一代。茎秆直立，粗壮，丛生，株高 3.5m。圆锥花序，密集呈柱状，小花不孕，不结种子。

### (二) 生物学特征

茎秆直立，粗壮，丛生，株高 3.5m。圆锥花序，密集呈柱状，小花不孕，不结种子，商品用杂种一代种子需年年制种。

### (三) 饲用价值

孕穗前期刈割的鲜草干物质中，粗脂肪、粗蛋白、粗纤维、无氮浸出物和灰分的含量分别为 4.2%～4.0%、15.4%、36%、23.8%～26.4% 和 7%～10.5%，籽实中的粗脂肪和粗蛋白含量分别为 6.9% 和 10.6%。

### (四) 栽培管理

由于种子小，幼芽顶土能力差，整地的好坏对它出苗影响很大。因此整地要精细，利于出苗。当温度稳定达到 15℃ 时播种为宜，在 5 月上中旬播种，最晚播期推迟到 6 月底。播种时要掌握土壤水分适宜，播后覆土深度 1.5cm 左右。通过播种后 5～6 天即可出苗。一般采用条播，亩播量 1.0～1.2kg，行距 50cm；也可以育苗移栽，5～6 张叶片时移栽到大田。移栽密度为每亩 4 000～5 000 株。行距 45cm，株距 20～25cm。苗期生长慢，常易被杂草侵入，及时进行中耕除草 2 次，促进早发分蘖。一旦开始分蘖即可迅速生长。苗期要争取全苗，如遇干旱要及时灌溉。株高一般为 1～1.3m，刈割留茬高度 10～15cm，切忌齐地割，否则会影响再长。如留茬过高，从节芽发生的分枝生长不壮也会影响产量。

# 第四章　高纬寒地草原

## 第一节　高纬寒地草原概述

我国幅员辽阔，自然、社会条件复杂多样，地区差异大。全国土地总面积960万平方公里（合144亿亩）。据农业部统计资料，全国现有耕地为14.9亿亩（实际上不止此数）、宜农荒地5亿亩、草原43亿亩（其中可利用的为33亿亩）、农区草山草被10亿亩。在我国的土地资源构成中其中有天然草场和荒山草坡及石质地两项，天然草场为286.0万平方公里（合42.9亿亩），占土地面积的29.8%；荒山草坡及石质地为86.0万平方公里（合12.9亿亩），占土地面积的9.0%。高纬寒地草原自然条件优越，类型丰富，生产力高，是我国重要的天然草场和畜牧生产基地之一。

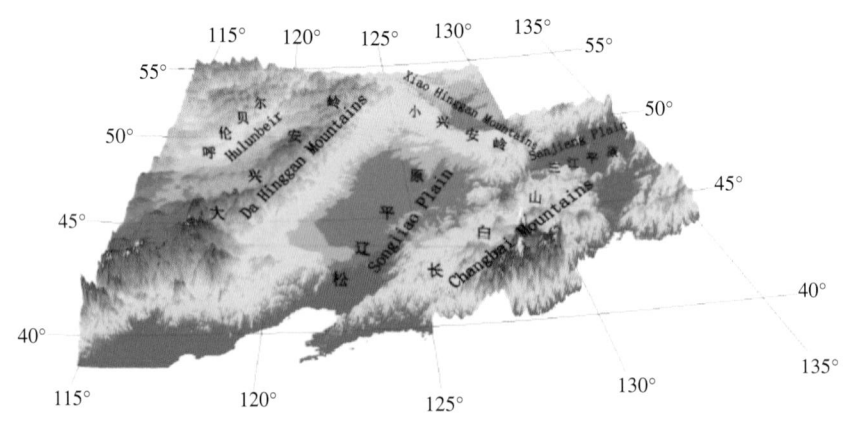

图4-1　东北植被区划及其格局

资料来源：周道玮等《东北植被区划及其分布格局》。

### 一、高纬寒地草原的分布范围

高纬寒地草原区包括黑龙江、吉林、辽宁三省和内蒙古的东北部，面积95.8万km²，约占全国草原总面积的10%左右，覆盖在东北平原的中、北部及其周围的丘陵，以及大、小兴安岭和长白山脉的山前台地和低山丘陵上，三面环山，南面临海，呈"马蹄形"，海拔为130～1 000m（图4-1）。包括的主要草场有科尔沁草原、呼伦贝尔草原和松嫩草原等，本章主要对松嫩草原进行详细的介绍。

## 二、高纬寒地草原的自然环境

该区降水较丰富，热量不足，属温带季风型大陆气候。年降水量东西部山区为 800～1 000 mm，中部平原地区 500～750 mm；≥0℃ 积温 2 100～3 900℃，≥10℃ 积温 1 700～3 500℃。除辽宁半岛外，大部分地区热量不足。湿润度较大，绝大部分地区都在 1.5 以上。

因地处半干旱半湿润地区，热量和降水与植物生长季节相同，加上土地肥沃，所以植物种类繁多，有 400 多种野生牧草，其中许多优质牧草，主要有羊草、紫花苜蓿、胡枝子、山野豌豆、鹅观草、无芒雀麦等，草高 60～80cm，覆盖度达 60%～85%，大部分是以羊草为主的草甸草原，是既可割草又可放牧大牲畜的优良草地。由于大、小兴安岭和长白山草原的地形、气候、地下水的原因，有许多沼泽，因此沼泽草地成为东北草原区的一大特点。

## 三、松嫩草原的概况

### （一）地理位置

松嫩草原主要分布在我国松嫩平原西部以及大兴安岭东侧山前台地和低山丘陵上。地理位置为：大兴安岭以东，小兴安岭以南，张广才岭以西，西辽河以北，东经 122°12′～126°20′，北纬 43°30′～48°15′ 之间的区域。松嫩草原属于欧亚大陆草原的一部分，位于欧亚大陆草原的最东端。

### （二）自然环境

松嫩草原水热条件充沛，年降水量为 240～490mm，年均气温 4.6～6.4℃，最低气温 1 月为 -16℃，最热月 7 月气温是 25℃，无霜天 140d 左右。地带性土壤为黑钙土，此外还有盐化草甸土、碱化草甸土、风沙土以及少量的栗钙土。松嫩草原是我国自然条件最好的草原区之一，代表性的植被类型为羊草草原和贝加尔针茅草原，草原类型为草甸草原，在植被区系划分上属森林草原区，生态划区上为农牧交错区。

松嫩草原是三面环山的低"盆地"，周围山地降雨充沛，可溶性盐类随着降雨大量汇集本区，从而造成土壤盐渍化相当普遍而严重。另外，本区沉积母质组成黏重，常在地表形成不透水层，降水不能及时排除和渗入地下，且蒸发作用很强，因而加重该区土壤盐渍化。该区是世界上三大苏打盐碱土分布区，盐渍化面积占该区总面积的 21.5%。

### （三）草场类型

松嫩平原气候变化较小，因而草场类型主要受地形、土壤和植被状况的影响。根据各因素的不同，可以把该区草地划分为草原、草甸和沼泽草场三大类型。

#### 1. 草原

此类草场主要分布于平川地或略有起伏的沙丘岗地上。草地面积约 126 万 hm², 约占松嫩平原草地总面积的 58.7%, 是松嫩草地的主体草场。此类草地植物多以旱生草本植物为主，同时也混生有一定量的中生、中旱生植物和少量的木本植物。常见的植物有羊草（*Leymus chinensis*（Trin.）Tzvel）、贝加尔针茅（*Stipa baicalensis* Roshev）、大针茅（*Stipa grandis* P. Smirn）、家榆（*Ulmus pumila* L.）、大果榆（*Ulmus macrocarpa*）、线叶菊（*Filifolium sibiricum*（L.）Kitam）、糙隐子草（*Cleistogenes* Keng）、冰草（*Agropyron cristatum*）、野古草（*Arundinella hirta*（Thunb.）C. Tanaka）、山杏（*Siberian Apricot*）、溚草（*Koeleria Pers*）和蒙古柳（*Salix linearistipularis*）等。

这类草场按照土壤水分的变化又可分为三种类型，即稀树草原、平原和草甸草原。稀树草原主要表现为榆树疏林景观。其特点是榆树零星地生长在空旷的草原沙丘或沙岗上，其林下灌木层和草本层不发育。主要地貌特征为沙丘、漫沙岗或丘间平地。主要土壤为风沙土或黑钙土，土壤质地表现为沙质，较干旱，土壤肥力较低，不含盐碱成分。其植被主要为榆树＋大针茅群系。组成群落的植物主要有家榆、大果榆、拉踢榆、山杏、沙蒿（*Artemisia desterorum Spreng*）、大针茅、沙地委陵菜（*Herba Potentillae Chinensis*）、草木樨状黄芪（*Astragalus melilotoides* Pall）和燕麦芨芨草（*Achnatherum beauv*）等。草原主要分布在排水良好的漫岗和平缓坡地上，土壤主要为黑钙土和栗钙土，土壤中不含盐碱成分，土壤较为肥沃。植被以中旱生的多年生密丛型禾草为主。植物群落主要为贝加尔针茅群系、大针茅＋糙隐子草群系和羊茅＋大油芒（*Spodiopogon sibiricus* Trin.）群系。此类草场是松嫩草原上分布较广的类型，其植物种类较为丰富，结构复杂。根据样方标本估计，草原草场约有植物 160 余种，分属于 32 科，101 属，其中以菊科植物为最多，其次为禾本科、百合科、黎科、毛茛科和蔷薇科等。常见的植物主要有贝加尔针茅、大针茅、羊草、糙隐子草、线叶菊、山杏、大油芒、地蔷薇（*Chamaerhodos erecta*（Linn.）Bge）、百里香（*Thymus mongolicus*）、溚草和棉团铁线莲（*Clematis hexapetala*）等。草甸草原主要分布于平缓台地和碟形洼地的周边部分。土壤为沙壤质草甸黑钙土，较为肥沃，排水良好或较为湿润。植物主要以中生和旱生植物为多数，植被群落主要包括羊草＋贝加尔针茅群系、羊草群系和羊草＋

杂类草群系等类型。组成草甸草原的常见植物主要有羊草、贝加尔针茅、广布野豌豆（*Vicia cracca* Linn.）、山野豌豆（*Viciaamoena* Fisch）、五脉山黛豆（*Lathyrus quiquenervius*）、冰草、野古草、拂子茅（*Calamagrostis epigeios*（L.）Roth）、鸡儿肠（*Kalimeris indica*（Linn.）Sch.）、牛鞭草（*Hemarthria altissima*（Poir.）Stapf）、细叶地榆（*Sanguisorba tenuifolia* Fisch）和蒙古唐松草（*Thalictrum aquilegifolium*）等。

**2. 草甸**

稍有积水或无积水的湿润土壤水分条件是形成草甸草场的基础。因而，草甸草场主要分布于松嫩平原的低平地和碟形洼地上，其总面积约 80 万 hm²，约占松嫩平原草地总面积的 37.5%。这类草场土壤肥沃、湿润，植物生长繁盛，平均鲜草产量 5 500～7 500kg/hm²，是松嫩平原产草量最高的草地。

这类草场可以分为三个类型，即盐生草甸、典型草甸和沼泽草甸。盐生草甸主要分布于松嫩平原含有一定盐碱成分的土壤上，植物以中生和湿中生抗盐碱植物为主。由于土壤盐碱程度的不同，植被群落主要表现为两种类型，即羊草群系和碱蓬（*Herba Suaedae Glaucae Suaeda*）群系。羊草群系植物种类较为丰富，优势种和常见种有羊草、冰草、星星草（*Puccinellia tenuiflora*（Griseb.）Scribn）、野大麦（*Hordeaum brevisubulatum* link）、马蔺（*Irisensata*）、碱地浦公英（*Taraxacum sinicum*）、碱葱（*Allium polyrhizum*）、虎尾草（*Chloris virgata Swartz*）、茵陈蒿（*Artemisia capillaries*）、驴耳风毛菊（*Saussurea amara*）、碱地风毛菊（*Saussurea runcinata*）、寸草苔（*Carex duriuscula* C. A. Mey）和圆叶碱毛茛（*Halerpestes cymbalaria*）等。碱茅群系由于土壤盐碱化程度较高，草地表现出严重退化，除形成一些裸露的碱斑外，生长的植物种类也比较少，主要有碱茅（*Puccinellia distans*）、角碱蓬（*Suaeda corniculata*）、碱蒿（*Artemisiaanethifolia* Weber）、碱葱、海滨天冬（*Asparagus brachyp Hyllus*）和碱地肤（*Kochia scoparia*）等。典型草甸主要分布于松嫩平原地势较低的低平地上，以中生和湿中生植物为主。优势种和常见种有羊草、野古草、拂子茅、茵陈篙、细叶菊、地榆（*Radix Sanguisorbae*）、鹅绒委陵菜（*Potentilla ansrina*）、蔓委陵菜（*Potentilla flagellaris*）、牛鞭草、毛茛（*Ranunculus japonicus*）、光稃茅香（*Hlerochloe glabra*）、蓬子菜（*Galium verum*）、箭叶唐松草（*Thalictrum simplex*）、五脉山黛豆、山野豌豆、扁蓿豆（*Melissitus ruthenica*）和紫花地丁（*Herba Violae*）等。其植被群落主要为根茎禾草草甸群系（Form. *Arundlnella hirta*，*calamagagrostis eplgelos*）和鹅绒委陵菜杂类草（黄蒿等）群系（Form. *Potentilla ansrina*，*Artemisia scoparia*）两种类型。沼泽草甸主要分布于地势较为低洼的丘间洼地、碟形洼地和河流泛滥地上。植物以中湿生的多年生禾本科和莎草科草本植物为主。常见种和优势种有小叶章（*Calamagrostis angustifolia* Kom）、水蒿（*Artemisia selengensis*）、东方蓼（*Polygonum orientale*）、甜茅（*Glyceria acutiflora*）、三棱草（*Cyperus rotundus*）、直穗苔草（*Carex Orthostaehys*）、乌拉苔草（*C. meyeriana*）、修氏苔草（*C. schmidtii*）和沼柳（*Salix brae-hypdoa*）等。植被群落主要有两种类型，即小叶章沼泽（群系）（Form. *Calamagrostis angustifolia* Kom）和沼柳沼泽（群系）（Form. *Salix brae-hypdoa*）。

### 3. 沼泽

沼泽草地总面积约为 8.5 万 hm²，约占松嫩草地面积的 4.3%。该类草地主要分布在低洼地、江河两岸和湖泊泡沼沿岸。地面长期或夏季积水，土壤为盐碱化草甸土或盐碱土。植被组成以湿中生和湿生禾本科与莎草科植物为主，同时混生有一定数量的杂类草。常见植物有芦苇（*Phragmites australis*）、小叶章、乌拉苔草、三棱草、甜茅、香蒲（*Typha orientalis* Presl）、水麦冬（*Triglochin palustre*）和菖蒲（*Acorus calamus* Linn）等。组成沼泽草地的植物群落主要有芦苇沼泽（群系）（Form. *Phragmites australis*）和芦苇甜茅沼泽（群系）（Form. *Phragmites*，*Glyceria acutiflora*）两种类型。沼泽植被主要着生于地表长期积水或季节性积水的土壤上，由于土壤肥沃，有机质丰富，水分充足，沼泽植被生长繁茂，草群高，盖度大，平均每公顷草场可产鲜草 9 000~1 000kg，是优良的天然造纸原料。

## 四、黑龙江草原概述

黑龙江省地处东经 121°11′~135°5′，北纬 43°25′~53°33′，属大陆性季风气候。以北纬 50° 为界，分为温带和寒温带两个气温带，是我国气温最低的省份之一，全省 ≥0℃ 年均积温为 2 924.35℃。由北往南年均气温 −5~4℃，年降雨量 350~600mm，多集中于 8 月。冬季寒冷，春季干燥少雨，对牧草萌发有一定影响。夏季温热湿润，日照长，适宜牧草生长发育。秋季气温变化剧烈，常有早霜出现，致使牧草早期枯黄。黑龙江省是全国十大重点牧区之一，现有草原面积 753.2 万 hm²，占土地总面积的 16.6%。主要分布在西北部松嫩平原、东部三江平原以及东北部大小兴安岭地区，其中以羊草为建群种形成地带性羊草群落类型，约占世界羊草草原总面积的一半。

### （一）草地类型及特点

按照国家统一的草原分类法，黑龙江省的草地主要可分为 5 个类型：

### 1. 干草原类

地带性草地，可利用面积约 6 万 hm²，主要分布在西北部松嫩平原的干旱、半干旱区，土壤类型为风沙土或黑钙土，以旱生或中旱生植物为优势种。

**2. 草甸草原类**

地带性草地，可利用面积约 155.2 万 hm²，主要分布在松嫩平原地区的开阔地、漫坡漫岗和江河两岸的二级阶地上。主要土壤为草甸土、黑钙土、黑土、风沙土和盐碱土等。植被群落优势种以羊草、贝加尔针茅、野古草、五脉山黧豆等多年生耐盐碱旱生植物为主。

**3. 草甸类**

非地带性草地，可利用面积 56.8 万 hm²，多以零星分散条块出现，主要分布在地势平坦的、土质肥沃的平原低地或丘陵坡地。土壤类型主要为草甸土、棕壤土和白浆土。优势植物种有野古草、星星草、大油芒等。

**4. 沼泽草甸类**

非地带性草地，可利用面积 376.4 万 hm²，分布在江河沿岸、沼泽周围的低湿地及谷地，地表季节性积水。土壤类型为草甸土、沼泽土或白浆土。主要优势植物有小叶章、青藏苔草、修氏苔草、灰脉苔草、沼柳等。

**5. 沼泽类**

地带性草地，可利用面积 13.8 万 hm²，主要分布在常年积水的沼泽、山间沟谷、闭流区域和洼地。土壤类型为沼泽土和泥炭土。主要优势植物为湿生的毛栗苔草、芦苇、狭叶甜茅等。

## （二）草原的利用及现状

黑龙江省草地存在严重的不合理利用现象，表现为全局利用过渡，局部利用不足，总体上看，过度利用问题严重。松嫩平原半农半牧区包括齐齐哈尔、大庆、绥化以及哈尔滨 4 地市，可利用草地面积224.6 万 hm²，理论载畜量为464.7 万个羊单位，1998 年实际载畜量达到 1 144.5万个羊单位，是理论载畜量的 2.46 倍；而东部三江平原，可利用草原面积为 151.1 万 hm²，理论载畜量为 677.1 万个羊单位，1994 年实际载畜量只有 344.3 万个羊单位，只有理论载畜量的 50％多一点，尤其是大小兴安岭地区更低，仅为理论载畜量的8.7％。利用方式的不合理严重制约了草地畜牧业的发展，大大降低了草原的经济效益。目前，黑龙江省草原的现状主要为：

草原退化严重：由于长期遭受自然灾害和人类活动的影响，黑龙江省绝大部分草地已受到严重的破坏，草原面积锐减，优良牧草比例下降，有毒有害物种增加，鼠害、虫害面积增大，草原"三化"（沙化、退化、盐碱化）不断扩大。据史料记载黑龙江省草地过去的 130 年时间里遭受到 3 次大规模的破坏，一是 1857—1918 年清末民初，大批难民逃荒，给草地带来持续 43 年之久的破坏，尽管那次草地的大开垦相当严重，但草地并没有改变其植被结构和种类组成。第二次大破坏发生在 1956—1961 年的大跃进时期，大面积草地被开垦作为粮食生产地，逐渐出现各种大小尺度的斑块状裸地。第三次主要发生在 1985—1998 年期间，当时正值改革开放，推行草地联产责任承包制，农牧民为了从草地上获得更多的经济利益，无节制地开垦和放牧，草地三化现象越来越重。草原面积从新中国成立前初期（1951 年）的 1 348 万 hm² 减少到现在的 753.2 万 hm²，减少 594.8 hm²，平均每年损失草原面积10.6 万 hm²。草地大面积退化，使得草地生产力大幅下降，由 20 世纪 50 年代的 3 000kg/hm² 下降到现在的 750 kg/hm²，有些低产地块只有 30kg 左右。草地植被群落逆向演替，优良牧草数量和种类减少，毒杂草数量不断增加，土壤有机质下降、含水量降低，鼠虫害面积不断增大，生物多样性受到严重威胁。全省草原面积的退化、沙化、盐碱化，致使草原环境保护作用、农牧民收入增加、草食家畜生产等服务功能大大降低。

草原保护建设落后：由于长期以来的重农轻牧思想的束缚，黑龙江省草生态系统的保护和建设工作进展缓慢。草原理论研究，尤其是基础理论研究工作不够，如草地退化演替过程、退化因素的作用等，系统恢复与重建缺乏理论支持，致使在实际治理过程中出现很多难以预料的困难和问题。从 20 世纪 80 年代开始，黑龙江省进行了较大面积的草地改良工作，每年的人工草地建植面积在 1.3 万～2.0 万 hm² 之间，由于管理措施落后、理论研究匮乏、研究项目不连续，只建不管现象相当严重，结果是年年种草不见草。另外，有些地区因大面积种草，家畜存栏头数却大幅度地成倍增加，不仅破坏了人工草地，同时给天然草地又带来巨大压力，更加速了草地的退化。

### （三）草原退化原因

造成草原退化的因素有很多，概括起来包括自然因素和人为因素。黑龙江省草地退化是自然因素之间、自然因素与人为因素之间综合作用的结果，两者共同影响草原，很难截然分开。

**1. 自然因素**

（1）气候变化

近百年来（1880—1990 年），全球平均气温上升了 0.55℃，全球降水量有增加的趋势，幅度为 21mm/100a。对近 40 年松嫩平原气温、降水变化研究表明，该地区春秋气温增加 2.0℃ 左右，秋季增温 1.0℃ 左右，夏季气温变化不大，全年平均气温增加 1.5℃，高出全球水平，降水为周期性波动，冬春降水明显增加，夏季减少，秋季变化不明显。气候变化主要影响草原中植被物候期、群落结构、产草量和群落演替等方面。黑龙江省暖干化气候趋势使牧草返青期推迟，枯黄期提前，不能完全完成其生命史，导致产草量下降，草群整体矮化，系统生产力降低，草畜矛盾加重，为草地退化演替提供条件。这种变化趋势对广泛分布于该地区的沼泽类和沼泽草甸植被尤其不利，气温增加，蒸发量加大，干燥指数增大，同期降水没有增加反而减少，沼泽和沼泽化草甸因干旱而疏干，湿生植被向中旱生植被演替。气温的升高为鼠虫越冬提供温床，加速鼠虫害的形成与发生，并使土壤结构、养分发生变化，优势植物种群发生演替，草地大面积退化。

（2）鼠虫害加重

黑龙江省草原鼠类有草原鼢鼠、东北鼢鼠、达乌尔黄鼠、五趾跳鼠等14种，是草原的主要灾害之一。全省每年鼠害发生面积在 36 万 hm² 左右，其中重度灾害有 7 万 hm²，中度灾害有近 20 万 hm²，轻度灾害有 9 万多 hm²。每年因鼠害造成的牧草损失高达 20 多万 t。鼠害发生的区域主要为松嫩草原地区，主要鼠种是达乌尔黄鼠和东北鼢鼠。黄鼠在松嫩草原地区也广泛分布，以龙江、富裕、齐齐哈尔、泰来、杜蒙、肇源等沙化和沙基质草原地带为其主要分布区域。鼢鼠主要分布在安达、肇东、肇源等县（市）。此外，褐家鼠和黑线姬鼠主要分布在畜舍周边草原和农田与草原接壤地带。鼠类采食，鼠洞鼠道挤占生草地带，造成牧草大片死亡。在黑龙江省鼠类危害一般可使牧草减产30%左右，严重时可使草原减产达 60% 以上，甚至绝产。虫害也是黑龙江省主要的草原灾害之一，主要有蝗虫虫害、草地暝虫害和黏虫虫害。80 年代后期，在西部松嫩平原地区蝗虫灾害发生面积较大，严重的年份在 53.33 万 hm²以上，近几年发生面积有所回减，在 26.67 万 hm² 左右。主要种类有中华稻蝗、宽翅曲背蝗、大垫尖翅蝗、亚洲小车蝗和雏蝗等十几种。蝗虫危害一般可使草原减产 25 % 左右，严重发生时每平方米虫口密度可达 200 多头。草地暝虫害和黏虫虫害在 80 年代初期曾在西部松嫩平原地区草原严重发生过数次。1999 年草地暝虫害严重暴发，发生面积多达 24 万 hm²，草地暝幼虫平原每平方米有 100 多头，多的达到 500 多头，大量牧草被其啃食掉，草原减产在80% 以上。

**2. 人为因素**

众多学者认为草原退化的主要驱动力，应从人为因素中寻找。

（1）盲目开垦，掠夺性索取直接破坏草原

松嫩平原和三江平原是国家重要的商品粮生产基地。面对人口过量增长和粮食供应压力，该区一直是国家重点垦区，而开发的主要对象就是草地。自实行家庭联产责任承包制以来，黑龙江省草原开垦面积不断扩大。一些小规模的开垦如石油建厂、修筑道路和城镇建设使草地面积逐渐减少，在大庆、肇东、安达、齐齐哈尔、林甸等县市的调查结果，由上述因素造成草地减少量达40%～60%。另外，黑龙江省草地资源的多样性丰富，蕴藏着大量的中草药、野菜、食用菌、野果以及各种观赏性植物，滥采、滥挖、滥摘等现象严重，使草地受到严重的干扰和破坏，生态系统和生态类型趋向单一化。

（2）超载过牧，加剧系统退化

目前全国主要牧区的天然草原多年来一直处于20%～30%的超载状态，一些专家指出超载放牧是草原退化最重要的一个原因。草原超载主要来自两方面的因素：一是草场面积减少使草场面积的绝对量减少，二是牲畜头数的增加使牲畜占有草场的相对面积在减少。历年来畜牧业的发展是以牧畜头数的增长为指标，不是以畜产品为准。在这些政策和观点的影响下，我国牧畜头数较新中国成立初期大幅度增加。自1981年实行牲畜承包到户后，牧民群众重视发展牲畜数量，牧草在生长季被牲畜反复利用践踏，牧草得不到繁衍生息的机会，草地原生植被遭到不同程度的破坏，大量毒杂草滋生蔓延，优良可食牧草比例大幅度下降，植被盖度下降，出现了大量的裸露地和次生地。过度放牧使植物群落组成结构趋于简单，土壤种子库得不到足够的补给，造成草地退化。

（3）草原经营管理水平落后

生态环境对可持续发展是重要的，但生态环境所带来的巨大效益往往并不被人们所正确估价，在发展经济的过程中常以牺牲环境为代价寻求经济的发展。但西方国家的经济发展史表明，这种发展模式并不是可持续的。多年来，黑龙江省对草地只索取，不投入；只利用，不保护。广大农牧民法制与资源环境保护观念淡薄，有法不依。有关部门针对草原生态环境保护以及草原法的宣传力度不够，执法不严，使一些破坏草原的违法行为得不到应有的处罚和制裁，人们滥挖草皮、取土、堆弃垃圾、污物等，加剧了草地的退化。目前黑龙江省关于草原经营、管理及建设水平落后，主要表现在：天然草场粗放管理，草地围栏面积占整个草原面积的比例不到3%，远远落后于其他省份；人工改良的草地面积少，到1995年全省改良建设草原面积42.3万hm²，且多是低水平的封育、浅翻轻耙等治标措施，草原施肥、灌溉、划区轮牧等基本没有实施；人工草地建设落后，全省人工草地种植面积仅为11.3万hm²，保留面积不足8万hm²，占草原总面积的1.5%，而发达国家的比例在40%～60%之间，人工种植也多是禾本科牧草为主，豆科牧草较少，牧草深加工方面仍是空白。

# 第二节　退化草原改良

如今，黑龙江省各级政府、部门已经认识到草地生态系统退化所带来的严重危害，积极采取各项治理措施，如封育、禁牧、划区轮牧、建植人工草地等，退化草原改良已经取得显著效果。

## 一、退化草原改良现状

### （一）实行草原承包责任制

1995年省政府要求各地利用三年时间，把可利用草原全部承包到户经营，改变长期以来草原资源利用吃大锅饭的弊端。据统计，1995年黑龙江省在松嫩平原2 800多万亩草原上开展草地围栏建设，围栏面积已接近2 200万亩，占整个草原面积的78.6%。县级以上政府已向9 600多个村级经济组织发放了《草原使用证》，有15万户农牧民签订了草原承包合同，其中11万户签订30～50年的承包合同。截至目前，全省15个牧区县共计2 021万亩草原全部实施了禁牧。

### （二）大力宣传草地服务功能，严格执法

黑龙江各级政府通过大力宣传基本改变农牧民只知道"草地是国家的，人人有份"的观念，改变了"草原无主，放牧无界，使用无偿，破坏无妨"的大锅饭局面。2006年1月1日起全省开始施行《黑龙江省草原条例》，严格制止各种随意取土、乱挖药材、乱开乱垦等严重破坏草原生态环境的行为，《黑龙江省草原条例》的颁布和实行为草地生态系统保护与建设提供法律保障，是草地生态系统保护与建设重要举措之一。

### （三）退化草地改良和人工草地建设，实行草原补助政策

2001年黑龙江省被国家列为全国生态示范省，促进了该省草地生态保护与建设的工作。截至目前，松嫩平原2 800多万亩草原上围栏面积已接近2 200万亩，占整个草原面积的78.6%。围栏封育使得草地状况明显变好，草地生产力、群落结构基本恢复到退化前的状态。1995年全省退化草地改良面积已达到42.3万 hm²，经过改良的退化盐碱草地，干草产量可达1 500～2 250kg/hm²，亩产出可达30～50元。目前全省人工草地建植面积11.3万hm²，在人工草地的建植中，大力开展高产、优质、适宜黑龙江气候特征的优良牧草品种的选育工作，已培育出苜蓿、无芒雀麦、鹅观草等优良牧草新品种。另外，自改革开放以来，黑龙江省建立各级自然保护区86处，其中草地生态系统保护的有43处，建立自然保护区，在草地生态系统保护和建设方面起到了非常重要的作用。2012年国家实行草原生态保护补助奖励机制，黑龙江省制定了相应的《黑龙江省牧区草原生态保护补助奖励资金管理实施细则》并实施。

## 二、退化草原改良效果评价

黑龙江省各级政府、科研单位在退化草地植被恢复、生态重建等方面进行了大量的研究，提出一些科学、有效的治理措施，并取得了显著的效果。提出改良草地宜刈割草地，严禁放牧，刈割可防治小叶章草场退化等。在牧区半牧区，采用生物技术和工程技术相结合的综合治理方法，如科学的配置载畜量，合理轮牧，围栏封育，浅翻轻耙，松土补播，人工种草，物理水利建设（打井灌溉、喷灌等）及病虫害防治等。黑龙江省农科院草业所在 2008 年开始对黑龙江省兰西县重度盐碱化退化草原进行改良研究，取得了非常重要的研究成果。

### （一）研究区概况

#### 1. 自然条件

研究区位于东经 126°08′、北纬 46°12′，平均海拔 160m。年均日照时数 2 900h，年平均气温 -5.9℃，极端最高气温 37.6℃，极端最低气温 -39℃，年平均降水量 469.7mm，无霜期 139d。春季降水偏少、干旱，雨量主要集中在 6 月、7 月、8 月 3 个月，属温带大陆性气候。试验区面积约 1 700 亩，属重度盐碱化、退化草地。

#### 2. 土壤概况

试验区的土壤类型为盐碱化草甸土，其土壤全盐量变化范围为 0.16%～0.32%，土壤 pH 为 8.12～10.08。

#### 3. 植被概况

试验区在改良前为种植四年的黄花草木樨人工草地，由于管理不善和利用不科学，草地在建植第二年便开始出现逆向演替。按土壤水分含量、地势高低（人为取土形成的低洼地）和季节变化，形成了不同植被组成的群落类型，主要的草地植被类型有羊草型、薹草＋菖蒲草型、翻白委陵菜型、羊草＋翻白委陵菜型、多花麻花头型、两栖蓼＋蔓鹅绒委陵菜型、艾蒿型、地榆＋东方红蓼型、东方红蓼型、碱蒿型、碱蓬型、苦荬菜型、苇泥湖菜＋旋覆花型、旋覆花型、紫花山窝苣型、止血马唐型、虎尾草型、稗草型等 20 余个，多数类型的空间格局为集群分布。植物种 16 科，68 属，100 多种。一年生禾本科在每年春末夏初出现，当年 10 月中旬结束。土壤盐碱化较严重，碱斑面积达到 60% 以上。

### （二）改良措施

2008 年以重度盐碱退化草地为研究对象，开展退化草地围栏封育、松土轻耙补播羊草、深耕翻种植羊草等人工植被恢复措施的改良效果研究，分析不同措施下群落特征、生产力等，探讨重度退化羊草草地稳产与可持续利用关键技术，为该区域重度盐碱退化草地改良提供理论依据和技术支撑。

**1. 围栏封育**

（1）围栏封育改良方法

在试验区的重度盐碱退化草原建立永久性围栏封育试验区，草地在自然状态下演替恢复。该试验区作为其他改良措施的对照，试验区面积500亩。试验区在每年9月初刈割一次，以加快草地植被的更新。

（2）改良效果评价

①围栏封育羊草地植物群落特征

2011年5—8月（封育后第4年）对围栏封育样地进行调查。围栏封育羊草植物群落主要形成以羊草＋苔草＋翻白委陵菜为主要优势种的群落，伴生着野大麦、欧亚旋覆花，狭叶牡蒿，菖蒲草等一年或多年生杂类草。羊草的盖度达到75%，重要值为39.20%。可食性优良牧草的比例达到60%以上。

a. 丰富度动态变化

丰富度指数是指群落中物种数量。5—8月丰富度指数是先增加后降低，6月份丰富度指数最大为8，5月份最低只有5，与对照相比在每个月内的丰富度指数都低于对照，围栏封育措施可降低植物物种数（图4-2）。

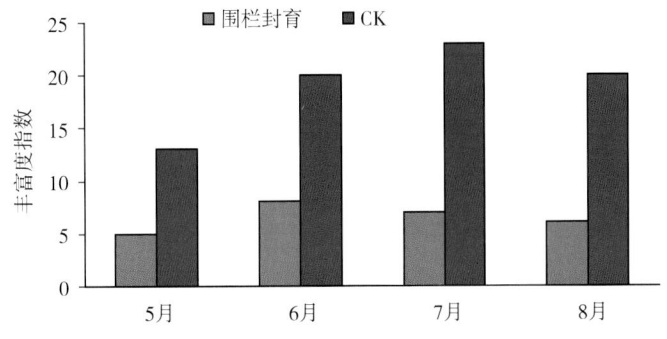

图4-2 围栏封育草地丰富度指数动态变化

b. 多样性和均匀度指数动态

Shannon-Wiener指数是在物种水平上群落多样性和异质性程度的度量，它能够综合反映群落物种多样性和各种间个体分布的均匀度程度。Pielou指数是反映群落中的均匀度状况。围栏封育羊草Shannon-Wiener指数6月份较高，其他月份差异不大，而羊草的Pielou指数5—8月只有6月差异显著，其余各月份差异不大（图4-3、图4-4）。

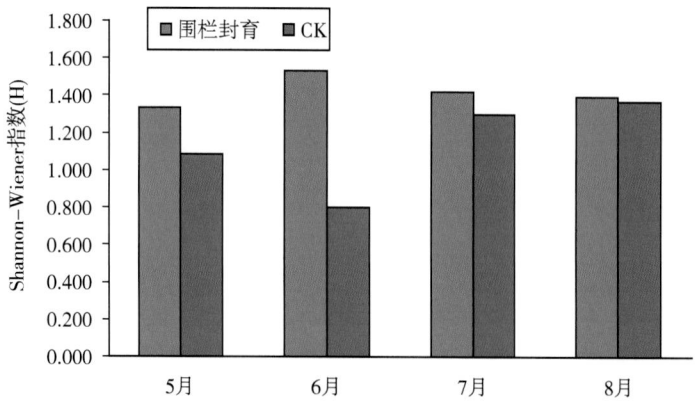

图 4-3　围栏封育草地 Shannon-Wiener 指数动态变化

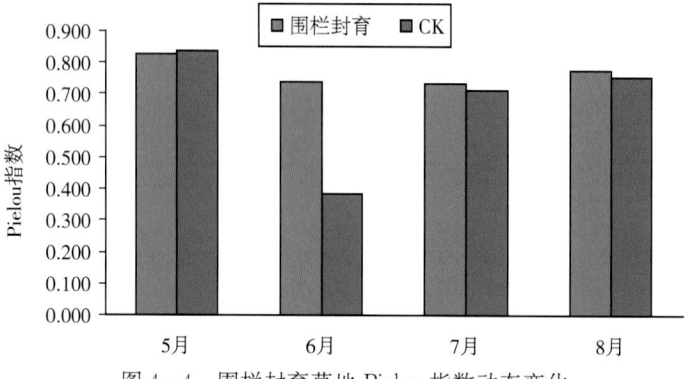

图 4-4　围栏封育草地 Pielou 指数动态变化

②围栏封育处理与对照中羊草的优势度、盖度和鲜重比较

试验结果表明（图 4-5、图 4-6）：围栏封育处理可显著提高羊草的优势度和盖度，优势度提高 164%，羊草盖度增加 287%。围栏封育能够显著提高羊草的鲜草产量，5 月、6 月、7 月和 8 月产量分别是对照的 1.14、2.92、2.03 和 2.06 倍（图 4-7）。

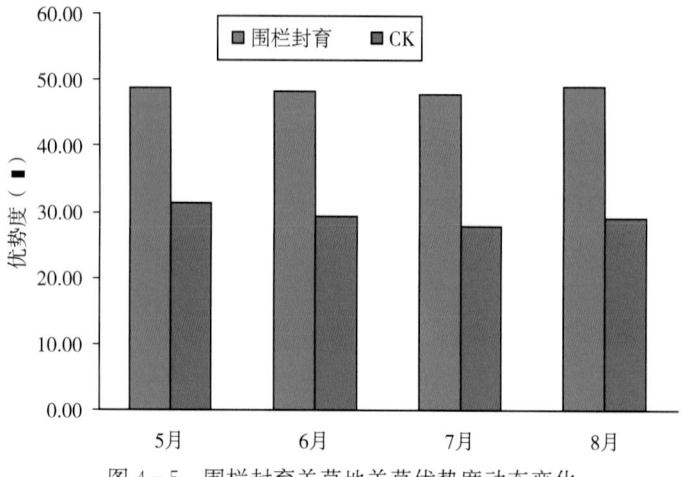

图 4-5　围栏封育羊草地羊草优势度动态变化

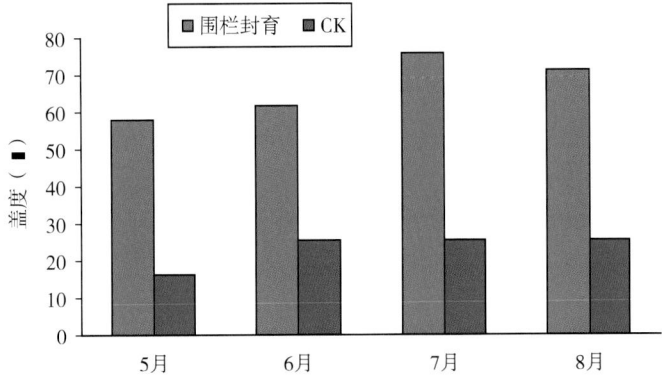

图 4-6 围栏封育羊草地羊草盖度动态变化

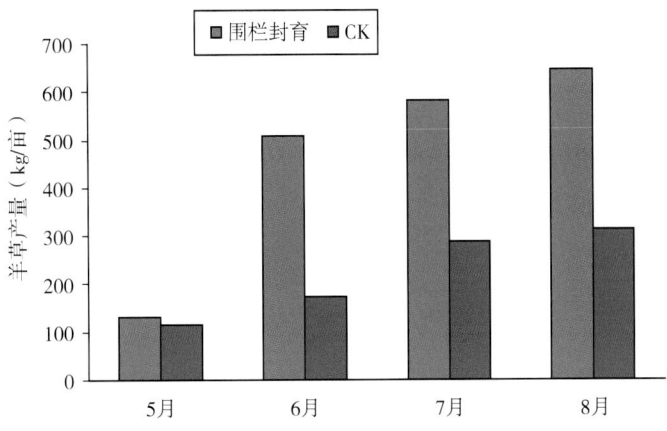

图 4-7 围栏封育羊草地上羊草产量动态变化

③处理与对照的地下植物量比较

地下植物量比较结果为：5—8 月份围栏封育处理的 0～10cm 土层的地下植物量高于对照。处理和对照地下植物量均随时间增加而增加（图 4-8）。

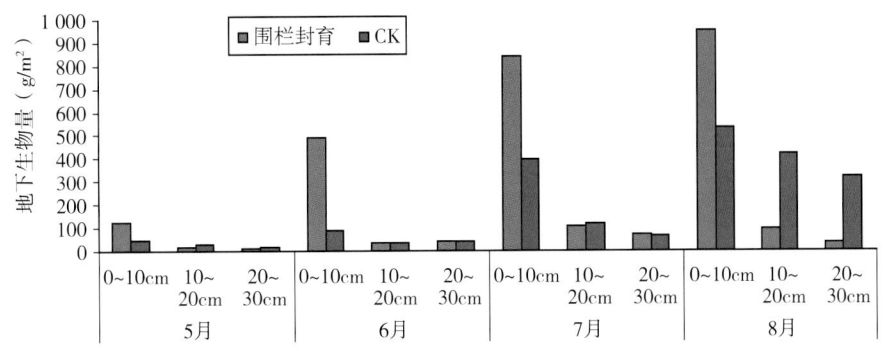

图 4-8 围栏封育羊草地下羊草产量动态变化

**2. 轻耙补播羊草**

（1）轻耙补播羊草改良方法

在试验区内选择破坏较轻，退化程度较轻的样地，进行轻耙补播羊草试验。用轻型圆盘耙划破草皮层，划破深度 5～10cm，宽度 3～5cm，间距 10～20cm，每年 5 月进行一次。选择雨天进行补播，补播草种为羊草，亩保苗数约为 2 600 株，面积 20 亩，播种时追施尿素 75kg/hm²。

①轻耙补播羊草地植物群落特征

2011 年 5—8 月对轻耙补播羊草样地进行调查。轻耙补播羊草植物群落主要形成以羊草＋翻白委陵菜＋苦荬菜为主要优势种的群落，伴生着野大麦、欧亚旋覆花，狭叶牡蒿，委尼湖菜等一年或多年生杂类草。羊草的盖度达到 68.15%，重要值为 40.11%。可食性优良牧草的比例达到 75% 以上。

a. 丰富度指数动态

5—8 月丰富度指数是先增加后降低，7 月份丰富度指数最大为 10，5 月份最低只有 5，表明随着时间（季节）的增加群落中的物种数越来越多。与对照相比在每个月内的丰富度指数都低于对照，轻耙补播羊草降低植物物种数（图 4-9）。

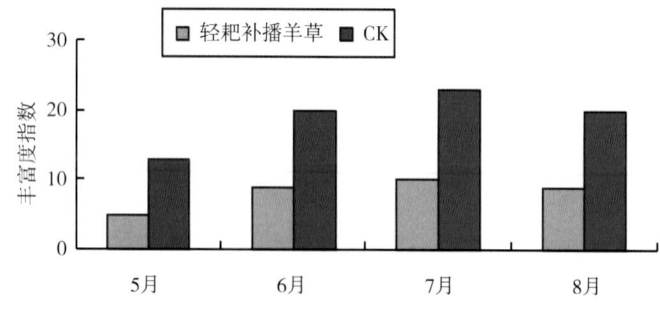

图 4-9　轻耙补播草地丰富度指数动态变化

b. 多样性和均匀度指数动态

轻耙补播羊草植物群落的 Shannon-Wiener 指数随时间的变化趋势为先增加后降低，在 7 月份达到最高值。而对照是先降低后增加，6 月份至最低，8 月最高。5 月份轻耙补播处理的指数低于对照，6 月、7 月、8 月 3 个月高于对照（图 4-10）。

轻耙补播羊草植物群落的 Pielou 指数随时间推移逐渐增加，对照的变化趋势是先降低后增加，5 月指数最高，6 月最低。6 月份轻耙补播羊草植物群落的 Pielou 指数明显高于对照，其他 3 个月都低于对照，其中 5 月和 6 月份与对照差异极显著（图 4-11）。

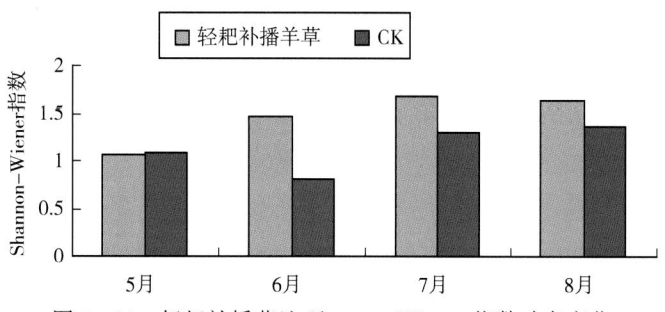

图 4-10　轻耙补播草地 Shannon-Wiener 指数动态变化

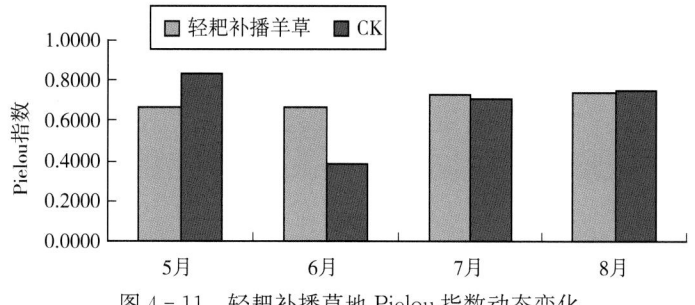

图 4-11　轻耙补播草地 Pielou 指数动态变化

②轻耙补播处理与对照中羊草的优势度、盖度和鲜重比较

试验结果表明轻耙补播处理可显著提高羊草的优势度和盖度，优势度提高 150%，羊草盖度增加 125%。轻耙补播羊草能够显著提高羊草的鲜草产量，5 月、6 月、7 月和 8 月产量分别是对照的 1.43、2.55、1.82 和 1.99 倍（图 4-12、图 4-13、图 4-14）。

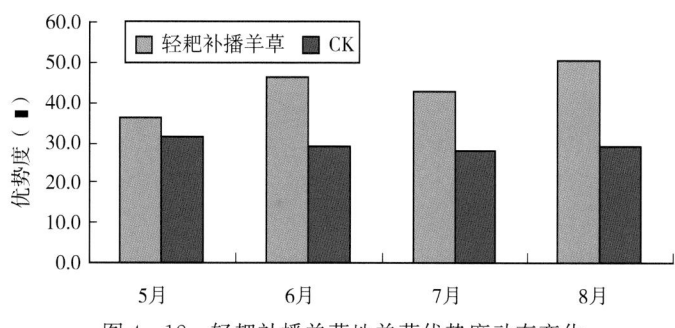

图 4-12　轻耙补播羊草地羊草优势度动态变化

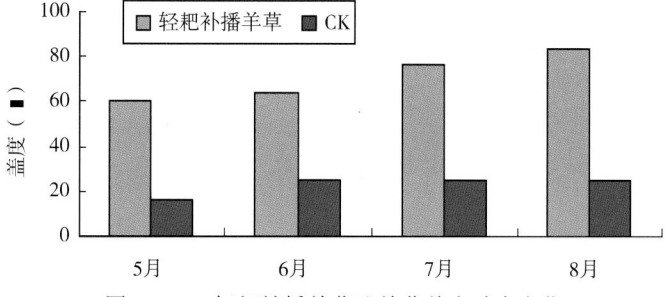

图 4-13　轻耙补播羊草地羊草盖度动态变化

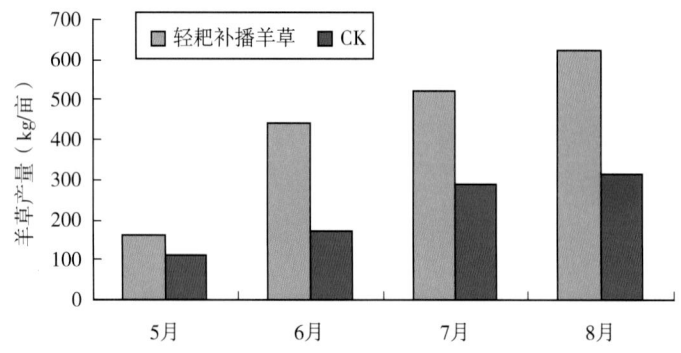

图 4-14　轻耙补播羊草地上羊草产量动态变化

③轻耙补播处理与对照的地下植物量比较

地下植物量比较结果为：5 月、6 月和 8 月份轻耙补播处理的 0～10cm 土层的地下植物量高于对照，7 月份低于对照（图 4-15），这因为 7 月在轻耙补播羊草地群落中出现狗尾草、虎尾草、水稗草等一年生禾本科牧草。处理和对照地下植物量均随时间增加而增加。

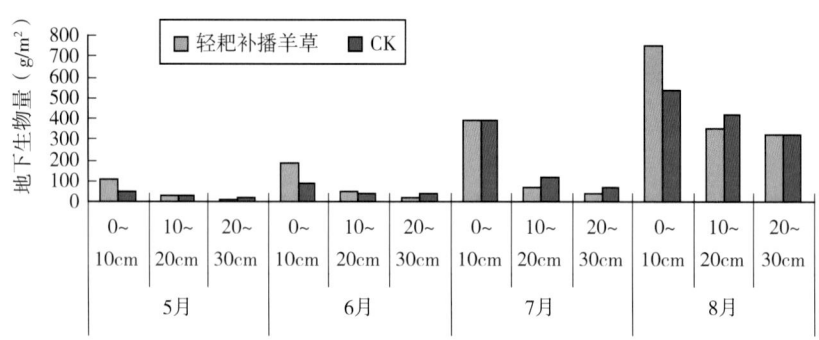

图 4-15　轻耙补播羊草地下羊草产量动态变化

**3. 深耕翻种植羊草**

（1）深耕翻种植羊草改良方法

对于重度盐碱退化草地，选用的方法之一就是深耕翻种植羊草。先用重型机械深耕翻，然后用重耙耙 2 遍，使地面平整，土粒均匀，达到播种状态。羊草种植面积 150 亩，人工撒播，亩保苗 13 000 株，播种时用一年生燕麦做保护，防止羊草出苗后气候炎热、缺水，燕麦亩保苗 5 000 株。

（2）改良效果评价

①深耕翻种植羊草地植物群落特征

2011 年 5—8 月对深耕翻种植羊草地进行试验调查。深耕翻种植羊草植物群落主要形成以羊草＋野大麦为主要优势种的群落，伴生苦荬菜、委陵菜、欧亚旋覆花，狭叶牡蒿，委尼湖菜等一年或多年生阔叶杂类草。羊草的盖度达到

78.15%，重要值为 45.97%。可食性优良牧草的比例达到 85% 以上。

a. 丰富度指数动态

由图 4-16 可见，5—8 月丰富度指数是先增加后降低，7 月份丰富度指数最大为 16，5 月份最低只有 8，表明随着时间（季节）的增加群落中的物种数越来越多。与对照相比在每个月内的丰富度指数都低于对照，深耕翻种植羊草减少杂类草的入侵，对草地的生产性能、稳定性等具有一定的促进作用。

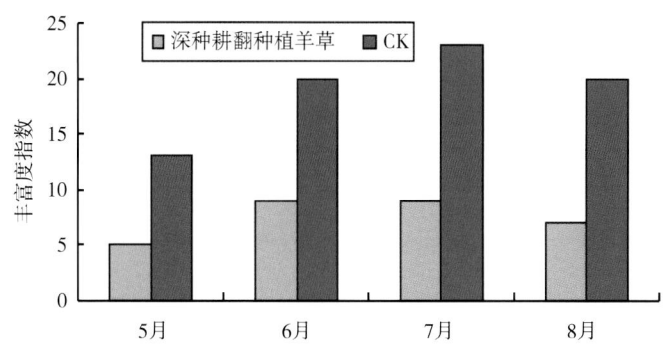

图 4-16　深耕翻种植草地丰富度指数动态变化

b. 多样性和均匀度指数动态

深耕翻种植羊草植物群落的 Shannon-Wiener 指数随时间的变化趋势为先增加后降低，在 7 月份达到最高值。而对照是先降低后增加，6 月份至最低，8 月最高。5 月份深耕翻处理的指数低于对照，6 月、7 月、8 月 3 个月高于对照（图 4-17）。

深耕翻种植羊草植物群落的 Pielou 指数随时间推移逐渐增加，对照的变化趋势是先降低后增加，5 月指数最高，6 月最低。6 月份深耕翻种植羊草植物群落的 Pielou 指数明显高于对照，其他 3 个月都低于对照，其中 5 月份与对照差异极显著（图 4-18）。

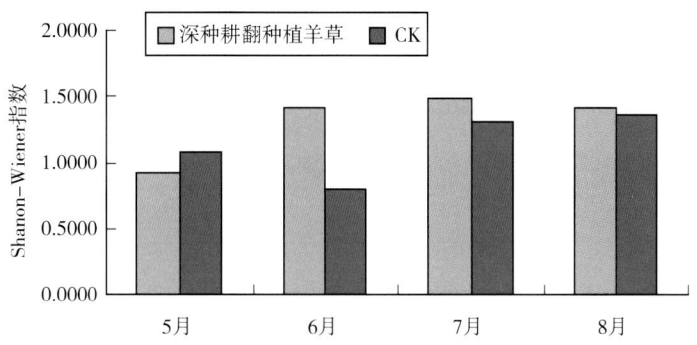

图 4-17　深耕翻种植草地 Shannon-Wiener 指数动态变化

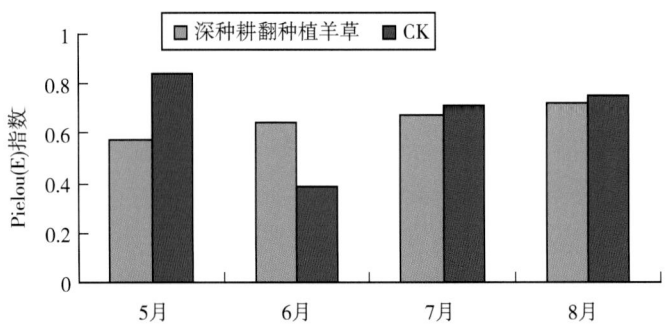

图 4 - 18 深耕翻种植草地 Pielou 指数动态变化

②深耕翻种植羊草处理与对照中羊草的优势度、盖度和鲜重比较

试验结果表明深耕翻处理可显著提高羊草的优势度和盖度，优势度提高200%，羊草盖度增加292%。深耕翻种植羊草能够显著提高羊草的鲜草产量，5月、6月、7月和8月产量分别是对照的1.78、3.08、2.23和2.92倍（图4-19、图4-20、图4-21）。

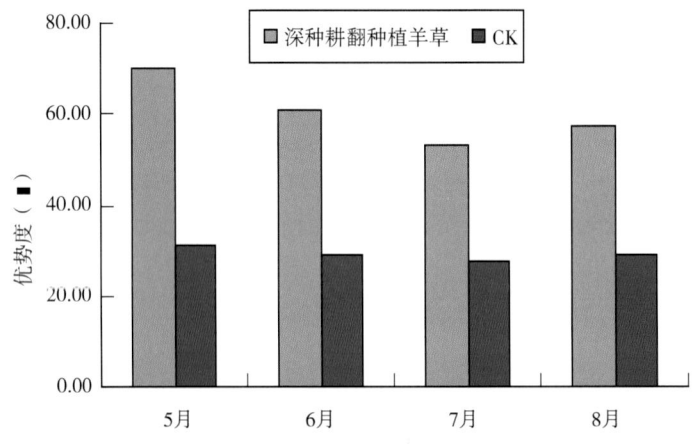

图 4 - 19 深耕翻种植羊草草地羊草优势度动态变化

③深耕翻种植羊草处理与对照的地下植物量比较

地下植物量比较结果为：5月、6月和7月份深耕翻处理的0～10cm土层地下植物量高于对照，8月份低于对照（图4-22），这因为8月在对照群落中出现狗尾草、虎尾草、水稗草等一年生禾本科牧草。处理和对照地下植物量均随时间增加而增加。

**4. 草地施肥**

（1）草地施肥改良方法

在试验区内原始植被较好区域设草地施肥试验区，整个试验区面积150亩。

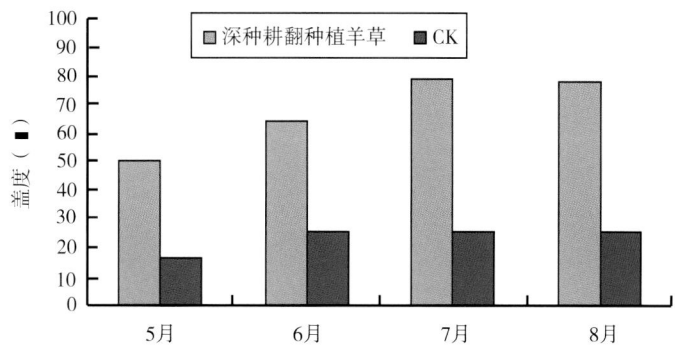

图 4 - 20　深耕翻种植羊草草地羊草盖度动态变化

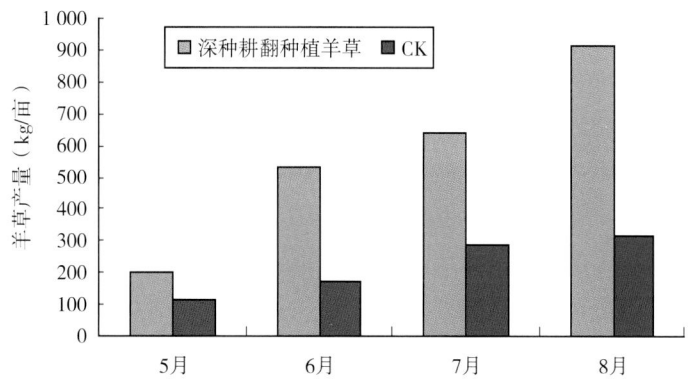

图 4 - 21　深耕翻种植羊草地上羊草产量动态变化

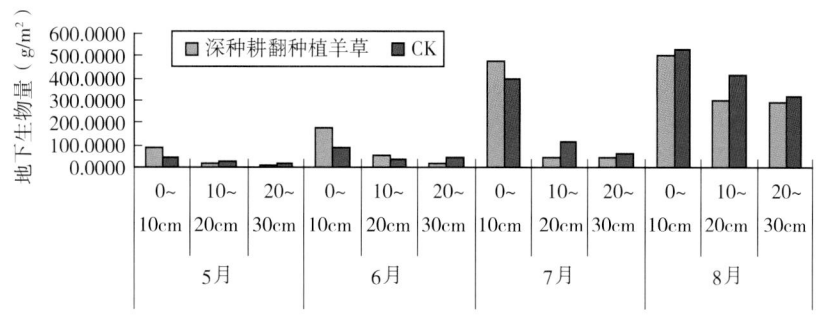

图 4 - 22　深耕翻种植羊草地下羊草产量动态变化

　　氮、磷是植物群落的限定因子，选择施氮、磷复合肥磷酸二铵，施肥在植物生长季节之初进行。试验区面积 6 亩，于 2011 年 5 月底施肥，设 4 个施肥水平（0、30、60、90kg/hm²），分别记 $N_0$、$N_1$、$N_2$、$N_3$，每个施肥水平设 3 个重复，共 12 个小区，每小区面积 25 m×12.5m，小区间留 1m 的缓冲带，各区的四角用木桩标记（表 4 - 1）。

表 4 - 1　施肥试验小区设计

| 重复 施肥量 | 1 | 2 | 3 |
|---|---|---|---|
| $N_0$ | $N_{01}$ | $N_{02}$ | $N_{03}$ |
| $N_1$ | $N_{11}$ | $N_{12}$ | $N_{13}$ |
| $N_2$ | $N_{21}$ | $N_{22}$ | $N_{23}$ |
| $N_3$ | $N_{31}$ | $N_{32}$ | $N_{33}$ |

（2）改良效果评价

①不同施肥处理对羊草优势度及鲜草产量的影响

对照处理中原生植被羊草 6 月优势度最高，7 月最低，变化趋势为先降低后增加。3 个施肥处理都在 8 月份达到最高值，变化趋势为随时间逐渐增加，其中，施肥量为 $30kg/hm^2$ 的值最大。月份间比较结果为：6 月份对照羊草的优势度最大，施肥量为 $90kg/hm^2$ 的次之，施肥量为 $60kg/hm^2$ 的最低，结果分析表明施肥当月降低羊草优势度，原因可能为羊草对肥料的吸收利用低于其他植物；7 月和 8 月各施肥处理的羊草优势度均高于对照，施肥量为 $90kg/hm^2$ 的值最大，其次为 $30kg/hm^2$（图 4 - 23）。

不同施肥处理羊草鲜重的月动态变化均为随月份增加鲜重逐渐增加，表明无论施肥与否羊草在生长季内物质积累量随时间增加而增加。6 月份对照处理中羊草的鲜重高于施肥量为 $30kg/hm^2$ 和 $60kg/hm^2$ 处理，低于 $90kg/hm^2$ 处理，7 月和 8 月各施肥处理都高于对照。在 7 月和 8 月羊草鲜草产量随施肥量的增加而增加（图 4 - 24），表明施肥可有效地提高羊草鲜草产量。

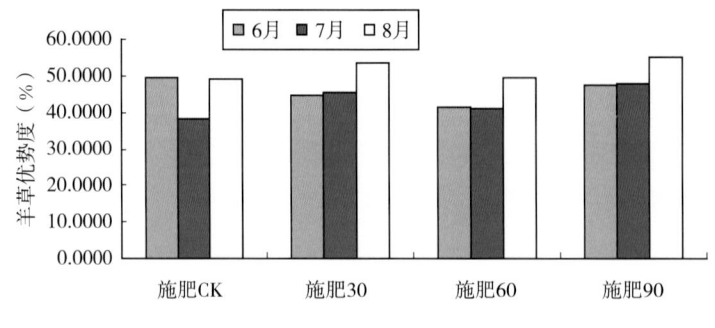

图 4 - 23　不同施肥处理羊草优势度动态

②不同施肥处理对植被盖度的影响

不同施肥处理草地植被盖度的月份动态变化结果为（图 4 - 25）：对照和施肥量为 $30kg/hm^2$ 的变化趋势为先降低后增加，即在 7 月份植被覆盖度最

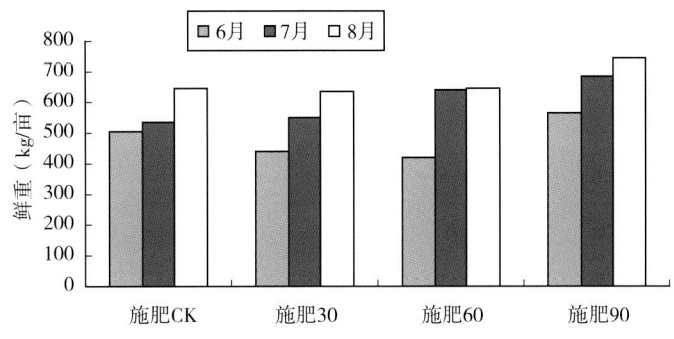

图 4-24　不同施肥处理羊草鲜重动态

低，对照在 6 月达到最高值，而施肥量为 30kg/hm² 的在 8 月份最大；施肥量为 60kg/hm² 的变化趋势为先增加后降低，8 月份盖度最低；施肥量为 90kg/hm² 的变化趋势为随时间增加植被盖度逐渐降低。不同施肥处理草地植被盖度的月份动态变化趋势及其原因需进一步的验证和分析。不同施肥处理草地植被盖度比较结果为：6 月施肥量为 30kg/hm² 和 60kg/hm² 的盖度低于对照，7 月和 8 月 3 个施肥处理植被盖度都高于对照，总体表现为：施肥可增加羊草草地植被覆盖度。

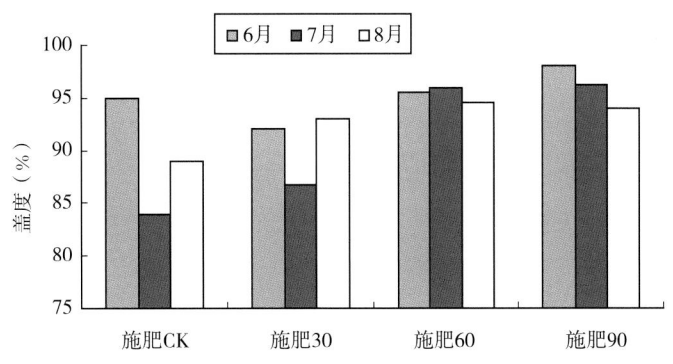

图 4-25　不同施肥处理植被盖度动态

③不同施肥处理对地上、地下植物量的影响

不同施肥处理草地地上植物量的月份动态变化结果为（图 4-26）：各施肥处理的地上植物量都是先增后减的趋势，最大值都出现在 7 月，对照的最低值在 6 月，其他 3 个施肥量的最低值都在 8 月，与羊草鲜重结果不同，说明施肥处理提高羊草产量降低其他物种的产量。月份间比较结果为：6 月和 7 月 3 个施肥处理的地上植物量明显高于对照，而 8 月低于对照，但差异不显著。随着施肥量的增加地上植物量逐渐增加。

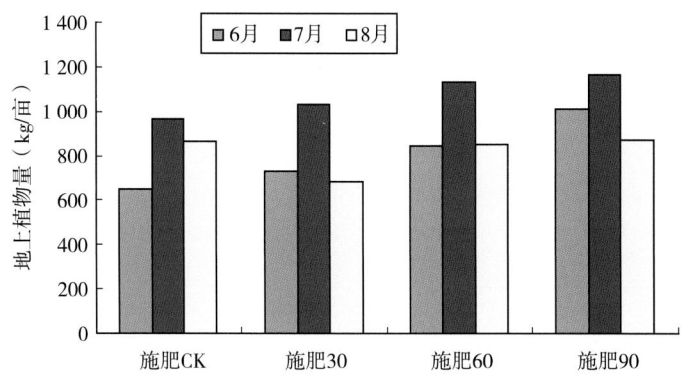

图 4 - 26  不同施肥处理地上植物量动态

　　地下生物量是指存在于草地植被地表下草本根系和根茎生物量的总和，地下生物量是草地植被碳蓄积的重要组成部分，草地植被的主要生物量都分配于地下，准确测定草地地下生物量是确定草地植被源汇功能的基础。植物的地下根系还具有贮藏营养物质，供给营养和水分，调节植物的生长发育，支持植物的躯体等基本功能，对于地上生物量的形成乃至对整个植物的生长发育都起着重要的作用，是草地生态系统物质循环和能量流动不可缺少的环节。

　　不同施肥处理草地地下植物量的月份动态变化结果为（图 4 - 27）：各施肥处理的地下植物量都是随时间的增加而增加，0～10cm 土层的地下植物量占整个植物量的 85％以上。6 月施肥量为 30kg/hm² 处理的 0～10cm 土层地下植物量低于对照，其他 2 个处理的都高于对照，8 月 3 个施肥处理的地下植物量都高于对照。在草地植物生长季内 10～20cm 和 20～30cm 土层的地下植物量在施肥处理后都高于对照，表明施肥处理可提高土壤深层根的生长和发育，对改善土壤条件有一定的促进作用。3 个施肥量间比较结果为施肥量为 60kg/hm² 的效果最好，但还需连续多年的观测加以证明。

　　④不同施肥处理对草地群落生物多样性的影响

　　生物多样性具有重要的生态功能，它不仅能够改变植被对水分、养分和光能的利用率，以及群落内的营养结构，还能影响干扰发生的频度、程度和范围。物种多样性可以增加生态系统的抗干扰力，提高生态系统的稳定性。物种多样性可以反映群落或生境中物种的丰富度、变化程度或均匀度。用物种多样性可定量表征群落和生态系统的特征。

　　a. 丰富度指数

　　丰富度指数是指群落中物种数量。对照群落中的丰富度指数随着时间的增加而降低，6 月丰富度指数为 8，7 月和 8 月都是 6。6 月丰富度指数降低，施

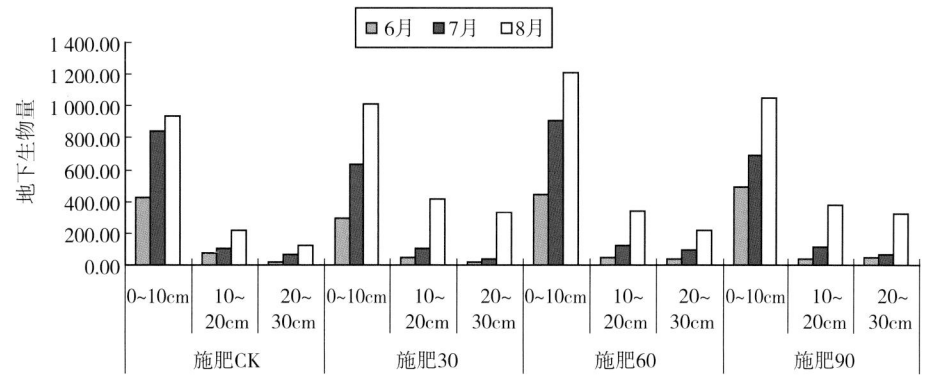

图 4-27　不同施肥处理地下生物量动态

肥量越大丰富度指数降低越多。施肥量为 30kg/hm² 处理的 7 月和 8 月的丰富度指数都高于对照，而 60kg/hm² 处理的 8 月份高于对照，90kg/hm² 处理的 7 月份的值高于对照（图 4-28）。

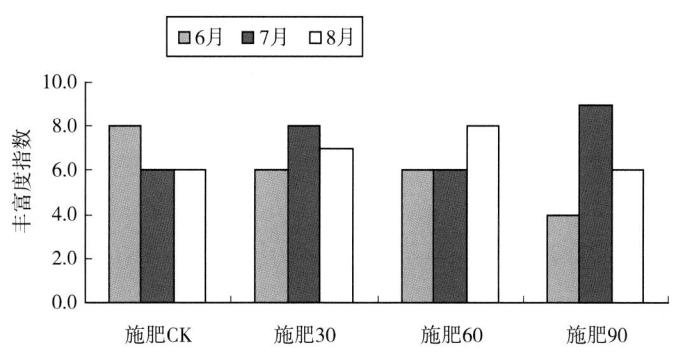

图 4-28　不同施肥处理丰富度指数动态变化

b. 多样性和均匀度指数

对照处理随月份增加 Shannon-Wiener 指数逐渐增加，表明对照物种时间异质性较强。施肥量为 30kg/hm² 和 90kg/hm² 在 7 月份值最大，60kg/hm² 的最高值是 8 月份。6 月和 7 月各施肥处理的 Shannon-Wiener 指数都高于对照，8 月施肥量为 90kg/hm² 处理的略低于对照。各施肥量间以 30kg/hm² 处理的值最高（图 4-29）。结果表明施肥处理对 Shannon-Wiener 指数具有一定的影响。试验发现施肥处理后随时间的增加均匀度指数基本呈现降低的趋势，而对照则是逐渐增加，即在 8 月达到最大值。6 月各施肥处理的 Pielou 指数都高于对照，且与对照差异较明显，其中 30kg/hm² 处理的值最高。7 月、8 月的值和对照的差异不大（图 4-30）。

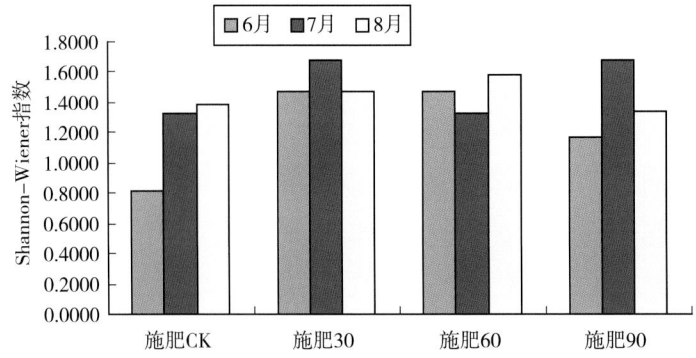

图 4 - 29　不同施肥处理 Shannon-Wiener 指数动态变化

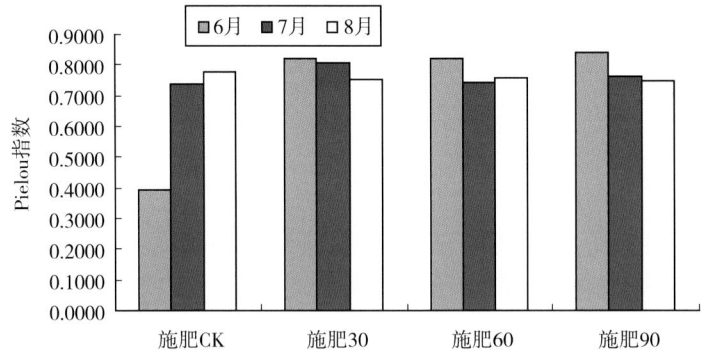

图 4 - 30　不同施肥处理 Pielou 指数动态变化

## （三）改良结果

通过对重度盐碱化退化草原进行围栏封育、轻耙补播羊草、深耕翻种植羊草和施肥等改良措施，退化草原得到有效改良。改良措施均可显著提高羊草的优势度和盖度，围栏封育优势度提高 164%，羊草盖度增加 287%。围栏封育能够显著提高羊草的鲜草产量，5 月、6 月、7 月和 8 月产量分别是对照的 1.14、2.92、2.03 和 2.06 倍。轻耙补播羊草优势度提高 150%，羊草盖度增加 125%。轻耙补播羊草能够显著提高羊草的鲜草产量，5 月、6 月、7 月和 8 月产量分别是对照的 1.43、2.55、1.82 和 1.99 倍。深耕翻种植羊草和施肥等改良措施，退化草原得到有效改良。深耕翻处理优势度提高 200%，羊草盖度增加 292%。深耕翻种植羊草能够显著提高羊草的鲜草产量，5 月、6 月、7 月和 8 月产量分别是对照的 1.78、3.08、2.23 和 2.92 倍。施肥可增加羊草优势度，施肥量为 90kg/hm² 的值最大，其次为 30kg/hm²。7 月和 8 月份各施肥处理的羊草产量和盖度均大于对照。

# 第五章　寒地牧草的示范及产业化

我国传统的畜牧业属粗放型、秸秆型畜牧业，饲养的牲畜多为耐粗饲型的。现代畜牧业属高效、集约化生产型，一些畜禽品种是经过引进、创新育成的高产高效品种，不适合粗放型经营，特别是草食性畜禽，如牛、羊、鹿、兔、鹅等，急需规范标准的饲草产品供应，方能保证其健康、经济生产。现代牧草产业属新兴产业，不同的牧草种类适宜饲喂不同或相同的牲畜，不同的牧草种类需要不同的栽培技术，哪些牧草种类适合产业化？习惯了农作物栽培的生产者对牧草还不甚了解。所以牧草的示范和产业化作用十分重要。

## 一、寒地牧草示范

黑龙江省是农业大省，粮食生产大省。随着畜牧业特别是奶业的迅速发展、科技进步和社会需求的变化，草产业呼之欲出。但是，很多农牧民对于草产业的认识还比较滞后，因此非常有必要通过多种形式对草业科技进行宣传、普及和推广。从 2003 年起，黑龙江省农科院结合"十弱县"帮扶，在黑龙江省的兰西县、青冈县、明水县、望奎县、克东县、延寿县、泰来县、孙吴县、桦川县、抚远县建立了十处农业科技示范园区和专家大院，我们在每个县的科技示范园区里都种植了牧草示范区，品种有青贮玉米、苜蓿、高丹草、墨西哥玉米草、狼尾草、无芒雀麦、冰草、籽粒苋、御谷、苦荬菜等数十种，农牧民们都非常感兴趣，纷纷咨询各种草的品种名称、饲喂对象、如何种植？哪些可以在院内的小园子种一些，饲喂家禽或禽雏？哪些可以大面积种植饲喂奶牛、鹅、猪等？我们结合田间绿色课堂，为农民详细讲解牧草品种、栽培技术和用途的知识，为有直接需要的农民免费提供种子，直接指导农牧民选择品种、种植方式和田间管理等，还就此编制了黑土地农村书屋里"寒地牧草高产栽培关键技术"的小册子和宣传材料免费发放，收到了前所未有的效果；同年在黑龙江省农业科学院园艺分院的试验区里种植了"百草园"，承接了黑龙江省畜牧会议的现场会，接待了国家、省级领导参观考察；从 2005 年开始，黑龙江省农科院以"科技园区、专家大院、致富项目、科技培训"的共建模式，与黑龙江全省 34 个县市开展农业科技合作共建，在每个县市都建立了草业科技示范园区，建立专家大院为农牧民提供技术服务，设立致富项目并定期或不定期开展科技培训，吸引了大批的各级领导、草业专家、技术人员和农民参观考察，很好的普及了草业知识，推广了草业科技成果。同时，还与全省 67 个村开展院村共建，同样取得了良好的示范推广作用。使牧草的科学知识达到了全面的普及和推广，并形成了黑龙江盐碱地和风沙地的苜蓿高产栽培技术，带动了黑龙江省草产业的快速发展。

## （一）盐碱地紫花苜蓿高产栽培技术

### 1. 技术名称
盐碱地紫花苜蓿高产栽培技术

### 2. 技术要点
（1）试验站条件

绥化实验站位处松嫩平原东南部苏打盐碱土地带，该区土壤含盐量0.7%，pH值平均为8.3，呈盐碱性。可以利用苜蓿改良盐碱地、提高盐碱化低产田土地生产能力，有利于生态环境改善。

（2）品种选择

选择耐盐碱、抗寒的苜蓿品种，如肇东、农菁1号苜蓿等。

（3）整地播种

于上一年进行秋整地，整平耙细；次年5月初结合下透雨后适时播种，有利于一次播种保全苗；每平方米保苗700～750株，平播，行距15 cm，播深2～3 cm。

（4）防除杂草

采用平播、密植，促进苗齐苗全苗壮，提高紫花苜蓿的田间覆盖度抑制杂草。

使用化学制剂除草；播后苗前封闭，90%乙草胺90ml＋50kg水/亩，在早晚无风的情况下进行喷施；苗期和刈割后的杂草防除，推荐使用普斯特除草剂，推荐剂量为100～130g/亩，对水10～30kg均匀喷雾。

（5）刈割

第一茬刈割在6月上中旬，夏至之前一定收完；第二茬在第一茬收割后40天后收获，可收三茬。黑龙江第二茬收获正值雨季，需根据长期天气预报并结合云图掌握好时间，以保证收获质量。

（6）打捆

翻晒和打捆条件允许时应避开中午；水分确认，打捆前茎秆在手中连折3次断裂即可实施打捆作业，天气晴好的夜间也是理想的作业时间。

（7）贮藏

晾晒干的苜蓿应打捆，草捆直径以25～30cm为宜。堆垛地点宜选在地势稍高，草垛方向应朝东西，垛周围应挖排水沟，垛底应垫20 cm的树枝和乱木，垛底宽3.5～4.5m，垛底以干草数量来定，草堆中间要隆起，垛高以后应逐步向里收，最后堆成 45°倾斜角的屋脊形草顶，使雨水顺利下流，不至渗入草垛内，草垛要定期检查，做好防霉、防火工作。

**3. 适宜区域**

黑龙江省各地及高寒地区。

**4. 注意事项**

收获后不能及时出售，应将草捆储存在建有垛基的遮阴贮草棚内，根据当地风向进行堆垛，堆垛时，草捆之间要留有一拳宽的间隙，保持空气流通顺畅。在向阳的垛面上，可盖上遮阴网，防止草捆表面黄化；如需要延长储存，当水分降到安全水时，要重新将草捆紧实堆垛，以保持水分。

### （二）风沙地紫花苜蓿高产栽培技术

**1. 技术名称**

风沙地紫花苜蓿高产栽培技术

**2. 技术要点**

（1）整地

选择前茬没有药害，最好错开豆茬的耕地，进行秋整地、深松深施肥，整平耙细，达到播种状态。

（2）播种

品种选择：选择黑龙江自育的高产、耐寒、耐旱、适应性强的苜蓿新品种：如农菁 1 号、龙牧 801、龙牧 803、肇东等。

播种方式：平播，行距 15cm，采用苜蓿精量播种机播种，播深 2～3cm。

播种量：保苗株数 750/m²，播种量（kg/亩）＝保苗株数（株/m²）×千粒重（g）/净度（％）/发芽率（％）/［1－田间损失率（20％）］/106×667。

底肥深施：施肥量 25kg/亩（大豆专用肥，撒可富氮：磷：钾＝15：23：10）。

除草：播后苗前封闭，90％乙草胺 90ml＋50kg 水/亩，在早晚无风的情况下进行喷施。

喷灌：由于苜蓿种子小，出苗后、扎根前需要保证土壤水分，防止芽干，此项措施非常关键！

（3）田间管理

杂草防除：苗期和刈割后推荐使用普斯特，用药量为 100～130g/亩，对水 10～30kg 均匀喷雾。

虫害防治：苜蓿虫害的发生，种植当年的苜蓿，一般是随着大田虫害的发生而发生；蚜虫，通过使用乐果或 40％氧化乐果乳油 2 000 倍液喷洒；蓟马，是北方苜蓿生产上的主要害虫，可选用菊酯类或低毒的有机磷农药防治；夜蛾，北方的危害期在 6—11 月，可选用氨基甲酸酯、菊酯类等杀虫剂，根据夜蛾的生活习性，应在早晨和傍晚喷药，用量 33.5～50ml，稀释 1 000～2 000 倍使用。第二年返青期春季应注意观察草地螟的发生，在幼虫危害期喷洒 50％辛硫磷乳油 1 500 倍液或 2.5％保得乳油 2 000 倍液。

病害防治：苜蓿霜霉病，在植株发病初期可喷 1∶200 的波尔多液，或 75％百菌清可湿性粉剂 500～600 倍液等，间隔 7～10 天喷雾 1 次，连续防治 2～3 次；苜蓿褐斑病，发病初期选用 70％的代森锰锌 600 倍液，75％百菌清 500～600 倍液，50％多菌灵可湿性粉剂 500～1 000 倍液等任一药剂喷雾，间隔 7～10 天喷雾一次，连喷 2～3 次；苜蓿白粉病，每亩喷撒硫磺粉 2.5kg，或 40％灭菌丹可湿剂 600～800 倍液喷雾，或 15％粉锈宁 1 000 倍液喷雾，连喷 2～3 次；苜蓿锈病，用代森锰锌每亩 10～15g、氧化萎锈灵每亩 30g 与百菌清每亩 50g 混合使用、15％粉锈宁 1 000 倍液喷雾；根腐病，在发病初期，可选用 50％多菌灵可湿性粉剂 500 倍液，或 50％甲基托布津可湿性粉剂 500 倍液灌根；菌核病，可采用 35％多克福种衣剂按种子量的 1.5％拌种，合理施肥，培育壮苗，增强抗高能力，当地块发病率达到 15％以上时，要及时喷洒 40％多菌灵胶悬剂 500～1 000 倍液，隔 7 天再补喷一次防效更好。

（4）追肥

返青和刈割后结合灌水追肥，每次 10kg/亩撒可富。

（5）喷灌

灌封冻水，必须灌饱和，返青水和生产季节或刈割后视土壤干旱情况进行灌水。

（6）苜蓿草收获

收割：采用纽荷兰割草压扁机，在苜蓿现蕾期进行收割。但要根据天气预报在 5～7 天内没有大雨方可进行收割，割茬高度控制在 5cm；搂草标准应采用单条搂草，便于快速干燥。

打捆：随机取 10 根牧草，中部来回 3 下能折断；取一根苜蓿草用指甲刮其表面，能刮开的面积小于 10％，说明水分在 22％以下左右可以打捆。

（7）储藏

垛基的宽度 4m，长度可视场地和需要而定，用木条建成，下面用石料或水泥砖垫高 20～40cm，木条纵向放 3 根垫底，横向间隔 55cm 放在纵向之上，用铁丝和铁钉固定。垛基应选在干燥平坦的地方建立，土质要求坚实。若是在整体地势偏低的地方建立，最好将垛基建成垛基与垛基 4m 与 8m 拱形与拱形相连接，并建好相应的排水措施；最好垛基建在储草棚内，否则要用苫布盖好（苫布外要配合绳和沙袋固定）。

水分标准：上垛要求平均水分不超过20％，草捆上垛后要及时晾晒，直到整体水分下降到12％～14％可以封垛。

码垛标准：要求草捆应码13层高封顶，11层高开始收缩成宝塔顶，堆垛整齐，有倾斜及凸凹现象，通风通道良好，通风道的宽度视草捆干湿情况留5～20cm宽不等。

安全储藏标准：主要做好四防工作，包括防水、防火、防盗、防霉变，牧草储藏无责任事故发生。

分级存放及草垛档案的建立：进场不同等级的草必须分级存放，草品入库后必须有水分，日期，等级，晾晒次数等记录，以后要有跟踪记录草垛变化的情况。

**3. 适宜区域**

黑龙江省西部风沙干旱区。

**4. 注意事项**

除草用药技术：苗的叶期，三片复叶期是最佳施药时期；草的叶期，杂草3叶期前效果最好，对禾本科、阔叶草都有很好的效果。5叶期如墒情好，效果也很好。草密度，如草密度不大，可使用正常剂量，如草密度很大，建议加大药量到150g/亩；墒情，一般除草剂使用要求墒情好，土壤相对湿度70％～90％，空气湿度60％～70％时为好；风力，喷药应选择无风的天气，风力大于3级时易造成药液飘移，致使喷药不均；喷药时间，最好在早上10点以前，下午16点以后，夜间无露水时喷药最好；气温，一般在10～30℃才能正常发挥药效，低于10℃除草效果差，高于30℃作物易产生药害。

图5-1　黑龙江省畜牧会议百草园现场

图 5-2　韩贵清研究员在示范现场讲解

图 5-3　韩贵清研究员在示范区为原黑龙江省
副省长申立国讲解牧草的长势

图 5-4　韩贵清研究员为原黑龙江省省委书记宋法棠讲解牧草的展示内容

图 5-5　韩贵清研究员接待黑龙江省富裕县到示范区参观的领导和群众

## 二、寒地牧草的产业化

在市场需求和示范推广的共同作用下，黑龙江省人工草地生产受到政府前所未有的关注，自 2010 年以来黑龙江省畜牧局不断推动苜蓿产业发展，2012年黑龙江省畜牧局制定了"黑龙江省苜蓿产业十二五发展规划"报省政府，黑龙江省政府第 69 次会议通过了畜牧局制定的《苜蓿产业十二五发展规划》，要求规划本着先行示范、分步实施、完善政策的原则进行。规划规定：2012 年种植苜蓿草田 100 万亩，良种繁育 2 万亩；2013 年种植苜蓿草田 200 万亩，良种繁育 4 万亩；2014 年种植苜蓿草田 300 万亩，良种繁育 6 万亩；2015 年种植苜蓿草田 400 万亩，良种繁育田达到 10 万亩。目标是：到 2015 年，建成良种扩繁基地 10 万亩，达产后年产苜蓿优良种子 2 000t，将黑龙江省建设成北方苜蓿种子生产研发基地，实现优质苜蓿种子的有效供给；建成苜蓿生产田 1 000 万亩，达产后年产苜蓿草 500 万 t，基本实现每头产奶牛每年饲喂 2t 苜蓿干草的目标，将黑龙江省发展成为"苜蓿奶"生产基地。培育 3～5 个苜蓿新品种，种植面积 10 万亩以上、年生产加工苜蓿产品 5 万 t 以上的产业集团，发展苜蓿专业合作社 300 个，为苜蓿产业向精深加工方向发展奠定基础。总投资 134.03 亿元。区域布局是：松嫩平原区 700 万亩，三江、中东部和北部高寒区各 100 万亩。

据省畜牧兽医局统计，2012 年黑龙江省级财政共投入苜蓿生产资金 5 000 万元，带动全省苜蓿种植投入达到 2.5 亿元，全省共种植苜蓿 102 万亩；由于干旱和内涝积水等因素影响，苜蓿留床面积为 87 万亩，其中苜蓿良种繁育田面积 1.7 万亩。其中，松嫩平原地区苜蓿种植面积达到 66 万亩，占全省苜蓿种植总面积的 75%，其余为沙带苜蓿种植。

龙头企业有：黑龙江省远方草业有限责任公司，该公司是一家专业从事苜蓿草产品生产和开发的民营高新技术企业，注册资本 1 000 万元。公司现有员工 46 人，高、中级技术人员 20 余人。2005 年在富锦成功开发 1.5 万亩优质人工苜蓿生产示范基地，通过订单合同形式建立了"公司＋农户"牧草基地 2 万亩，带动 600 余农户共同发展苜蓿草产业。同时已在上海、浙江、江苏、广东、福建、北京、河北、河南以及日本、韩国等东南亚国家和地区建立了销售网络。作为一家科技型企业，黑龙江省远方草业有限责任公司以精准农业技术体系为核心，高起点起步，充分利用现代科技手段，引进世界先进水平的农业开发和牧草种植、加工技术及设备，包括农田 GPS 定位系统、深松机、免耕播种机、收割、青贮、二次压缩、制块等生产设备。并与多家院校等研究机构展开全面技术合作。现已拓展到黑龙江的杜蒙和穆棱等地。

黑龙江省兰胜草业有限责任公司，该公司是专业从事牧草草产品生产和开发的股份制企业，现有员工 30 人，其中研究员 5 人，副研究员 7 人，博士 3 人，硕士 15 人。自 2007 年，以黑龙江省绥化市兰西县远大乡胜利村为核心基地，进行重度退化草地改良和盐碱地人工草地建植（以苜蓿为主）。使昔日的"西大沟"又叫碱沟变成了绿色草原，恢复了生机，植被覆盖率达到 80% 以上，生态环境得到了改善，部分草原已被列入省级自然保护区；利用耐盐碱的紫花苜蓿，改良部分低产田，几年来在低产田上表现出高产稳产、

图 5-6 优质人工苜蓿生产示范基地

图 5-7 各省专家参观苜蓿生产示范基地

图 5-8 苜蓿草产品加工基地

效益稳定的良好品质，得到当地群众认可，为此，胜利村成立了农民苜蓿合作社，兰西县设立了"兰西县牧草产业园区"；现在，结合国家和省里的政策，依托黑龙江省农业科学院，兰西县计划在东北部四个乡镇种植苜蓿50万亩。该公司依托黑龙江省农业科学院和国家牧草产业技术体系已经成为地方的支柱产业。

图 5-9　重度退化的草原

图 5-10　对重度退化的草原进行耕整地

图 5-11 耕整地后播种苜蓿的草原现状

图 5-12 盐碱地人工草地种植苜蓿

图 5-13　苜蓿收割晾晒的场面

图 5-14　苜蓿收获打捆场面

图 5-15 齐齐哈尔风沙地种植苜蓿

图 5-16 齐齐哈尔风沙地苜蓿收获打捆

# 参 考 文 献

徐柱，王照兰，肖海俊．2000．中国牧草种质资源研究利用及牧草种子生产［J］．中国草地
　（1）：73-76．

张新全．2004．草坪草育种学［M］．北京：中国农业出版社．

谢新明．2009．草资源学［M］．广州：华南理工大学出版社．

罗新义，曲善民，尤海洋．2006．黑龙江省牧草种质资源的研究及其开发利用［J］．饲料与添
　加剂（9）：64-66．

贾大林．1977．黄淮海平原盐碱地改良［M］．北京：农业出版社．

卢新雄，陈叔平，刘旭，等．2008．农作物种质资源保存技术规程［M］．北京：中国农业出版
　社．

徐柱，师文贵，袁清，等．2002．我国牧草种质资源数据库及其信息网络发展构想［J］．中国草
　地，24（5）：77-80．

谢承陶．1993．盐碱土改良原理与作物抗性［M］．北京：中国农业科技出版社．

张天真．2003．作物育种学总论［M］．北京：中国农业出版社．

王为，潘宗瑾，潘群斌．2009．作物耐盐性状研究进展［J］．江西农业学报，21（2）：30-33．

高洪文．2007．三叶草种质资源描述规范和数据标准［M］．北京：中国农业出版社．

徐柱，师文贵，袁清，等．2002．我国牧草种质资源数据库及其信息网络发展构想［J］．中国草
　地，24（5）：77-80．

苏加楷，张文淑，傅林谦．1996．我国牧草资源多样性的保存鉴定和利用的研究［J］．东北师
　大学报（自然科学版）（3）：83-89．

李临杭，李志勇，师文贵，等．2004．我国饲用植物遗传资源的异地保存［J］．中国草地，11
　（6）：63-66．

严学兵，王成章，郭玉霞．2008．我国牧草种质资源保存、利用与保护［J］．草业科学，12
　（25）：85-92．

徐柱，王照兰，肖海俊．2000．中国牧草种质资源研究利用及牧草种子生产［J］．中国草地
　（1）：73-76．

王铁梅，张静妮，卢欣石．2007．我国牧草种质资源发展策略［J］．中国草地学报，29（3）：
　104-109．

李志勇，宁布，等．2004．内蒙古牧草种质资源的收集［J］．内蒙古草业，16（3）：1-2．

颜红波，周青平．2005．青海省牧草种质资源现状及保护与利用设想［J］．青海草业，14（1）：
　36-38．

郑凯，顾洪如，沈益新，等．2006．牧草品质评价体系及品质育种的研究进展［J］．草业科学，
　23（5）：57-61．

孙启忠，桂荣．2000．影响苜蓿草产量和品质诸因素研究进展［J］．中国草地（1）：57-63．

康俊梅，张爱萍，满都拉．2008．影响苜蓿产草量相关因素研究进展［J］．内蒙古草业，20

(1)：59 - 63.

孙建华，王彦荣.2004.中国主要苜蓿品种的产量性状及其多样性研究［J］.应用生态学报，15（5）：803 - 808.

孙建华，王彦荣，余玲.2004.紫花苜蓿品种间产量性状评价［J］.西北植物学报，24（10）：1837 - 1844.

孙建华，王彦荣，余玲.2004.紫花苜蓿生长特性及产量性状相关性研究［J］.草业学报，13（4）：80 - 86.

杨光圣，员海燕.2009.作物育种原理［M］.北京：科学出版社.

耿华珠，等.1995.中国苜蓿［M］.北京：中国农业出版社.

刘公社，齐冬梅.2004.羊草生物学研究进展［J］.草业学报，13（5）：6 - 11.

王克平.1998.羊草物种分化的研究 I.野生种群的考察［J］.中国草原（2）：32 - 36.

王克平，罗璇.1988.羊草物种分化的研究 V.羊草四种生态型［J］.中国草地（2）：51 - 52.

崔继哲，祖元刚.2001.羊草种群生态型分化的分子生态学研究［M］.哈尔滨：东北林业大学出版社.

任文伟.1999.不同地理种群羊草的遗传分化研究［J］.生态学报，19（5）：689 - 696.

张希山，梁卫国，王建国，等.2007.乌苏 1 号无芒雀麦新品种选育区域试验［J］.草食家畜，136（3）：46 - 50.

张鸿书，张希山，代连义，等.2005.无芒雀麦无性系组合评比试验［J］.草原与草坪（4）：57 - 59.

崔国文，张鹏咏，陈雅君.2001.黑龙江省草业发展战略探讨［J］.中国草地，23（6）：55 - 58.

任继周.1998.草业科学研究方法［M］.北京：中国农业出版社.

张秀芬.1999.饲草饲料加工与贮藏［M］.北京：中国农业出版社.

葛扣麟，等，译.1986.育种手册（第二分册）［M］.上海：上海科学技术出版.

陈哲忠，周省善.1984.种草技术［M］.兰州：甘肃人民出版社.

任继周，等.1986.重要牧草栽培及种子生产［M］.成都：四川科学技术.

胡自治，等.2000.青藏高原的草业发展与生态环境［M］.北京：中国藏学.

冯玉波，鲁挺.1992.传粉昆虫［M］.兰州：甘肃科技出版社.

杨耀文，钱子刚，谢晖，等.2003.珍稀濒危药用植物金铁锁的组织培养和快速繁殖研究［J］.世界科学技术——中医药现代化，5（4）：56 - 60.

李长潇，郑铁松，郭海涛，等.1986.中药甘草的快速繁殖［J］.植物学通报，4（1 - 2）：84 - 85.

韩露，刘必融，潘超，等.2004.香根草愈伤组织的诱导和快速繁殖［J］.安徽师范大学学报（自然科学版），27（4）：443 - 445.

徐文华，陈桂琛.2006.藏药麻花艽的组织培养与快速繁殖［J］.安徽农业科学，34（19）：4881 - 4903.

马艳，肖娅萍，胡雅琴.2003.苦皮藤组织培养与植株再生［J］.中草药，34（10）：4 - 7.

段英姿，牛应泽，刘玉贞，等.2003.南丹参离体快速繁殖与多倍体诱导［J］.植物生理学通讯，39（3）：201 - 205.

贺红，冼建春，肖省娥，等 .2001. 溪黄草离体培养和快速繁殖 ［J］. 中草药，32 （3）：255 - 256.

李永红，赖秋雅，范淑君，等 .2003. 黄芩的组织培养与快速繁殖研究 ［J］. 深圳职业技术学院学报 （2）：16 - 18.

包爱科 .2009. 拟南芥液泡膜 H＋-焦磷酸酶基因 AVP1 改良紫花苜蓿 （*Medicago sativa* L.） 抗逆性的研究 ［D］. 兰州：兰州大学 .

马菊兰 .2007. 苜蓿花药培养预处理方法和培养基的研究 ［D］. 乌鲁木齐：新疆农业大学 .

耿小丽 .2007. 利用花药培养诱导苜蓿单倍体的研究 ［D］. 兰州：甘肃农业大学 .

段承俐，张智慧，文国松，等 .2004. 三七花药培养的研究 ［J］. 云南农业大学学报，19 （5）：510 - 513.

吴中心，张同庆，姚根怀，等 .1994. 利用花药培养系统选育烟草抗赤星病品系 ［J］. 农业生物技术学报，2 （1）：78 - 83.

周荣仁，杨燮荣，季玉鸣，等 .1993. 烟草耐盐愈伤组织变异体对盐渍的适应性 ［J］. 植物生理学报，19 （2）：188 - 194.

李红，李波，赵洪波，等 .2009. 诱变处理苜蓿愈伤组织抗碱性的研究 ［J］. 草业科学，26 （7）：32 - 35.

李波，袁成志，陈辉，等 .2004. 硫酸二乙酯诱变苜蓿愈伤组织抗寒生理的研究 ［J］. 草业科学，21 （5）：20 - 22.

梁称福 .2005. 植物组织培养研究进展与应用概况 ［J］. 经济林研究，23 （4）：99 - 105.

罗士伟 .1979. 我国植物组织细胞培养的应用 ［J］. 陕西林业科技，1 （2）：63.

吕春茂，范海延，姜河，等 .2007. 植物细胞培养技术合成次生代谢物质研究进展 ［J］. 云南农业大学学报 （1）：19 - 23.

郑光植，王世林，何静波 .1989. 三七、人参和西洋参细胞悬浮培养的比较研究 ［J］. 云南植物研究，11 （1）：97 - 102.

吴双秀 .2001. 高山红景天颗粒状愈伤组织悬浮培养和红景天贰的诱导 ［D］. 哈尔滨：东北林业大学 .

金淑梅，管清杰，罗秋香，等 .2006. 苜蓿愈伤组织高频再生遗传和转化体系的建立 ［J］. 分子植物育种，4 （4）：571 - 578.

刘萍，张振霞，苏乔，等 .2005. 应用农杆菌介导法的多年生黑麦草遗传转化研究 ［J］. 中山大学学报 （自然科学版），44 （3）：126 - 127.

马生健，曾富华，徐碧玉，等 .2004. 基因枪介导的高羊茅基因转化体系的建立 ［J］. 园艺学报，31 （5）：691 - 693.

赵军胜，支大英，薛哲勇，等 .2005. 根癌农杆菌介导的高羊茅遗传转化研究 ［J］. 遗传学报，32 （6）：579 - 585.

王强龙，王锁民，张金林，等 .2006. 根癌农杆菌介导 At - NHX1 基因转化紫花苜蓿的研究 ［J］. 草业科学，23 （12）：55 - 59.

胡张华，陈锦清，吴关庭，等 .2005. 农杆菌介导的高羊茅高效遗传转化和转基因植株再生 ［J］. 植物生理与分子生物学学报，31 （2）：149 - 159.

张俊卫，包满珠，孙振元 .2003. 草坪草的遗传转化研究进展 ［J］. 林业科学研究，16 （1）：

87－94.

郭小平，赵元明．1998.SSR 技术及其在植物遗传育种中的应用［J］．华北农学报，13（3）：
73－76.

周延清．2005.DNA 分子标记技术在植物研究中的应用［M］．北京：化学工业出版社．

沈禹颖，侯扶江．2002.分子生物技术在确定物种迁移后遗传变异中的应用［J］．草业科学，
19（3）：35－38.

李景欣，云锦凤，鲁洪艳，等．2005.野生冰草种质资源同工酶遗传多样性评价与分析［J］．
中国草地，27（6）：34－38.

李琼，周汉林．2005.现代生物技术在牧草生产中的应用研究［J］．草业科学，22（10）：
18－24.

戴军，郑家明，张鹏．2004.生物技术在牧草育种上的应用［J］．辽宁农业科学（3）：32－33.

陈强，张小平，李登煜，等．2003.用 AFLP 技术检测慢生型花生根瘤菌竞争结瘤的研究［J］．
生态学报，23（10）：2189－2194.

蒿若超，张月学，唐凤兰．2007.利用 RAPD 分子标记研究苜蓿种质资源遗传多样性［J］．草
业科学（8）：69－72.

杨青川，韩建国．2003.RAPD 技术在苜蓿耐盐遗传育种中的应用［J］．草地学报，11（1）：
27－32.

刘杰，刘公社，齐冬梅，等．2000.用微卫星序列构建羊草遗传指纹图谱［J］．植物学报，42
（9）：985－987.

孙建萍，袁庆华．2006.利用微卫星分子标记研究我国 16 份披碱草遗传多样性［J］．草业科
学，23（8）：40－44.

杨青川，刘志鹏，等．2004.DNA 分子标记技术在苜蓿研究中的应用［J］．中国农业科技导报，
6（2）：30－34.

蒋昌顺，张新申．2005.柱花草种质的 RAPD 多态性和对炭疽病的抗性分析［J］．热带作物学
报，26（3）：61－67.

蒋昌顺，马欣荣，邹冬梅，等．2004.应用微卫星标记分析柱花草的遗传多样性［J］．高技术
通讯（4）：27－32.

蒋昌顺，贾虎森，马欣荣，等．2004.感病与抗病圭亚那柱花草遗传多样性的 AFLP 分析［J］．
植物学报，46（4）：480－488.

张永春，包满珠．1998.生物技术与观赏植物种质资源的创新［J］．北京林业大学学报，20
（2）：95－99.

杨燮荣，邰根福，周荣仁．1981.苜蓿组织培养及植株的再生［J］．植物生理学通讯，11（5）：
33－35.

金淑梅，竹清杰，罗秋香，等．2006.苜蓿愈伤组织高频再生遗传和转化体系的建立［J］．分
子植物育种，4（4）：571－578.

金淑梅，张月学．2008.苜蓿高频再生体系和转基因体系研究进展［J］．黑龙江农业科学（4）：
17－19.

麻晓春，张月学，张海玲，等．2010.肇东苜蓿和 Pleven6 苜蓿离体再生体系的建立［J］．中国
农学通报，26（13）：47－52.

魏臻武 . 2003. 苜蓿基因组 DNA 的 RAPD 指纹图谱 [J] . 甘肃农业大学学报，38（2）：154 - 157.

李拥军，苏加楷 . 1998. 苜蓿地方品种遗传多样性的研究——RAPD 标记 [J] . 草地学报，2（6）：106 - 113.

云锦凤 . 2001. 牧草及饲料作物育种学 [M] . 北京：中国农业出版社 .

孙吉雄 . 2001. 草坪学 [M] . 第 2 版 . 北京：中国农业出版社 .

张新全 . 2004. 草坪草育种学 [M] . 北京：中国农业出版社 .

杨连双 . 2000. 三叶草引种栽培试验 [J] . 内蒙古草业，11（2）：58 - 59.

徐冠仁 . 1996. 植物诱变育种学 [M] . 北京：中国农业出版社 .

冯鹏，刘荣堂，张蕴薇 . 2008. 分子标记技术在植物空间诱变育种机理研究中的应用 [J] . 草原与草坪（2）：1 - 5.

俞金蓉，玉永雄，陈丽梅 . 2007. 生物技术在紫花苜蓿中的应用 [J] . 草原与草坪（5）：65 - 70.

李桂英，王琳清，施巾帼 . 2003. 低剂量辐射对小麦与窄颖赖草属间杂交的促进与损伤双重效应 [J] . 核农学报，17（3）：184 - 186.

张彦芹，贾炜珑，杨丽莉 . 2005. $^{60}$Co - γ 辐射高羊茅性状变异研究 [J] . 草业学报，14（4）：65 - 71.

周小梅，赵运林，蒋建雄，等 . 2005. 几种冷季型草坪草辐射敏感性及其辐射育种半致死剂量的确定 [J] . 湘潭师范学院学报（自然科学版），27（1）：75 - 78.

李培英，孙宗玖，阿不来提 . 2007. $^{60}$Co - γ 射线对新农 1 号狗牙根辐射诱变初探 [J] . 草原与草坪（6）：22 - 25.

徐建龙，等 . 1997. 水稻空间诱变育种的研究 [J] . 核农学报，11（1）：9 - 14.

陈远芳，等 . 1994. 高空环境对水稻遗传性的影响 [J] . 中国水稻科学，8（1）：1 - 8.

邱新棉 . 2004. 植物空间诱变育种的现状与展望 [J] . 植物遗传资源学报，5（3）：247 - 251.

密士军，郝再彬 . 2002. 航天育种研究的新进展 [J] . 黑龙江农业科学（4）：31 - 33.

任为波，张蕴薇，韩建国 . 2004. 空间诱变研究进展及其在我国草育种上的应用前景 [J] . 草业科学（增刊）：454 - 459.

王雁，李潞滨，韩蕾 . 2002. 空间诱变技术及其在我国花卉育种上的应用 [J] . 林业科学研究，15（2）：229 - 234.

韩蕾，孙振元，钱永强，等 . 2004. 神州三号飞船对草地早熟禾生物学特性的影响 [J] . 草业科学，21（4）：7 - 19.

胡化广，刘建秀，郭海林 . 2006. 我国植物空间诱变育种及其在草类植物育种中的应用 [J] . 草业学报，15（1）：15 - 21.

刘录祥，郭会君，赵林姝，等 2006. . 我国作物航天育种 20 年的基本成就与展望 [J] . 核农学报，21（6）：589 - 592.

张蕴薇，韩建国，任为波，等 . 2005. 植物空间诱变育种及其在牧草上的应用 [J] . 草业科学，22（10）：59 - 63.

张月学，李成权，韩微波，等 . 2007. 太空环境诱变苦荬菜的细胞学效应研究 [J] . 草业科学，

24 (9)：38 - 41.

任卫波，韩建国，张蕴薇 . 2006. 几种牧草种子空间诱变效应研究 ［J］. 草业科学，23 (3)：72 - 76.

吕兑财，黄增信，赵亚丽，等 . 2008. "实践八号" 育种卫星搭载植物种子的空间辐射剂量分析 ［J］. 核农学报，22 (1)：5 - 8.

耿华珠 . 1995. 中国苜蓿 ［M］. 北京：中国农业出版社 .

郭选政，赵德云 . 2000. 新疆苜蓿生产发展及其动态 ［J］. 中国草地 (2)：61 - 67.

戚志强，王永雄，胡跃高，等 . 2008. 当前我国苜蓿产业发展的形势与任务 ［J］. 草业学报，17 (1)：107 - 113.

杨红善，常根柱，周学辉，等 . 2010. 美国引进苜蓿品种半湿润区栽培试验 ［J］. 草业学报 (1)：121 - 127.

胡跃高 . 2010. 中国苜蓿产业十年发展总结与现阶段建设战略 ［C］//第三届中国苜蓿发展大会 . 北京：中国畜牧业协会：563 - 567.

卢欣成，孟林 . 2010. 中国苜蓿产业发展 20 年回顾 ［C］//第三届中国苜蓿发展大会 . 北京：中国畜牧业协会：12 - 16.

郭正刚，张自和，王锁民，等 . 2003. 不同紫花苜蓿品种在黄土高原丘陵区适应性的研究 ［J］. 草业学报，12 (4)：45 - 50.

马维国 . 2010. 甘肃河西走廊引进紫花苜蓿适应性试验 ［J］. 中国草地学报，32 (5)：36 - 39.

高婷，张晓刚，纪立东，等 . 2009. 美国优质紫花苜蓿在宁夏中部干旱带适应性研究 ［J］. 宁夏大学学报，30 (3)：271 - 274.

王铁梅，卢欣石 . 2009. 内蒙古干旱草原区紫花苜蓿引种评价 ［J］. 草原与草坪 (5)：46 - 49.

莫本田，张建波，张文，等 . 2010. 48 个紫花苜蓿品种在贵州南部的适应性研究 ［J］. 贵州农业科学，38 (9)：155 - 159.

吕林有，何跃，赵立仁 . 2010. 不同苜蓿品种生产性能研究 ［J］. 草地学报，18 (3)：365 - 371.

王位泰，张天峰，黄斌，等 . 2007. 敖汉黄土高原春播紫花苜蓿生长规律及气候生产潜力评估 ［J］. 干旱地区农业研究，25 (5)：214 - 249.

康颖，侯扶江 . 2011. 黄土高原紫花苜蓿草地土壤呼吸对刈割的响应 ［J］. 草业科学，28 (6)：892 - 897.

曹宏，章会玲，马永祥，等 . 2009. 敖汉地区紫花苜蓿品种区域试验研究 ［J］. 草业学报，18 (3)：184 - 191.

曹致中 . 2002. 优质苜蓿栽培与利用 ［M］. 北京：中国农业出版社 .

韩清芳，贾志宽 . 2004. 紫花苜蓿种质资源评价与筛选 ［M］. 杨凌：西北农林科技大学出版社 .

张君媚，杨刚，田芦明，等 . 2010. 庆元县果园套种白三叶草栽培技术 ［J］. 现代农业科 (2)：292.

刘春荣 . 2010. 白三叶草坪的建植与养护 ［J］. 中国园艺文摘 (11)：108 - 109.

杜开书，吕文彦，柴立英，等 . 2008. 白三叶草坪中黑盲蝽种群动态及天敌作用的研究 ［J］. 河南农业科学 (6)：83 - 84.

何振刚，郑爱华．2010．两个白三叶品种的引种试验报告［J］．中国畜禽种业（4）：32－33．

钟声，奎嘉祥．1999．三个白三叶品种在云南的生长表现［J］．中国草地，21（4）：21－24．

罗军，曹社会，赵新发，等．2002．秦巴山区白三叶引种试验［J］．家畜生态，23（2）：18－19．

张鹤山，刘洋，王凤，等．2009．18个三叶草品种耐热性综合评价［J］．草业科学，26（7）：44－49．

侯相山．2006．三叶草栽培及应用［J］．饲料世界，（Z1）：33－34．

张英俊，吴维群，闫敏，等．2006．白三叶种子生产与管理［M］．昆明：云南科技出版社．

焦树英．2003．荒漠草原地区多年生牧草的适应性及其评价［D］．呼和浩特：内蒙古农业大学．

徐柱，师文贵，李临杭，等．2004．14个国外禾本科牧草品种在典型草原区的比较研究［J］．四川草原（11）：1－3．

海棠，云锦凤，贾鲜艳，等．2001．干旱地区优良牧草引种种植试验研究［J］．内蒙古农业大学学报，22（2）：41－43．

焦树英，韩国栋．2007．若干禾本科牧草在荒漠草原区的适应性及其生产性能和营养价值评价［J］．草地学报，15（4）：327－334．

汪新川，赵春兰，刘军芳．2004．五种高禾草在高寒地区旱作条件下的牧草产量分析［J］．青海草业，13（2）：7－10．

温素英，阿拉塔，孙海英，等．2001．旱作人工草地建植综合技术研究［J］．内蒙古畜牧科学，22（3）：4－6．

郭孝，陈理盾，陈小改．2002．多年生禾草物候特征与分蘖动态的研究［J］．家畜生态，23（4）：17－19．

郭孝，张莉．1999．多年生优良牧草引种试验［J］．中国草地（1）：15－17．

祝廷成．2004．羊草生物生态学［M］．吉林：吉林科学技术出版社．

穆春生，张宝田，崔爽．2004．不同生境羊草营养枝叶龄进程与地上生物量关系的研究［J］．草业学报，13（3）：75－79．

朴顺姬，杨持，黄绍峰，等．1997．羊草种群密度与生长动态研究［J］．植物生态学报，21（1）：60－66．

王仁忠．2000．羊草种群能量生殖分配的研究［J］．应用生态学报，11（4）：591－594．

孟林．2003．优良饲用坪用水土保持兼用植物——偃麦草［J］．草原与草坪（4）：16－18．

张耿，高洪文，王赞，等．2007．偃麦草属植物苗期耐盐性指标筛选及综合评价［J］．草业学报，16（4）：55－61．

陈默君，贾慎修．2000．中国饲用植物［M］．北京：中国农业出版社．

易津，李青丰，谷安琳，等．2001．根茎型禾草生物学特性研究进展［J］．干旱区资源与环境，15（5）：1－16．

王玉林，袁有福，罗新义．1980．羊草开花习性的观察［C］//吉林省植物学会，黑龙江省生态学会第三次东北草原学会论文集．长春：328－335．

李德新．1979．羊草的生物学特性［J］．内蒙古畜牧兽医（4）：12－13．

张卫东．2004．羊草生殖生物学研究［D］．北京：中国科学院研究生院．

侯建华．2004．羊草与灰色赖草杂交后代遗传学特性及育性恢复的研究［D］．呼和浩特：内蒙古农业大学.

刘芳.2009. 羊草与灰色赖草杂种 $F_1$ 育性恢复的研究 [D]. 呼和浩特：内蒙古农业大学.

Helslead TW. 1980. The NASA space bioloGy [M]. Publication of NASA Space Program. 1980 – 1984.

Yazaki K，Matsuoka H，Ujihara T，et al. 1999. Shikonin bio – synthesis in Lithospermum eryth-rorhizon Light – in – duced negative regulation of secondary metabolism [J]. Plant Biotechnology，16（5）：335 – 342.

Bao A K，Wang S M，Wu G Q，et al. 2009. Over expression of the Arabidopsis H+– PPase enhanced resistance tosalt and drought stress in transgenic alfalfa (*Medica – go sativa* L. ) [J]. Plant Science，176：232 – 240.

Wang Z Y，Takamizo T，Iglesias V A，et al. 1992. Transgen – ic plants of tall fescue (*Festuca arundinacea* Schreb. ) obtained by Direct Gene Transfer to Protoplasts [J]. Nature Biotechnology，10（6）：691 – 696.

Spangenberg G，Wang Z Y，Wu X L，et al. 1995. Transgenic tall fescue (*Festuca arundinacea*) and red fescue (*F. rubra*) plants from microprojectile bombardment of embryogenic suspension cells [J]. Journal of Plant PHysioloGy，145（6）：693 – 701.

Dalton S J，Bettany A J E，Timms E，et al. 1999. Co – trans – formed，diploid *Lolium perenne* (perennial ryegrass)，*Lolium multi florum* (Italian ryegrass) and *Lolium te – mulentum* (*darnel*) plants produced by microprojectile bombardment [J]. Plant Cell Reports，18（9）：721 – 726.

Dalton S J，Bettany A J E，Timms E，et al. 1998. Transgenic plants of *Lolium multi florum*，*Lolium perenne*，*Festuca arundinacea* and *Agrostis stoloni feraby* silicon carbide fibre – mediated transformation of cell suspen – sion cultures [J].Plant Science，132：31 – 43.

Bettany A J E，Datton S J，Timms E，et al. 2003. Agrobacte – rium tumefaciens – mediated transformation of *Festuca arundinacea* ( Schreb. ) and *Lolium multi florum* (Lam. ) [J]. Plant Cell Reports，(21)：437 – 444.

Ha S B，Wu F S，Thorne T K. 1992. Transgenic turf – type tall fescue (*Festuca arundinacea* Schreb. ) plants re – generated from protoplasts [J]. Plant Cell Reports，11：601 – 604.

Wang G R，Binding H，Posselt U K. 1997. Fertile transgenic plants from direct gene transfer to protoplasts of *Lo – lium perenne* and *Lolium multi florium* [J].Journal of Plant PHysioloGy，151（1）：83 – 90.

Inokuma C，Sugiura K，Imaizumi N，et al. 1998. Transgenic Japanese lawngrass (*Zoysia japonica* Steud. ) plants regenerated from protoplasts [J].Plant Science，17（5）：334 – 338.

Chai M L，Wang B L，Kim J Y，et al. 2003. Agrobacterium – mediated transformation of herbicide resistance in creeping bentgrass and colonial bentgrass [J].Journal of Zhejiang University Science，4（3）：346 – 351.

Williams J G K，Kubelik A R，Livak K J，et al. 1990. DNA polymorpHisms amplifieds by arbitrary primers are useful as genetic markers [J]. Nucleic Acids Res，18（22）：6531 – 6535.

Welsh J，McClelland M. 1990. Fingerpringting genomes using PCR with arbitrary primers [J].

Nuclic Acids Res，18（8）：7313－7218.

Litt M，Luty j. 1989. A Hypervariable microsattelite re－vealed by in vitro amplification of a dinu-cleotide repeat within the cardiac action gene ［J］. Aner J Hum Genet，44：391－401.

Ali S，Muller C R，Epplen J T. 1986. DNA fingerprinting by oligonuleotide probe specific for simple re－peats ［J］. Hum Genet，74（9）：239－243.

Schafer R，Zischler H，Epplen J T. 1988. Oligonuleotide probe for DNA fingerprinting. ［J］. ElectropHoresis，9：363－374.

Lieckfeldt E，Meyer W，et al. 1993. Rapid identification and differentiation of yeqats by DNA and PCR fin－gerprinting ［J］. Basic Microbiol，33：413－416.

Meyer W，Lieckfeidt E，et al. 1993. Hybridization probes for conventional DNA fingerprinting can be used as single priners in the PCR to distinguish strains of Cryptococcus neoformans ［J］. Clin Micro－bil，31：2274－2280.

Haake V，Cook D，Riechmann JL，Pineda O，Thomashow MF，Zhang JZ. 2002. Transcription factor CBF4 is a regulator of drought adaptation in *Arabidopsis* ［J］. Plant PHysiol，130：639－648.

Gilmour SJ，Sebolt AM，Salazar MP et al. 2000. Overexpression of the *Arabidopsis CBF*3 tran-scriptional activator mimics multiple biochemical changes associated with cold acclimation ［J］. Plant PHysiol，124：1854－1865.

Jaglo－Ottosen KR，Klef S，Amundsen KL et al. 2001. Components of the *Arabidopsis* C－repeat/de-hydration responsive element binding factor cold－response pathway are conserved in Brassica napus and other plant species ［J］. Plant PHysiol，127：910－917.

Novillo F，Alonso J M，Ecker J R，Salinas J. 2004. *CBF2/DREB1C* is a negative regulator of *CBF*1/*DREB1B* and *CBF3/DREB1A* expression and plays a central role in stress tolerance in Arabidopsis ［J］. Proc Natl Acad Sci，101（11）：3985－3990.

Saunders J W，Bingham E T. 1972. Production of alfalfa plants from，callus tissue ［J］. Crop Sci.，12：804－808.

Deak M G，Koncz K. 1986. Transformation of Medicago by Agrobacterium mediated gene transfer ［J］. Plant Cell Rep.，5：97－100.

Yu K，Pauls K P. 1993. Segreation of random amplified polyrnorpHic DNA rnarker and strategics for rnolecular mapping in tereaplold alfalfa ［J］. Genome，36：840－851.

Pupilli F. 1995. Molecular，cytological and morpHo－agronomical charactericesion of hexaploid so-matic hybrids in Medicago ［J］. Theory，Appe. Genet，90：347－355.

Liu Luxiang. 2002. Current status of food，pulses and oil crops improvement with the use of muta-tion techniques in China ［C］. IAEAPRCA Project Coordination Meeting on Enhancement of Genetic Diversity in Food，Pulses，and Oil Crops，March 18－22，Beijing，China.

# 附录1　黑龙江省农业科学院草业研究所获得的成果

## 一、黑龙江省农业科学院草业研究所获得的发明专利

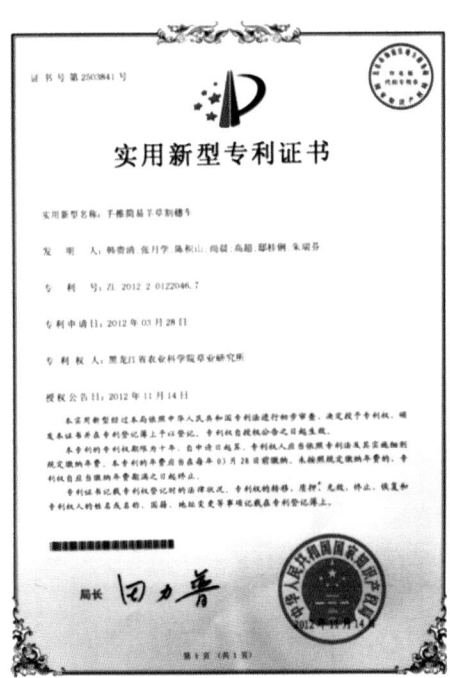

## 二、黑龙江省农业科学院草业研究所获奖成果

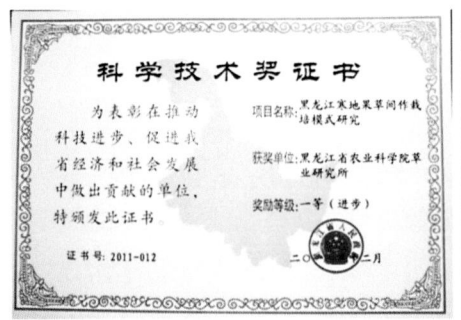

# 附录2　黑龙江省选育以及推广的牧草新品种及简介

## 一、黑龙江省选育以及推广的牧草新品种

### 中国高纬寒地牧草品种

| 序号 | 中文名 | 学名 | 属 | 根系类型 | 生长年限 | 产量 | 抗逆性 |
|---|---|---|---|---|---|---|---|
| 1 | 农菁1号紫花苜蓿 | *Medicago sativa* L. | 苜蓿属 | 直根系 | 多年生 | 鲜草4t/亩左右 | 抗旱、抗寒、耐盐碱 |
| 2 | 农菁2号小黑麦 | *Triticale Wittmack* | 黑麦属 | 须根系 | 一年生 | 鲜草2t/亩左右 | 抗旱、抗寒、耐盐碱 |
| 3 | 农菁3号鹅观草 | *Roegneria kamoji Ohwi* | 鹅观草属 | 须根系 | 多年生 | 鲜草2t/亩左右 | 抗旱、抗寒、耐盐碱 |
| 4 | 农菁4号羊草 | *Leymus chinensis* (Trin.) Tzvel. | 赖草属 | 须根系 | 多年生 | 干草0.3t/亩左右 | 抗旱、抗寒、耐盐碱 |
| 5 | 农菁5号稗草 | *Echinochloa crusgalli* (L.) Beauv. | 稗属 | 须根系 | 一年生 | 鲜草6t/亩左右 | 抗旱 |
| 6 | 农菁6号无芒雀麦 | *Bromus inermis* L. | 雀麦属 | 须根系 | 多年生 | 鲜草2t/亩左右 | 抗旱、抗寒、耐盐碱 |
| 7 | 农菁7号偃麦草 | *Elytrigria repens* (L.) Desr | 偃麦草属 | 须根系 | 多年生 | 鲜草2t/亩左右 | 抗旱、抗寒、耐盐碱 |
| 8 | 农菁8号紫花苜蓿 | *Medicago sativa* L. | 苜蓿属 | 直根系 | 多年生 | 鲜草4t/亩左右 | 抗旱、抗寒、耐盐碱 |
| 9 | 农菁9号苦荬菜 | *Lactuce indical*. L. | 苦荬菜属 | 须根系 | 一年生 | 鲜草6t/亩左右 | 抗旱 |
| 10 | 农菁10号紫花苜蓿 | *Medicago sativa* L. | 苜蓿属 | 直根系 | 多年生 | 鲜草4t/亩左右 | 抗旱、抗寒、耐盐碱 |
| 11 | 农菁11号羊草 | *Leymus chinensis* (Trin.) Tzvel. | 赖草属 | 须根系 | 多年生 | 干草0.5t/亩左右 | 抗旱、抗寒、耐盐碱 |
| 12 | 农菁12号无芒雀麦 | *Bromus inermis* Leyss. | 雀麦属 | 须根系 | 多年生 | 干草0.5t/亩左右 | 抗旱、抗寒、耐盐碱 |
| 13 | 农菁13号籽粒苋 | *Amaranthus hypochondriacus* L. | 苋属 | 须根系 | 一年生 | 鲜草9t/亩左右 | 抗旱 |
| 14 | 龙引BeZa87苜蓿 | *Medicago sativa* L. | 苜蓿属 | 直根系 | 多年生 | 鲜草4t/亩左右 | 抗旱、抗寒、耐盐碱 |
| 15 | 东饲小黑麦1号 | *Triticale Wittmack* | 黑麦属 | 须根系 | 一年生 | 鲜草1.5t/亩左右 | 抗旱、抗寒 |
| 16 | 东饲2号稗草 | *Echinochloa crusgalli* (L.) Beauv. | 稗属 | 须根系 | 一年生 | 干草0.3t/亩左右 | 抗旱、抗寒、耐盐碱 |
| 17 | 龙坪1号白三叶 | *Trifolium repens* | 三叶草属 | 须根系 | 多年生 | 鲜草1.3t/亩左右 | 抗旱、抗寒 |
| 18 | 龙引细绿萍 | *Azolla filiculoides* Lamk | 满江红属 | 须根系 | 一年生 | 鲜草20t/亩左右 | 抗寒、耐盐碱 |

## 二、黑龙江省选育的牧草新品种简介

### 1. 品种名称：农菁 1 号紫花苜蓿

特征特性：豆科，多年生草本，耐寒、抗旱，再生能力强。①植株特性：幼苗子叶椭圆形，长约 5mm，光滑无毛，具短柄。第一真叶为单叶，近圆形，第二真叶为三出复叶。直根系，主根发达，着生根瘤较多。茎直立，有分枝，绿色或带紫色。现蕾期株高 80cm。盛花期株高 150cm。羽状三出复叶，小叶长圆状倒卵形。叶绿色。短总状花序腋生，花萼裂片 5，花萼筒状针形，花冠蝶形，花冠紫色。荚果螺旋形，有疏毛，先端有喙，每夹含 8 粒种子。种子肾形，黄褐色，长 2～3mm，宽 1.2～1.8mm，厚 0.7～1.1mm。②生长特性：从返青到种子成熟 120d。

品质分析：粗蛋白含量 21.87%，粗脂肪含量 3.69%，粗纤维含量 32.08%。

抗病鉴定：经黑龙江省农科院植保所鉴定，田间病害调查没有发现霜霉病、锈病和白粉病，底部叶片褐斑病轻。

产量表现：2003 年和 2004 年区域试验平均干草产量 12 060kg/hm²，比对照龙牧 803 增产 12.91%；2005 年生产试验平均干草产量 14 870kg/hm²，比对照龙牧 803 增产 13.44%。

栽培要点：播种时间 4 月下旬至 6 月下旬。人工或机械条播。行距 45～65cm，播种深度 1.5～2cm。公顷播量 15kg。公顷保苗数 225 000～255 000 株，播种当年施磷肥 200 kg/hm²。播种后遇干旱或返青期及生长期间遇干旱可喷灌。播种当年苗期控制杂草，现蕾期、初花期进行刈割。35～40d 进行第二次刈割；第二年后一般情况下，一年可以刈割三次。

适应区域：黑龙江省各地区。

**2. 品种名称：农菁 2 号小黑麦**

特征特性：①植株特性：茎秆直立，高大，平均株高 150～170cm；分蘖数量多，植株田间长势繁茂；叶片为深绿色。②生长特性：在适应区，出苗至成熟生育日数 85d 左右，需≥10℃活动积温 1 900℃左右。

品质分析：抽穗期取样测定，粗蛋白（干基）含量为 17.88%、粗脂肪（干基）含量为 2.77%、粗纤维（干基）含量为 25.37%、水分含量为 84.39%。

抗病鉴定：委托黑龙江省农科院植保所进行田间抗病性调查，调查结果为叶片未见任何病斑，未见根腐病、秆锈病、叶锈病、白粉病和赤霉病等病害症状。

产草表现：因地力和区域不同而有所不同，在黑龙江平均鲜草产量 31 837 kg/hm²。

栽培技术要点：①播种、育苗、定植期：春播 3 月下旬至 4 月上旬，秋播 7 月下旬至 8 月上旬。②适宜种植方式与栽培密度：以单种为宜，采取平播方式，行距 15cm 进行播种，播种量为 225 kg/hm² 种子。施肥方法及公顷施肥量：有条件的地方播种前施有机肥。播种时施氮、氮、磷、钾肥，施纯氮 150 kg/hm²、磷 120 kg/hm²、钾 45 kg/hm²。③田间管理及收获：苗期控制杂草。根据用途不同，收割期不同。生产青饲可在早春拔节前多次刈割，直接用于喂饲牛、羊、鹅、兔或加工优质草粉；生产青贮可在小黑麦扬花后 7～10d；生产干草可在小黑麦灌浆中期（半仁期）收割，在田间晾晒 2～3d，饲草含水量降至 20％～25％时打捆，贮存备用；制种、收获籽粒粮用或作精饲料宜在籽粒完熟时收获。

适应区域：黑龙江省 1～4 积温带。

### 3. 品种名称：农菁 3 号垂穗鹅观草

特征特性：①植株特性：株高 114.8cm，茎直立或基部倾斜，疏丛生，分蘖可达 30 余个。叶片光滑呈深绿色，长 15～25cm，宽 7～10mm。穗状花序下垂，长 25cm。颖果稍扁，黄褐色，千粒重 2.6～2.9g。质地柔软，茎叶茂盛。②抗逆性：适应性广，抗寒、耐旱、耐盐碱、耐贫瘠土壤。在 pH 4.5～8.0 均能正常生长，在 5～6℃ 即可发芽，零下 35℃ 的低温下可安全越冬，越冬率可达 98％ 以上。③生长特性：在适应区出苗至成熟生育日数 108 天左右，需≥10℃ 活动积温 1 930～1 950℃。

品质分析：蜡熟期全株，粗蛋白质含量 11.89％，粗脂肪 3.31％，粗纤维 36.02％，水分 65.10％。

抗病鉴定：经黑龙江省农科院植保所鉴定，整株叶片未见任何病害病斑。

产草表现：在黑龙江平均鲜草产量为 13 167.5kg/hm²。

栽培技术要点：①播种、育苗、定植期：整地精细，要做到深耕细耙，上松下实，以利出苗。整地后进行镇压，以利保墒。在黑龙江地区春播播种时间 4 月中下旬，秋播 8 月中旬。人工或机械条播、撒播。播种应精细整地和浅播，以利出苗。②适宜种植方式与种植密度：播种量 22.5 kg/hm²，行距 20～30 cm，播深 1～2 cm。③施肥方法及公顷施肥量：以基肥为主，施肥量为尿素 75 kg/hm²、二铵 225 kg/hm²、钾肥 75 kg/hm²。④田间管理及收获：苗期要及时灭除杂草，大面积种植需要用阔叶草除草剂灭除。产草田在孕穗期至开花期刈割第一茬，刈割后，要及时施肥和灌水，提高第二茬产量，越冬前最后一次刈割留茬应在 7～8cm 以上，以利越冬。种子收获不宜过迟，一般在蜡熟末期采收。

适应区域：黑龙江省 1～4 积温带。

**4. 品种名称：农菁 4 号羊草**

特征特性：①植株特性：株高 90～110cm，茎秆直立。叶片为黄绿色，长 20～30cm，宽 8～11mm，叶具耳，叶舌截平，纸质。穗状花序直立，穗轴坚硬，边缘被纤毛。每节有 1～2 小穗，含小花 5～10 枚。颖果长椭圆形，深褐色，千粒重 2.3～2.5g。具有发达的下伸或是横走的根状茎，须根系，具沙套，具有固氮螺菌。②抗逆性：适应性广，抗寒、耐旱、耐盐碱、耐贫瘠土壤。再生能力强，耐牧。③生长特性：在适应区出苗至成熟生育日数 100d 左右，需≥10℃活动积温 1 800℃。结实率 35%，发芽率 25%。

品质分析：蜡熟期全株，粗蛋白质含量 11.89%，粗脂肪 3.31%，粗纤维 36.02%，水分 65.10%。

抗病鉴定：经黑龙江省农科院植保所鉴定，整株叶片未见任何病害病斑。

产草表现：在黑龙江平均干草产量为 5 366kg/hm²。

栽培技术要点：①播种、育苗、定植期：农菁 4 号羊草种子细小，发芽率低，幼苗较弱且易受杂草侵染，早期生长缓慢，整地务必精细，要做到深耕细耙，上松下实，以利出苗。有灌溉条件的地方，播前应先灌水，以保证出苗整齐。无灌溉条件地区，整地后进行镇压，以利保墒。在黑龙江地区适宜播种期是 4 月上旬至 6 月上旬。②适宜种植方式与种植密度：播种量 45 kg/hm²，行距 60～70 cm，播深 1～2 cm。③施肥方法及公顷施肥量：以基肥为主，施肥量为尿素 150 kg/hm²、二铵 225 kg/hm²、钾肥 75 kg/hm²。④田间管理及收获：苗期要及时灭除杂草，大面积种植需要用阔叶草除草剂

灭除。产草田在开花期刈割，刈割后，要及时施肥和灌水；种子田在盛花期
28～33d收获。

适应区域：黑龙江省1～4积温带。

**5. 品种名称：农菁5号谷稗**

特征特性：①植株特性：农菁5号谷稗是一年生禾本科牧草。幼苗直立，
深绿色。茎直立、丛生，分蘖能力强，单株分蘖达25个以上。株高210～
220cm。叶片呈长条形，长30～55cm，宽3～4.5cm。圆锥花序，果实为颖果。
种子卵圆形，青灰色，千粒重4g左右。②抗逆性：适应性广，抗寒、耐旱、
耐盐碱、耐贫瘠土壤。抗倒伏、极抗涝，在低洼地区也能较好生长。③生长特
性：在适应区出苗至成熟生育日数100～115d，需≥10℃活动积温1 800～
1 900℃。

品质分析：抽穗期全株，粗蛋白含量（干基）为13.75%，粗脂肪（干
基）含量为3.16%、粗纤维（干基）含量为35.36%、水分含量为83.9%。

抗病鉴定：经黑龙江省农科院植保所鉴定，整株叶片未见其他病害病斑。

产草表现：因地力和区域不同而有所不同，在黑龙江平均鲜草产量
为86 881.4 kg/hm²。

栽培技术要点：①播种期：在5月初到5月中旬为适宜播种期。②播种方
法：采取条播方式，行距50～60cm进行播种，播种量为10 kg/hm²，栽培密
度在90 000～120 000 株/hm²为宜。③田间管理：生长发育期，应中耕除草
2～3次，同时进行断垄、间苗和培土。收获种子或在秋天进行一次刈割时，杂
草危害严重时采用除草剂阿特拉津，能杀灭80%以上的杂草，对阔叶杂草可
用2，4-D丁酯防除。多施氮肥，促进茎叶繁茂。也可随时刈割，株高80～

100cm 时就可刈割，留茬 20cm，每次刈割后应及时浇水、施肥和除草。

适应区域：黑龙江省 1～4 积温带。

**6. 品种名称：农菁 6 号无芒雀麦**

特征特性：①植株特性：平均株高 138.7cm，茎直立，茎节数 3～5 节。叶片深绿色，叶长 20～35cm，叶宽 10～1.4mm。圆锥花序，长 15～20cm。小穗含花 6～10 朵。颖果扁平，暗褐色，千粒重 4.2～4.5g。叶量大，草质柔软。②抗逆性：抗寒越冬能力强，返青早，越冬率可达 100％。③生长特性：生育期（从出苗到成熟）95d 左右，需≥10℃ 活动积温 1 800～1 850℃。

品质分析：乳熟期全株，粗蛋白质含量 16.29％，粗脂肪 3.22％，粗纤维 31.19％，水分 74.38％。

抗病鉴定：经黑龙江省农科院植保所鉴定，整株叶片未见任何病害病斑。

产草表现：在黑龙江平均鲜草产量为 22 900.2kg/hm²。

栽培技术要点：①播种、育苗、定植期：整地精细，要做到深耕细耙，上松下实，以利出苗。整地后进行镇压，以利保墒。在黑龙江地区春播播种时间 4 月中下旬，秋播 8 月中旬。人工或机械条播、撒播。播种应精细整地和浅播，以利出苗。②适宜种植方式与种植密度：播种量 22.5～30 kg/hm²，行距 20～30 cm，播深 1～2 cm。③施肥方法及公顷施肥量：以基肥为主，施肥量为尿素 75 kg/hm²、二铵 225 kg/hm²、钾肥 75 kg/hm²。④田间管理及收获：苗期要及时灭除杂草，大面积种植需要用阔叶草除草剂灭除。产草田在孕穗期至开花期刈割第一茬，刈割后，要及时施肥和灌水，提高第二茬产量，第二茬在霜前刈割，留茬应在 10cm。种子收获不宜过迟，一般在蜡熟末期采收。

适应区域：黑龙江省 1～4 积温带。

**7. 品种名称：农菁 7 号偃麦草**

特征特性：①植株特性：茎秆斜上，根茎型，茎节 3～5 个，平均株高 96.5cm，叶层高度 25～40cm，叶片深绿色，质地柔软，长 15～35cm，宽 8～15mm。穗状花序直立，长 10～25cm，小穗 8～30 个，含 5～11 花。种子千粒重 3.2g。②抗逆性：适应性广，耐寒、耐旱、耐盐碱。根茎发达，竞争与侵占能力极强，在 10～15 cm 的土壤中形成纵横交错的根系网络，1 株的根系可占 2～3m$^2$ 的面积，1m$^2$ 的根量平均为 3.7 kg。③生长特性：在适应区出苗至成熟生育日数 125 天左右，需≥10℃活动积温 2 460℃左右。

品质分析：抽穗期粗蛋白（干基）含量为 12.99％，粗纤维含量 28.21％，粗脂肪（干基）含量 4.52％。

抗病鉴定：经黑龙江省农科院植保所鉴定，田间未见任何病害。

产草表现：2009—2010 年在哈尔滨、青冈、兰西、安达、富裕等地进行生产试验，平均鲜草产量（开花期）为 24 654 kg/hm$^2$，干草产量 6 564.9 kg/hm$^2$。

栽培技术要点：①播种、育苗、定植期：播种前精细整地，达到地面平整，土质疏松。筛选种子，测定发芽率在 85％以上。在黑龙江地区春播应在 4 月中下旬，秋播应在 8 月中旬以前，需做好灌溉准备。②适宜种植方式与种植密度：适宜条播，条播行距 30～45cm，播深 2～3cm，播种量 75～90kg/hm$^2$。③施肥方法及公顷施肥量：播种当年一次性施氮肥 90 kg/hm$^2$、磷肥 75 kg/hm$^2$。④田间管理及收获：苗期严格控制杂草，第一次刈割在孕穗期进行。第二次刈割在霜前进行，以保证安全越冬。每次刈割后，要及时施肥和灌水，促进再生，提高产草量。种子在蜡熟期适时收获。

适应区域：黑龙江省 1～3 积温带。

**8. 品种名称：农菁 8 号紫花苜蓿**

特征特性：①植株特性：直立株型，现蕾期株高 85cm，绿色茎秆，叶椭圆型、浅绿色叶片比色卡值为 137C（肇东苜蓿叶色为绿色，比色卡值为 N137D），羽状三出复叶，短总状花序腋生，花萼筒状针形，花冠蝶形，紫色。荚果螺旋形，黑褐色，内含种子 8 粒；种子肾形，黄褐色。6 月 1 日左右为盛花期（肇东苜蓿 6 月 6 日左右为盛花期）。②生长特性：在适应区出苗至成熟生育日数 110d 左右，需≥10℃活动积温 2 100℃左右。

品质分析：现蕾期粗蛋白（干基）含量 20.38％，粗脂肪（干基）3.70％，粗纤维（干基）28.68％。

抗病鉴定：植株下部叶片上有少量褐斑病病斑，病叶率 3％。

产量表现：2007 年和 2008 年两年区试平均干草产量 12 072.6 kg/hm²；2009 年生产试验平均干草产量 12 102.5 kg/hm²。

栽培技术要点：选择排水良好的地块。播种时间 4 月下旬至 6 月下旬。人工或机械条播。行距 15～30cm，播种深度 1.5～2cm。15～30cm 机械条播，公顷播量 15kg。播种当年施磷肥 200 kg/hm²。播种当年在苗期控制杂草。现蕾期或初花期进行刈割。第二次刈割在霜后进行，以保证安全越冬；第二年开始，一年可以刈割三次，每次刈割后及时浇水施肥，促进再生。

适应区域：黑龙江省西部、中部、北部生态区。

**9. 品种名称：农菁 9 号苦荬菜**

特征特性：①植株特性：龙饲 2870 苦荬菜是一年生菊科牧草；叶片较宽，青绿色；叶量大，茎叶内含有白色乳汁，脆嫩可口，茎直立，分蘖能力强。株高 1.5～2.5cm，瘦果长椭圆形，稍扁有棱，种子千粒重 1.6g 左右。②生长特

性：在适应区，出苗至成熟生育日数 130d 左右，需≥10℃活动积温 2 700℃左右。

品质分析：抽薹期粗蛋白含量（干基）为 20.94％、粗脂肪（干基）含量为 6.47％、粗纤维（干基）含量为 18.48％。

抗病鉴定：委托黑龙江省农科院植保所进行田间抗病性调查，植株叶片未见任何病斑。

产草表现：因地力和区域不同而有所不同，在黑龙江平均鲜草产量 65 714.6 kg/hm²。

栽培技术要点：①播种、育苗、定植期：在 5 月初播种，叶片 3～4 时是适宜的定植期。②适宜种植方式与栽培密度：采取条播方式，行距 70cm、株距 5～10cm 进行播种，播种量为 10 kg/hm²，栽培密度在 500 万～550 万株/hm² 为宜。③施肥方法及公顷施肥量：有条件的地方播种前施有机肥。播种时施适量氮、磷、钾肥，全生育期施纯氮150 kg/hm²、磷 120 kg/hm²、钾 45 kg/hm²。④田间管理及收获：苦荬菜宜密植，如过稀则不仅影响产量，而且会使茎秆老化，品质及适口性降低。苗高 4～6cm 时要及时中耕除草，同时进行断垄、间苗和培土。苦荬菜的病虫害较少，主要虫害有蚜虫，可用蚜敌或其他杀虫药喷施，喷药一周后方可刈割饲喂。株高 80～100cm 时就可刈割，留茬 20cm，每刈割一次后要及时追肥、灌水。

适应区域：黑龙江省 1～4 积温带。

**10. 品种名称：农菁 10 号紫花苜蓿**

特征特性：多年生豆科草本植物。①植株特性：该品种株型直立，株高 80～95cm；整齐一致；浅绿色。羽状三出复叶。总状花序腋生，花萼筒状针形，蝶形花冠，紫色花；荚果螺旋形，内含种子 5～8 粒；种子肾形，黄褐色，千粒重 2.46g；返青率达到 98%～100%。耐盐碱性强，在 pH＝8 的碱性土壤上生长良好；营养价值高，适应性好，可制成青干草、草捆、草粉、草颗粒等，各种家畜喜食。②生长特性：在适应区出苗至成熟生育日数 120d 左右，需≥10℃活动积温 2 000～2 700℃左右。

品质分析：现蕾前期取样，粗蛋白质含量 21.79%，粗纤维含量 28.97%，粗脂肪含量 2.07%。

抗病鉴定：叶片上未见任何病害的病斑。

产量表现：2008—2009 年区域试验平均干草产量 12 248.0 kg/hm²，较对照品种肇东苜蓿增产 17.0%；2010 年生产试验平均干草产量 12 521.8 kg/hm²，较对照品种肇东苜蓿增产 17.2%。

栽培技术要点：选择前茬没有药害，错开豆茬的耕地。春播和夏播均可。有灌溉条件或墒情较好的地块宜春播（4 月下旬），或在雨季抢墒播种，在黑龙江省最晚播种应不晚于 7 月中旬。采草田：播种方式条播或撒播，条播行距 15～30cm，栽培密度 500 株/m²；采种田：采用宽行条播或穴播，行距 60～70cm，株距 30～40cm。播深 1.5～2cm，播后及时镇压。播种当年施磷肥 200 kg/hm²。每次刈割后，可追施磷酸二铵 75～150 kg/hm²，或尿素 100kg/hm² 左右。适时采用化学、人工、机械方法进行中耕除草。有条件地区可在现蕾、开花或每次刈割后各灌水 1 次，提高产量。病虫害防治可采用生物或化学防治。当年春播可刈割一次，第二年后，每年可刈割 2～3 次，留茬高度 8cm。刈割时期以现蕾至初花期为宜。

适应区域：黑龙江省各地。

**11. 品种名称：农菁 11 号羊草**

特征特性：①植株特性：为禾本科雀麦属多年生草本，须根系，叶片为灰绿色，长 15～25cm，宽 5～8mm，扁平或内卷，叶具耳，叶舌截平，纸质。穗状花序直立，长 10～15cm，每小穗含小花 5～10 枚，穗轴坚硬，边缘被纤毛。颖果长椭圆形，深褐色。茎直立，具有 4～5 节，平均株高 118cm。②抗逆性：适应性广，耐寒、耐旱、耐盐碱，具有发达的地下根状茎，再生能力极强。③生长特性：在适应区出苗至成熟生育日数 75 d 以上，需≥10℃活动积温 1 710 ℃左右。抽穗率 30.5％，结实率达到 48.0％，发芽率为 33.3％。

品质分析：乳熟期品质分析，粗蛋白质（干基）含量为 9.90％，粗纤维（干基）含量 37.98％，粗脂肪（干基）含量 1.47％。

抗病鉴定：经黑龙江省农科院植保所鉴定，田间未见任何病害。

产草表现：2010 年在哈尔滨市、青冈县、兰西县、安达市和富裕县 5 点生产试验，平均干草产量 7 275.2 kg/hm²。

栽培技术要点：①播种、育苗、定植期：播种前精细整地。在黑龙江地区春播应在 4 月下旬至 5 月中旬播种，秋播可在 8 月中上旬进行。②适宜种植方式与种植密度：人工或机械条播、撒播。播种深度 1～1.5cm，行距一般 30cm。撒播播量为 45～60 kg/hm²，条播播量 30～45 kg/hm²。③施肥方法及公顷施肥量：播种当年施氮肥 100 kg/hm²、磷肥 75 kg/hm²。④田间管理及收获：播种当年在苗期严格控制杂草。3～4 年后地下根茎结成坚硬的草皮，可用圆盘耙切割根茎，疏松土层，改进通透性，使草地更新复壮，增加产草量。刈割在孕穗期进行。种子在蜡熟期适时收获。

适应区域：黑龙江省 1～4 积温带。

**12. 品种名称：农菁 12 号无芒雀麦**

特征特性：①植株特性：为禾本科雀麦属多年生草本，须根系，茎直立、圆形，茎节 5～7 个，平均株高 138cm。叶片柔软，浅绿色，无毛，狭长披针形，自基部向上先变宽后渐尖，长 15～33cm，宽 12～15mm。圆锥花序，开展，长 15～20cm。小穗含花 6～10 朵。颖果长卵形，暗褐色，长 7～10mm，千粒重 4.3g。②抗逆性：适应性广，耐寒、耐旱、耐盐碱，再生能力强。③生长特性：在适应区出苗至成熟生育日数 94 天左右，需≥10℃活动积温 1 800℃左右，结实性好。

品质分析：开花期粗蛋白质（干基）含量为 10.12％，粗纤维（干基）含量 33.40％，粗脂肪（干基）3.17％。

抗病鉴定：经黑龙江省农科院植保所鉴定，田间未见任何病害。

产草表现：2010 年在哈尔滨市、青冈县、兰西县、安达市和富裕县 5 点生产试验，平均干草产量 6 931.0 kg/hm²。

栽培技术要点：①播种、育苗、定植期：播种前精细整地，达到地面平整，土质疏松。在黑龙江地区春播时间以 4 月中下旬为最佳，秋播 8 月中旬进行。②适宜种植方式与种植密度：人工或机械条播、撒播。播种深度 1～1.5cm，行距一般 30cm。撒播播量为 30～37.5 kg/hm²，条播播量 22.5～30 kg/hm²。③施肥方法及公顷施肥量：播种当年施氮肥 100 kg/hm²、磷肥 75 kg/hm²。④田间管理及收获：播种当年在苗期严格控制杂草。一般每年可刈割 2～3 次，第一次刈割在初花期进行。第二次刈割在霜前进行，以保证安全越冬。每次刈割后，要及时施肥和灌水，促进再生，提高产草量。种子在蜡熟期适时收获。

　　适应区域：黑龙江省 1～4 积温带。

### 13. 品种名称：农菁 13 号籽粒苋

　　特征特性：①植株特性：农菁 13 号籽粒苋是一年生苋科牧草；株高达 250～300cm，茎直立，分枝性强，有钝棱，粗 3～5cm，单叶互生，倒卵形或卵状椭圆形；叶片长 5～30cm，叶面平滑，或稍有褶皱，有短绒毛，茎顶着生的圆锥花序很长，一般长 40～60cm，直立或垂下，雌雄同株异花，果实扁圆形很小，浅黄色，有光泽，每株可结籽 6 万～10 万粒，千粒重 0.5g 左右。②生长特性：农菁 13 号籽粒苋可以作刈割鲜草用，是一种产量高、适口性好的优良饲料，其适应性强、生长快。在适应区出苗至成熟生育日数生育期 120d。在≥10℃活动积温2 300℃以上适宜种植。

　　品质分析：孕穗期取样测定品质，粗蛋白含量（干基）为 31.5%，粗脂肪（干基）含量为 5.09%、粗纤维（干基）含量为 10.06%。

　　抗病鉴定：经黑龙江省农科院植保所鉴定，整株叶片未见其他病害病斑。

　　产草表现：因地力和区域不同而有所不同，在黑龙江平均鲜草产量为 138 800.5 kg/hm²。

　　栽培技术要点：①整地：精细整地是保证籽粒苋播种质量的关键，应达到地面平整无坷垃。有灌溉条件的地方，播前应先灌水，以保证出苗整齐。无灌溉条件的地区，整地后进行镇压，以利保墒。②播种期：5 月初为适宜播种期。③播种方法：采取条播方式，行距 50～60cm 进行播种，播种量为 7 kg/hm²，栽培密度以青饲刈割为主时在 50 万～55 万株/hm² 为宜，以收籽为主时在 6 万～8 万株/hm² 为宜。④田间管理：施肥：有条件的地方播种前施有机肥，没有有机肥的，在播种时适量施氮、磷、钾肥，全生育期施纯氮

150 kg/hm²、磷 120 kg/hm²、钾 45 kg/hm²。株高 80～100cm 时就可刈割，留茬 30cm，每刈割一次后要及时追肥和灌水。籽粒苋宜密植，如过稀则不仅影响产量，而且会使茎秆老化，品质及适口性降低。苗高 4～6cm 时要及时中耕除草，同时进行断垄、间苗和培土。

适应区域：黑龙江省 1～4 积温带。

**14. 品种名称：龙引 BeZa87**

特征特性：返青率 95％以上，叶片为绿色三出复叶，茎秆直立，分枝数量多，植株田间长势繁茂。总状花序，花色为紫花、黄花和白花的杂色花。该品种出苗至成熟生育日数 110d 左右，需≥10℃活动积温2 100℃左右。

品质分析：现蕾期取样测定，粗蛋白质含量为 21.36％，粗纤维含量 27.35％。

抗病鉴定：田间病害调查没有发现霜霉病、锈病和白粉病，褐斑病轻。

产量表现：2004 年和 2005 年区域试验干草产量 11 993 kg/hm²，较对照品种肇东苜蓿平均增产 12.0％；2006 年生产试验平均干草产量 12 514 kg/hm²，较对照品种肇东苜蓿增产 12.7％。

栽培技术要点：①播种：播种前精细整地，整地务必精细，要做到深耕细耙，上松下实，以利出苗。有灌溉条件的地方，播前应先灌水，以保证出苗整齐。无灌溉条件地区，整地后进行镇压，以利保墒。在黑龙江地区适宜播种期是 4 月下旬至 6 月下旬。②适宜种植方式与栽培密度：播种量 15kg/hm²，以单播为宜，单播时条播、撒播、点播均可，以条播为佳。行距 30～40cm，播种深度，湿润土壤为1.5～2cm。干旱时播深 2～3cm，播后应进行镇压，及时浇水以利出苗。③施肥方法：苜蓿系豆科植物，根部有大量根瘤菌，能固定空气中的游离氮素。因此，在一般情况下不施氮肥，只是在苜蓿幼苗期，根瘤菌尚未形成前，施少量氮磷肥，或者只施磷肥作为种肥，以促进幼苗的生长发育。④田间管理及收获：苜蓿在播种当年，不论春播、夏播，首要的管理措施是清除杂草以利幼苗生长，在播种后和分枝期如遇到干旱，要及时灌水，保证出苗和生长。如每次刈割后，要及时施肥和灌水，促进再生，提高产草量。当年春播可刈割一次，第二年后，每年可刈割 2～3 次，留茬高度 8cm。刈割时期以现蕾至初花期为宜。

适应区域：黑龙江省 1～4 积温带。

**15. 品种名称：东饲小黑麦 1 号**

特征特性：①植株特性：株高 120～140cm 。穗褐色，有长芒。主穗长 12～14cm，有小穗 22～28 个。②抗逆性：品种抗寒、抗病、抗倒伏、耐干旱、耐贫瘠土壤。比同期播种的普通小麦可早出苗 3～7d，对解决早春饲草缺乏意义重大。③生长特性：在适应区，生育日数90～100d 左右，需≥10℃活动积温 1 800～1 900℃左右。

品质分析：粗蛋白质含量 8.77%，粗纤维 39.7%，粗脂肪 1.66%，钙 2 021mg/kg，磷 0.25%，锌 20 mg/kg。

抗病鉴定：经黑龙江省农科院植保所鉴定，植株叶片及穗部未见其他病害，只在植株下部叶片有少许褐色病斑，为轻度发生程度。

产草表现：因地力和区域不同而有所不同，在保苗数为 600 万株/hm² 条件下，鲜草产量为 22 500～37 500 kg/hm²，干草产量 7 500～14 000 kg/hm²。

栽培技术要点：①播种、育苗、定植期：播种前精细整地，达到地面平整，土质疏松。筛选种子，测定发芽率在 85% 以上。在黑龙江地区适宜播种期是 3 月下旬至 4 月上旬。②适宜种植方式与栽培密度：播种量 300 kg/hm²，保苗数控制在 600 万株/hm²。③施肥方法及公顷施肥量：多施有机肥，有利于提高产草量，以施氮肥为主。施肥量为尿素 150 kg/hm²、二铵 225 kg/hm²、钾肥 75 kg/hm²。④田间管理及收获：在播种后和拔节期如遇到干旱，要及时灌水，保证出苗和生长。如每次刈割后，要及时施肥和灌水，促进再生，提高产草量。

适应区域：黑龙江省 1～4 积温带。

**16. 品种名称：东饲 2 号稗草**

特征特性：①植株特性：株高 167～183cm，秆直立。叶披针形，端渐尖，叶长 40～60cm，叶宽 3～3.2cm。花序圆锥状，直立，呈粗大密集穗，略呈圆锥形，浓绿或褐紫色。颖果扁椭圆形，端尖，灰黄色或紫色，千粒重 3～3.5g。②抗逆性：适应性广，抗寒、耐旱、耐盐碱、耐贫瘠土壤。抗倒伏、极抗涝，在低洼地区也能较好生长。③生长特性：生育期（从出苗到成熟）100～115d，比对照品种早熟 12～16d，需≥10℃活动积温 1 800～1 900℃，结实性好。

品质分析：抽穗期全株，粗蛋白质含量 13.76%，粗纤维含量 34.3%。

抗病鉴定：经黑龙江省农科院植保所鉴定，仅在植株个别叶片有少许褐色病斑，整株叶片未见其他病害病斑。

产草表现：因地力和区域不同而有所不同，在黑龙江平均鲜草产量为 10 246.11 kg/hm²，干草产量 4 575.21 kg/hm²。

栽培技术要点：①播种、育苗、定植期：播种前精细整地，达到地面平整，土质疏松。筛选种子，测定发芽率在 85% 以上。在黑龙江地区适宜播种期是 5 月上旬至 6 月上旬。②适宜种植方式与种植密度：播种量 45 kg/hm²，行距 60～70 cm。③施肥方法及公顷施肥量：以基肥为主，施肥量为尿素 150 kg/hm²、二铵 225 kg/hm²、钾肥 75 kg/hm²。④田间管理及收获：苗期要及时灭除杂草，大面积种植需要用阔叶草除草剂灭除。产草田在抽穗期开始初次刈割，每次刈割后，要及时施肥和灌水，促进再生，提高产草量，一般每年可刈割 2～3 次；种子田可在开花期灌水，在 70%～80% 以上籽粒达到成熟期时，及时收获，以防鸟害。

适应区域：黑龙江省 1～4 积温带。

**17. 品种名称：龙坪 1 号白三叶**

特征特性：①植株特性：多年生匍匐型草本植物，株高为 17.8～18.2cm；叶色浓绿，三出复叶基生，小叶片为倒心形，成株叶长 2.0～2.1cm，叶宽 1.8～1.9cm；根系长 8.2～8.6cm；茎匍匐，节间长度为 7.5～7.7cm；分枝数 4.5 个。叶柄长 10.0～10.5cm。总状花序近头状，花序长 2.2～2.6cm，小花为白色，长为 4.5～5.0mm。果实为荚果，每荚 1 粒种子。成熟种子为黄棕色，圆球形，千粒重为 0.45～0.50g。②抗逆性：因选自黑龙江野生资源，具有很强抗寒适应性，越冬率达到 96.4%。同时抗旱性、抗病虫能力强于引进

对照品种。③生长特性：在适应区出苗至成熟生育日数 105～115 d 左右，需≥10℃活动积温 1 900～2 000 ℃左右。

品质分析：粗蛋白含量 21.90%；粗纤维含量 17.68%。

接种鉴定：经黑龙江省农科院植保所鉴定，三叶草新品种 Mini～BL 在生长期间，生长健壮，田间未见主要病害。

产量表现：2008—2010 年区域试验平均干草产量 20 043 kg/hm²，较对照品种瑞文德增产 10.9%；2 年生产试验平均干草产量 20 010 kg/hm²，较对照品种瑞文德增产 10.4%。

栽培技术要点：①播种、育苗、定植期：种植前需精细整地，清除杂物，保持土壤平整疏松；进行种子清理筛选，测试发芽率，使发芽率达到 85%以上。在黑龙江通常在 5 月上旬至 7 月中旬。最适播期是 6—7 月。②适宜种植方式与栽培密度：Mini-BL 适于播种和移栽两种种植方式。播种量为：15 kg/hm²。采用条播方法，行距 10cm，覆土 1～2cm，稍加镇压。Mini-BL 的移栽种植时期：春、夏、秋三季均可。将植株匍匐茎切断分栽，采用穴栽法，株行距 20cm×30cm。随栽随覆土并及时压实，栽后立即浇透水，使根部与土壤密接，利于成活。③施肥方法及公顷施肥量：以基肥为主，在播种和移栽前进行整地时施入基肥，每公顷施入腐熟农家肥 10t；在现蕾期和刈割后适当施入磷钾肥，施用量为过磷酸钙 200 kg/hm²、钾肥 80 kg/hm²。④田间管理及收获：苗期注意防控杂草；产草田在初花期开始初次刈割，每次刈割后都要及时施肥和灌水，促进再生，提高产草量，一般每年可刈割 3～4 次；种子田在现蕾期及时施入磷钾肥，以促进种子高产。

适应区域：黑龙江省第 1～3 积温带。

**18. 品种名称：龙引细绿萍**

特征特性：①植株特性：是满江红科满江红属蕨类水生植物，单个萍体有主枝和侧枝，叶互生或成覆瓦状，分为同化叶和吸收叶。孢子果成熟时黄褐色，生于分枝基部的沉水叶片上，大孢子果长卵形，内含一个大孢子囊，囊内含有 1 个大孢子，小孢子果球形，内含多数小孢子囊，每个小孢子囊内含有64 个小孢子。②抗逆性：抗寒性较强，短期在气温－8℃也不会发生冻害死亡。在气温低于－5℃或者水肥度过低时，萍体颜色逐渐变成暗红色，当气温回升到 5℃以上或水肥度提高后，萍体颜色逐渐恢复成鲜绿色。在气温 18～25℃条件下，固氮能力为 350～400ng/（g·h），比绿萍高 42%。③生长特性：在黑龙江中南部养殖 100～120d。

产量表现：产草量高，鲜萍产量可达到 550 000～600 000 kg/hm²。

适应地区：适合在黑龙江省各地静止肥沃水面养殖，冬季种萍需保护过冬。

# 附录 3 黑龙江省植被类型图

# 附录4 黑龙江省草场类型图

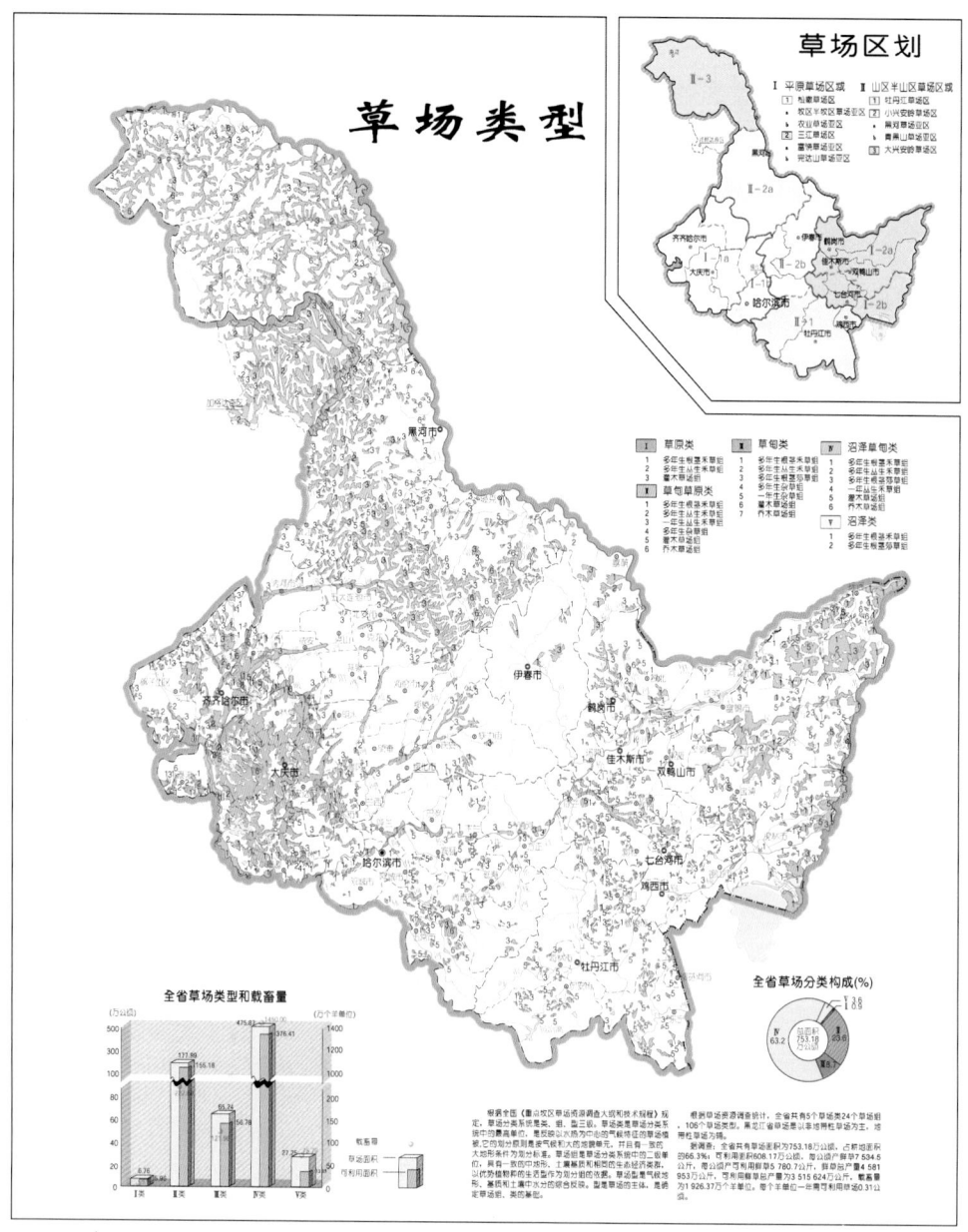